"十四五"时期国家重点出版物出版专项规划项目

国家出版基金项目
NATIONAL PUBLICATION FOUNDATION

量子信息技术丛书

量子信息基础

曹 聪 樊 玲 主编

U0290941

北京邮电大学出版社
www.buptpress.com

内 容 简 介

本书主要介绍了量子信息的基本概念与思想,主要内容包括:量子信息的基本概念,量子信息的数学和物理基础,量子计算与量子通信的基础知识。

本书取材合理,内容精炼,结构清晰,案例丰富,论证与演算过程详细,可作为高等院校相关专业本科生、研究生学习的参考书,也可作为对量子信息感兴趣的研究人员和工程技术人员的参考书。

图书在版编目(CIP)数据

量子信息基础 / 曹聪,樊玲主编. -- 北京:北京邮电大学出版社,2024.1
ISBN 978-7-5635-7081-2

Ⅰ.①量… Ⅱ.①曹… ②樊… Ⅲ.①量子力学 Ⅳ.①O413.1

中国国家版本馆 CIP 数据核字(2023)第 230631 号

策划编辑:刘纳新 姚 顺 责任编辑:刘 颖 责任校对:张会良 封面设计:七星博纳

出版发行:北京邮电大学出版社
社 址:北京市海淀区西土城路 10 号
邮政编码:100876
发 行 部:电话:010-62282185 传真:010-62283578
E-mail:publish@bupt.edu.cn
经 销:各地新华书店
印 刷:北京虎彩文化传播有限公司
开 本:720 mm×1 000 mm 1/16
印 张:13.25
字 数:258 千字
版 次:2024 年 1 月第 1 版
印 次:2024 年 1 月第 1 次印刷

ISBN 978-7-5635-7081-2 定 价:39.00 元

前　言

量子信息学是量子力学与信息学等学科相结合而产生的新兴交叉学科。"十三五"时期,我国发射了"墨子号"量子科学实验卫星,成功研制出量子计算机原型机"九章",并在量子精密测量领域取得重要进展。"十四五"时期,我国将继续大力发展量子信息科技,加强原始创新和技术应用,为产业转型和经济发展提供支撑。为此,我们组织编写了这本《量子信息基础》,希望读者通过本书了解量子信息的基本思想。

本书共 6 章,基本覆盖了量子信息全方位的基础知识。第 1 章概述了量子信息及其研究方向。第 2 章介绍了量子信息的基本概念,包括量子比特、量子逻辑门、量子测量、量子线路、量子算法和量子信息。第 3 章介绍了量子信息的数学基础,包括向量空间、线性算子、内积与外积、特征值与特征向量、伴随、张量积、算子函数、对易式与反对易式、极式分解。第 4 章介绍了量子信息的物理基础,从量子力学的四个基本假设出发,介绍了密度算子与 Schmidt 分解和纯化。第 5 章介绍了量子计算的基础知识,包括量子计算模型、构造量子计算的技术、量子算法、量子计算的物理实现、量子机器学习。第 6 章从量子通信安全出发,介绍了量子密钥分发、密集编码、量子秘密共享、量子安全直接通信、量子认证、量子两方安全计算。

本书在量子信息的数学与物理基础部分,提供了很多例题,并给出详细的论证和演算过程。在量子计算与量子通信部分,也编入部分经典的量子算法与协议过程,希望可以帮助读者理解量子信息的基本思想。

2019 年 9 月始,课题组师生每周五晚上一起学习 Michael A. Nielsen 和 Isaac L. Chuang 合著的《量子计算和量子信息》这本经典的量子信息科学教材。刚开始学习的时候遇到重重困难,很多概念和习题都需要老师和同学们一起研究与讨论。经过几轮的学习、讨论和思考,才初步形成了较为完整的知识体系。同学们也反映,阅读文献中遇到的困惑慢慢在教材中都能找到理论依据。师生共同读书的这段时光，希望可以成为课题组同学们关于青春的美好回忆。在此感谢每一位参加过讨论班并为本书的编写做出贡献的同学：易鑫博士、韩宇宏博士、霍佳成博士、张黎硕士、尹盼盼硕士、张修宇硕士、陈子晔硕士和孙笑峰硕士，其中特别感谢易鑫博士和尹盼盼硕士为本书第 3 章和第 4 章的例题提供了第一手推演资料。

由于编者水平有限，书中难免有不妥之处，敬请读者批评指正。

本书作者

目　　录

第 1 章

量子信息概述

在量子力学中,量子信息(Quantum Information)是关于量子系统状态所携带的物理信息,是通过量子系统的各种相干特性进行计算、编码和信息传输的全新信息方式。量子信息的信息载体是微观量子态,量子态本身的操控满足量子力学基本原理,因而量子信息的编码、操控、传输和解码都与传统的经典信息学存在巨大差异。在经典信息学中,信息的操作依然满足经典力学的规律。利用量子力学的特殊性质,量子信息技术可以拥有比相应经典技术更强大的能力。基于量子信息技术可以实现绝对安全的量子通信,也可以解决经典计算机难以完成的计算难题。量子信息技术代表了未来信息技术发展的战略方向,是世界各国展开激烈竞争的下一代安全通信体系的焦点,并极有可能对人类社会的经济发展产生难以估量的影响。

量子信息学是量子力学与信息学等学科相结合而产生的新兴交叉学科。20 世纪七八十年代,费曼(R. Feynman)、贝内特(C. H. Bennet)、多伊奇(D. Deutch)等科学家提出了有关量子信息的设想,但量子信息学作为一个重要学科方向引起学术界和各国政府高度重视是在 1993 年著名的 Shor 算法提出之后。在经典算法中迄今未能发现多项式算法,甚至有人认为这样的算法根本不存在。但是基于量子力学基本原理,采用 Shor 算法可以在多项式时间内实现大数因式分解,这直接威胁到了广泛使用计算安全公钥密码体系的安全性。随着 30 多年的深入研究,量子信息科学已经发展成为一个多学科交叉,对国家安全、国防军事、产业经济等领域都具有潜在颠覆性作用的研究方向。

"十三五"时期,我国发射了"墨子号"量子科学实验卫星,成功研制出量子计算机原型机"九章",并在量子精密测量领域取得重要进展。"十四五"时期,我国将继续大力发展量子信息科技,加强原始创新和技术应用,为产业转型和经济发展提供支撑。

量子信息主要包括量子通信、量子计算、量子模拟和量子精密测量等。下面分别阐述这几个重要研究方向的问题和进展。

1. 量子通信

量子密码与量子通信是利用量子叠加态和纠缠效应进行信息传递的新型加密与通信方式，基于量子力学中的不确定性、测量坍缩和不可克隆三大原理提供了无法被窃听和计算破解的绝对安全性保证，可应用于保密通信领域。

量子密钥分发（Quantum Key Distribution, QKD）是量子密码体系的核心，是目前量子通信研究最成熟、也是最接近实用化的一个研究方向。近年来世界各国开展了面向实用化的示范性局域网和广域网的构建研究，取得了许多重大进展。

现阶段的量子通信技术已经可以实现城域网量子保密通信，如合肥、芜湖等地构建的政务网。在局域网构建方面，中国科学技术大学潘建伟院士团队于 2012 年在合肥实现了由 6 个节点构成的城域量子网络。该网络使用光纤约 1 700 km，通过 6 个接入交换和集控站连接 40 组"量子电话"用户和 16 组"量子视频"用户。由郭光灿院士领衔的中国科学院量子信息重点实验室团队在 2005 年就已经在商用的光纤上实现了北京与天津之间 125 km 的量子密钥传输实验，并于 2012 年在标准电信光纤中完成了 260 km 量子密钥分发实验（系统工作频率为 2 GHz），2014 年建设了合（肥）巢（湖）芜（湖）量子广域示范网。该网络通过中国移动的商用光纤连接合肥、巢湖、芜湖三个城市，其中合肥局域网由 5 个节点组成，巢湖局域网由 1 个节点组成，芜湖局域网由 3 个节点组成。实地光纤总长超过 200 km，全网运行时间超过 5 000 h，是目前有公开学术报道的国际同类网络中规模最大、距离最长、测试时间最长的网络之一，也是首个广域量子密钥分配网络。

为了解决单光子随距离指数衰减问题，以拓展量子通信的距离，一种常用方法是将点对点传输改为分段传输，并采用量子中继技术进行级联，即将整个通信线路分几段，每段损耗都较小，再通过量子中继器将这几段连接起来，这使得构建全量子网络成为可能。这类中继方案中涉及的纠缠纯化、信息的来回传输都将极大地限制信息的传输速率。发展更高传输率、更稳定的城域量子通信网络，以及更长距离广域网，仍是量子通信实用化的重要问题。现阶段，我国正在建立北京—上海的京沪量子通信总干线。这套系统目前基于可信中继建立，即在京沪之间设置多个可信中继站点，在每个站点将量子信息转变为经典信息，再重新编码为量子信息并传输到下一个站点，从而实现远程量子态传输。

基于诱骗态的量子密钥分配可以实现百千米量级的传输距离且无需单光子源或纠缠光源，但是这种密钥分配方案与量子中继不兼容，故进一步提升其传输距离的方案仍不明确。在没有量子中继可用的前提下，实现远程量子通信的另一个可能方案是基于自由空间传输的量子通信。德国慕尼黑大学的科研小组开展了飞行物体与固定基站之间的量子通信研究,于 2013 年首次实现了一架盘旋飞行中的飞机与地面站之间的量子密钥分发。飞机的飞行速度为 290 km/h,与地面站之间的距离为 20 km。2012 年奥地利维也纳大学的研究团队在加那利群岛中相距 147 km 的特内里费岛和拉帕尔马岛之间实现了量子隐形传态,2 个节点之间的空间距离与地球近地轨道和地面站之间的距离相比拟。近年来,我国在此领域也取得了一系列重要进展,处于世界领先水平。例如,2012 年在青海湖利用地基实验模拟星地之间的通信,实现了百千米级的量子隐形传态和双向纠缠分发;2016 年中国发射了量子科学实验卫星"墨子号",为星地之间自由空间的量子通信打下了基础。目前,卫星和地面之间量子通信的原理性验证也正在进行当中。

2. 量子计算

量子计算是一种遵循量子力学规律调控量子信息单元进行计算的新型计算模式。对照于传统的通用计算机,其理论模型是通用图灵机;通用的量子计算机理论模型是用量子力学规律重新诠释的通用图灵机。从可计算的问题来看,量子计算机只能解决传统计算机所能解决的问题,但是从计算的效率上,由于量子力学叠加性的存在,某些已知的量子算法在处理问题时速度要快于传统的通用计算机。

实现大规模的量子计算是量子信息技术最重要的目标,同时也是巨大的技术挑战。容错量子计算的证明极大地提高了量子计算的可行性。在理论上实现量子计算已没有原则性的障碍,人们甚至已经开始设计大规模量子计算的芯片构型。

目前,量子计算机的实现存在两个不同的路径。一条路径是物理系统,如离子阱、部分超导系统、量子点、金刚石色心系统等,在先保障量子性的基础上逐渐扩大系统,进而实现普适的量子计算。另一条是以加拿大 D-Wave 公司为代表的超导系统。现在该公司已经能够控制 512 个量子比特(甚至更多),并能利用它实现绝热算法。需要指出的是,D-Wave 公司的计算机并不是普适的量子计算机,它是为特定算法而设计的。

为了体现量子系统在解决问题方面相对于经典系统的优越性,人们正在尝试解决一些特殊的问题,虽然解决这些问题要求的技术难度相对低,但可以表明量子卓越的潜力。这方面最著名的例子是玻色取样问题。2019 年,潘建伟团队实现了 20 光子输入 60 模式干涉线路的玻色取样,输出复杂度相当于 48 个量子比特的希尔伯特态空间,逼近了量子计算优越性。2020 年 12 月,该团队成功构建 76 个光子的量子计算原型机"九章",其输出量子态空间规模达到了 1 030。"九章"开发团队声称当求解 5 000 万个样本的玻色取样时,"九章"需 200 s,而截至 2020 年世界最快的超级计算机"富岳"需 6 亿年;当求解 100 亿个样本时,"九章"需 10 h,而"富岳"需 1 200

亿年。

　　"量子霸权"的概念最早由加州理工学院理论物理学家 John Preskill 在 2011 年的一次演讲中提出,也可翻译为"量子优越性"或"量子优势"。衡量量子计算机实现"量子霸权"的标准是:能比经典计算机更好地解决一个特定计算问题。量子霸权代表量子计算装置在特定测试案例上表现出超越所有经典计算机的计算能力,实现量子霸权是量子计算发展的重要里程碑。评测称霸标准,需要高效的、运行于经典计算机的量子计算模拟器。在后量子霸权时代,这种模拟器还会成为加速量子计算科学研究的重要工具。2019 年 9 月,谷歌研究人员架设出 53 量子位的量子计算机,并以"悬铃木"为代号。"悬铃木"量子计算机成功在 3 min20 s 时间内,完成传统计算机需 1 万年时间处理的问题,并声称是全球首次实现"量子霸权"。虽然"悬铃木"量子计算机所进行的运算,只是要证明一个随机数字生成器符合"随机"的标准,没有实际意义。但实验结果证明,存在只能够在量子计算机上进行的计算工作。2019 年 11 月,国防科技大学计算机学院吴俊杰带领的 QUANTA 团队,联合信息工程大学等国内外科研机构,提出了量子计算模拟的新算法。该算法在"天河二号"超级计算机上的测试性能达到国际领先水平。

3. 量子模拟

　　量子模拟是利用量子计算机模拟量子系统的运动与演化过程。现阶段在普适的量子计算机还无法实现的情况下,量子模拟利用较小规模的可控量子系统来实现一些用常规的方法无法或很难实现的物理现象,进而达到研究它们的目的。量子模拟搭建了物理理论和物理现象之间的桥梁。特别是在离子阱系统和光晶格系统中,量子模拟取得了巨大的成功。

　　量子多体关联系统是物理学中最重要也是最困难的问题之一。对于这样的问题外,尚没有办法进行解析求解,甚至不能进行数值求解,已知的数值方法(如密度矩阵重整化方法、蒙特卡罗方法等)对很多问题都无法给出可靠的结果。然而很多很重要的物理现象(如高温超导)与多体强关联有密切的关系,量子模拟提供了研究这种系统的一个新的工具。特别是基于光晶格系统的量子模拟系统,人们通过操控实现一些特定的强关联系统的哈密顿量(如 Bose-Hubbard 系统的哈密顿量),进而研究这个哈密顿量控制下的物理过程。目前,这个方法已取得了巨大的成功。

　　除了模拟在凝聚态物理系统中已有的物理系外,量子模拟还可以研究在常见的凝聚态中无法或很难研究的系统,比如自旋轨道耦合带来的新现象、2 维多体局域化等。除了凝聚态物理中的问题外,量子模拟还可以用来对量子力学基础、黑洞物理和量子场论中的一些问题进行模拟。在离子阱系统中,人们模拟了规范场中的物理;在光学系统中,人们模拟了 PT 对称世界,研究了 PT 理论与信息不超光速传播的相容问题;在光学系统中,人们还研究了黑洞中的光传播行为。对这些问题的研究极大地扩展了量子模拟的应用范围。

随着量子操控技术的进步,人们将能够设计并模拟各种不同的哈密顿量,进而研究其中的物理。

4. 量子精密测量和量子传感

对物理量的精确测量不仅有助于更深层次的物理学规律的发现(比如微波背景辐射的各向异性),更有其应用上的需求。量子技术的发展使得人们可以对很多物理量的测量获得比经典方法更高的精度。在理论上,人们已经提出了一系列提高量子测量精度的新方法。

利用量子技术人们可以将时间的测量标准提高到前所未有的新高度。瓦恩兰(Wineland)等人在实验上利用离子阱中两个纠缠的离子,将时钟标准的精度提高到了 10^{-18}。利用囚禁的原子阵列,时间测量精度还可以进一步提高,甚至可以利用它来直接探测引力波和暗物质。如果利用多个囚禁在不同离子阱中的离子,假设它们处于 GHZ 态,并把不同的离子阱分布到空间中不同的地方,就可以极大地提高 GPS 的精度。

一般来说,物理系统总是受到噪声的影响,因而对物理量的测量精度总是受到噪声的限制。一方面,量子技术表明,可以利用 NooN 态来压缩噪声的影响,进而达到海森堡极限。另一方面,量子态本身是很脆弱的,它极易受到环境的影响。基于量子态对环境的敏感性,可以利用量子系统来对某些变化进行探测,这种应用就是量子传感。利用金刚石色心已经实现了对微小磁场的测量,并达到了极高的精度。

第 2 章

量子信息的基本概念

量子信息是关于量子系统状态所携带的物理信息，是通过量子系统的各种相干特性进行计算、编码和信息传输的全新信息方式。

2.1　量　子　比　特

比特(bit)是经典信息科学中的基本概念，通常有两重含义：一是表示经典信息的单位，如通信系统的信息传输速率为比特/秒(bit/s)；二是代表一个经典的二态系统，如一个可以处于"开"状态或"关"状态的开关。经典二态系统的这两个状态可以分别用数字"0"和"1"来表示，这也是用二进制数"0"和"1"表示经典信息的来源。一个经典比特只能处于"0"态或"1"态中的一种状态。量子信息最常见的单位是量子比特(qubit bit 或 qubit)，量子比特的概念与经典比特类似，是量子信息的最基本单元，通常可分为单量子比特和多量子比特。

2.1.1　单量子比特

量子信息建立在量子比特的基础之上。与经典比特相对应，一个量子比特是一个量子的二态系统，可能状态分别用 $|0\rangle$ 和 $|1\rangle$ 表示，记号"$|\ \rangle$"称为狄拉克(Dirac)记号，它在量子力学中表示状态。量子比特和经典比特的第一个核心区别在于，单量子比特的状态可以处于 $|0\rangle$ 态和 $|1\rangle$ 态的线性组合，常称为叠加态，即：

$$|\psi\rangle = \alpha|0\rangle + \beta|1\rangle \tag{2-1}$$

其中，α 和 β 是复数，满足 $|\alpha|^2 + |\beta|^2 = 1$。复系数 α 和 β 也常称为幅度或概率幅。根据量子力学的基本假设，单量子比特的状态是 2 位复向量空间中的单位向量，特殊的 $|0\rangle$ 态和 $|1\rangle$ 态被称为计算基态，是构成这个向量空间的一组标准正交基。$|\psi\rangle$ 为单

位向量的必要条件即 $|\alpha|^2+|\beta|^2=1$，因此该条件常称为归一化条件。

经典计算机每次从内存读取内容时都可以通过检查来确定该比特的值。但是量子力学告诉人们，通过检查只能得到关于量子状态的有限信息，这是量子比特和经典比特的第二个核心区别。

根据量子力学的基本假设，当量子比特处于状态 $|\psi\rangle=\alpha|0\rangle+\beta|1\rangle$ 时，在计算基 $\{|0\rangle,|1\rangle\}$ 下测量量子比特，得到测量结果 0 的概率为 $|\alpha|^2$，得到测量结果 1 的概率为 $|\beta|^2$，归一化条件 $|\alpha|^2+|\beta|^2=1$ 对应得到两种测量结果的概率之和为 1。测量会改变量子比特的状态，测量后量子比特从初始 $|0\rangle$ 和 $|1\rangle$ 的叠加态坍缩到与测量结果相对应的特定状态。例如，若 $|\psi\rangle$ 的测量结果是 0，则测量后量子比特的状态是 $|0\rangle$ 态。量子比特的一次测量只得到有关量子比特状态的 1 bit 信息，因此只有测量无穷多个完全相同的量子比特才能确定 α 和 β 的值。

量子比特的存在和行为已经被大量实验所证实。例如，著名的 Stern-Gerlach 实验，表明量子比特是电子自旋的最好模型。迄今为止，已经存在许多不同的物理系统都可以用来实现量子比特的存在。常见量子比特系统的 2 个相应量子状态包括：描述电子自旋相对于某个外场方向的自旋向上态 $|\uparrow\rangle$ 和自旋向下态 $|\downarrow\rangle$；描述光子偏振方向的两个正交偏振态，如水平偏振态 $|h\rangle$ 和垂直偏振态 $|v\rangle$，45 度偏振态 $|\nearrow\rangle$ 和 -45 度偏振态 $|\searrow\rangle$，左旋偏振态 $|L\rangle$ 和右旋偏振态 $|R\rangle$；原子（广义上理解包括自然原子、人造原子、离子、分子等）中的 2 个特殊能态，如基态（或下能态）$|g\rangle$ 和激发态（或上能态）$|e\rangle$。将各种量子比特系统的两个状态统一分别用 $|0\rangle$ 和 $|1\rangle$ 表示，这样就可以暂时将量子比特看成具有特定属性的数学对象。

注意：在实际的量子信息处理中，量子比特需要通过物理系统实现。但是，在讨论实际量子信息处理方案之前，将量子比特当作抽象的数学对象，有助于建立一个不依赖特定系统实现的量子信息一般理论框架。在本书的大部分内容中，量子比特是被当作数学对象来对待。

由于 α 和 β 是复数，且满足 $|\alpha|^2+|\beta|^2=1$，因此等式（2-1）还可以改写为：

$$|\psi\rangle=e^{i\gamma}\left(\cos\frac{\theta}{2}|0\rangle+e^{i\varphi}\sin\frac{\theta}{2}|1\rangle\right) \tag{2-2}$$

其中，θ,φ,γ 都是实数。由于括号外的 $e^{i\gamma}$ 不具有任何可观测的效应，因此可以将其略去，写出更有效的形式：

$$|\psi\rangle=\cos\frac{\theta}{2}|0\rangle+e^{i\varphi}\sin\frac{\theta}{2}|1\rangle \tag{2-3}$$

其中，实数 θ 和 φ 定义了 3 维单位球面上的一个点，如图 2-1 所示。这个 3 维单位球面常被称为布洛赫（Bloch）球面，Bloch 球面提供了单个量子比特状态可视化的一种有效办法。在量子计算中,对单量子比特的许多操作都是通过 Bloch 球面描绘的。

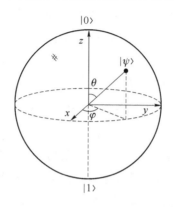

图 2-1　量子比特的 Bloch 球面表示

2.1.2　多量子比特

对于 2 个经典比特,总共有 4 种可能的状态:00,01,10 和 11。相应地,2 个量子比特也有 4 个基态,记作 $|00\rangle$,$|01\rangle$,$|10\rangle$,$|11\rangle$。

注意:双量子比特基态 $|01\rangle \equiv |0\rangle|1\rangle$ 应理解为第一量子比特为 $|0\rangle$,第二量子比特为 $|1\rangle$,其他情况依此类推。因此,量子比特的排列顺序有其特定含义,$|01\rangle \neq |10\rangle$。必要时可以通过增加下标进行区分,例如 $|01\rangle_{12} \equiv |0\rangle_1 |1\rangle_2$。

与单量子比特的情形一样,一对量子比特也可以处于这 4 个基态的叠加,因此描述双量子比特系统的状态向量是

$$|\psi\rangle = \alpha_{00}|00\rangle + \alpha_{01}|01\rangle + \alpha_{10}|10\rangle + \alpha_{11}|11\rangle \tag{2-4}$$

其中,幅度 $\alpha_x(x=00,01,10,11)$ 满足归一化条件:

$$\sum_{x \in \{0,1\}^2} |\alpha_x|^2 = 1 \tag{2-5}$$

这里 $\{0,1\}^2$ 表示长度为 2,每个字母从 0 和 1 中任取的符号串的集合。由此可见,双量子比特系统的量子状态由 $2^2=4$ 个幅度确定。对双量子比特系统进行计算基态 $\{|00\rangle,|01\rangle,|10\rangle,|11\rangle\}$ 下的测量,测量结果 x 为 00、01、10 或 11 的概率为 $|\alpha_x|^2$。测量后双量子比特系统处于 $|x\rangle$ 状态,归一化条件对应 4 种测量结果出现的概率之和为 1。

对于一个双量子比特系统,可以只测量其中一个量子比特。在计算基 $\{|0\rangle,|1\rangle\}$ 下单独测量第 1 个量子比特,得到 0 的概率为 $|\alpha_{00}|^2 + |\alpha_{01}|^2$,测量后系统的状态为:

$$|\psi'\rangle = \frac{\alpha_{00}|00\rangle + \alpha_{01}|01\rangle}{\sqrt{|\alpha_{00}|^2 + |\alpha_{01}|^2}} \tag{2-6}$$

注意:测后状态被因子 $\sqrt{|\alpha_{00}|^2 + |\alpha_{01}|^2}$ 重新归一化后,仍满足归一化条件。

同理,在计算基 $\{|0\rangle, |1\rangle\}$ 下单独测量第 1 个量子比特,得到 1 的概率为 $|\alpha_{10}|^2 + |\alpha_{11}|^2$,而测量后的状态为:

$$|\psi'\rangle = \frac{\alpha_{10}|10\rangle + \alpha_{11}|11\rangle}{\sqrt{|\alpha_{10}|^2 + |\alpha_{11}|^2}} \tag{2-7}$$

仍满足归一化条件。

更一般地,考虑 n 量子比特系统,这个系统的基态形如 $|x_1 x_2 \cdots x_n\rangle \equiv |x\rangle$,并且量子状态由 2^n 个幅度所确定。这样描述 n 量子比特系统的状态向量可以表示为:

$$|\psi\rangle = \sum_{x \in \{0,1\}^n} \alpha_x |x\rangle \tag{2-8}$$

幅度 α_x 满足归一化条件。描述 n 量子比特系统的状态所需复数的个数随着 n 指数增长。当 $n=500$ 时,该数就已经超过整个宇宙原子的估计总数,在任何经典计算机上存储所有这些复数都是不可想象的,更不用说有效地模拟多体量子系统的演化了。

2.1.3 量子比特纠缠态

多量子比特系统中存在一类非常特殊的状态,称为量子比特纠缠态。例如,Bell 态就是一类重要的双量子比特纠缠态,Bell 态有 4 种量子态,可分别表示为:

$$|\phi^+\rangle = \frac{|00\rangle + |11\rangle}{\sqrt{2}}, \quad |\phi^-\rangle = \frac{|00\rangle - |11\rangle}{\sqrt{2}} \tag{2-9}$$

$$|\psi^+\rangle = \frac{|01\rangle + |10\rangle}{\sqrt{2}}, \quad |\psi^-\rangle = \frac{|01\rangle - |10\rangle}{\sqrt{2}} \tag{2-10}$$

处于 Bell 态的 2 个量子比特也称为 EPR 对,这是根据首次指出这些状态奇特性质的学者 John Bell 以及 Einstein、Podolsky 和 Rosen 命名的。

Bell 态有许多重要的性质,在量子信息科学与技术中具有非常重要的意义。以状态 $|\phi^+\rangle = (|00\rangle + |11\rangle)/\sqrt{2}$ 为例,在计算基 $\{|0\rangle, |1\rangle\}$ 下测量第 1 量子比特,测量结果以 1/2 概率得到 0,进入测后状态 $|\varphi'\rangle = |00\rangle$;以 1/2 概率得到 1,进入测后状态 $|\varphi'\rangle = |11\rangle$。对第 2 量子比特的测量,第 2 量子比特的测量结果总与第 1 量子比特一样,即第 1 量子比特和第 2 量子比特的测量结果相关。

此外,对 Bell 态进行其他方式的测量,无论先在第 1 或第 2 量子比特上施加某种操作,而第 1、第 2 量子比特的测量结果上的相关性仍然存在。Bell 态的测量相关性比经典系统可能存在的相关性都要强。这些结论揭示了量子力学具有超越经典世界的信息处理能力。

Bell 态还是其他许多量子比特纠缠态的原型。例如,针对 3 量子比特系统,有一类常见的量子纠缠态称为 Greenberger-Horne-Zeilinger 态,简称为 GHZ 态。GHZ态可看成 Bell 态的直接推广。三量子比特 GHZ 态共有 8 个,分别为:

$$|\text{GHZ}_0^+\rangle = \frac{1}{\sqrt{2}}(|000\rangle + |111\rangle), \quad |\text{GHZ}_0^-\rangle = \frac{1}{\sqrt{2}}(|000\rangle - |111\rangle) \quad (2\text{-}11)$$

$$|\text{GHZ}_1^+\rangle = \frac{1}{\sqrt{2}}(|001\rangle + |110\rangle), \quad |\text{GHZ}_1^-\rangle = \frac{1}{\sqrt{2}}(|001\rangle - |110\rangle) \quad (2\text{-}12)$$

$$|\text{GHZ}_2^+\rangle = \frac{1}{\sqrt{2}}(|010\rangle + |101\rangle), \quad |\text{GHZ}_2^-\rangle = \frac{1}{\sqrt{2}}(|010\rangle - |101\rangle) \quad (2\text{-}13)$$

$$|\text{GHZ}_3^+\rangle = \frac{1}{\sqrt{2}}(|100\rangle + |011\rangle), \quad |\text{GHZ}_3^-\rangle = \frac{1}{\sqrt{2}}(|100\rangle - |011\rangle) \quad (2\text{-}14)$$

GHZ 态还可以进一步推广到 $n(n>3)$ 量子比特的情形。

另一种常见的多量子比特纠缠态称为 W 态。n 量子比特系统 W 态可采用如下递归的定义:当 $n=2$ 时,$|W_2\rangle = |\psi^+\rangle = (|01\rangle + |10\rangle)/\sqrt{2}$ 称为 W 型 Bell 对;当 $n \geq 3$ 时,

$$|W_n\rangle = \frac{1}{\sqrt{n}}(|0\rangle^{\otimes(n-1)}|1\rangle + \sqrt{n-1}|W_{n-1}\rangle|0\rangle) \quad (2\text{-}15)$$

则

$$|W_3\rangle = \frac{1}{\sqrt{3}}(|001\rangle + |010\rangle + |100\rangle) \quad (2\text{-}16)$$

$$|W_4\rangle = \frac{1}{\sqrt{4}}(|0001\rangle + |0010\rangle + |0100\rangle + |1000\rangle) \quad (2\text{-}17)$$

2.2　量子逻辑门

在量子信息处理中,量子比特状态的变化可以用量子线路的语言来描述。经典计算机由包含连线和经典逻辑门的线路建造,连线用于在线路间传递信息,逻辑门负责处理信息,把信息从一种形式转换为另一种。类似地,量子计算过程也可以由包含连线和量子逻辑门组成的量子线路来表示,这就是量子线路模型。量子逻辑门可将输入量子态转换为输出量子态,数学上对应线性算子。不同的量子逻辑门具有不同的功能。

下面从单量子比特逻辑门出发,介绍量子逻辑门的性质和表示方法。

2.2.1 单量子比特逻辑门

不同于经典计算中的"与""或""非"门及它们的组合,量子逻辑门要求所有的逻辑操作必须是幺正变换(即 $U^{\dagger}U = UU^{\dagger} = I$),所以输入和输出的比特数量是相等的。单量子比特逻辑门是针对一个量子比特进行操作的量子门,在量子线路中的符号如图 2-2 所示。这里一条横线表示一个量子比特,从左往右看,输入量子态 $|\mathrm{In}\rangle$,经过门操作 U,变为输出量子态 $|\mathrm{Out}\rangle$,用公式表示为 $|\mathrm{Out}\rangle = U|\mathrm{In}\rangle$。

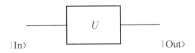

图 2-2　单量子比特逻辑门线路

1. 恒等变换

恒等变换指经过恒等操作输入量子态不变,即:

$$|0\rangle \rightarrow |0\rangle, |1\rangle \rightarrow |1\rangle$$

其变换算符定义为:

$$I = \begin{pmatrix} 1 & 0 \\ 0 & 1 \end{pmatrix}$$

记为:

$$I(\alpha|0\rangle + \beta|1\rangle) = \alpha|0\rangle + \beta|1\rangle \qquad (2\text{-}18)$$

以下 α, β 均为任意复数。

2. 非门(NOT gate)

非门,记为 X 门,与经典的逻辑非门类似。非门表示状态 $|0\rangle$ 和 $|1\rangle$ 互换,即:

$$|0\rangle \rightarrow |1\rangle, |1\rangle \rightarrow |0\rangle$$
$$\alpha|0\rangle + \beta|1\rangle \rightarrow \alpha|1\rangle + \beta|0\rangle$$

其变换算符定义为:

$$X \equiv \begin{pmatrix} 0 & 1 \\ 1 & 0 \end{pmatrix}$$

记为:

$$X(\alpha|0\rangle + \beta|1\rangle) = \alpha|1\rangle + \beta|0\rangle \qquad (2\text{-}19)$$

在非门的作用下,量子态变化规律如图 2-3 所示。

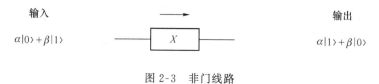

图 2-3 非门线路

3. Y 门

Y 门操作一个量子比特,$|0\rangle \to i|1\rangle$,$|1\rangle \to -i|0\rangle$,其变换算符定义为:

$$Y \equiv \begin{pmatrix} 0 & -i \\ i & 0 \end{pmatrix}$$

记为:

$$Y(\alpha|0\rangle + \beta|1\rangle) = i\alpha|1\rangle - i\beta|0\rangle \tag{2-20}$$

在 Y 门的作用下,量子态变化规律如图 2-4 所示。

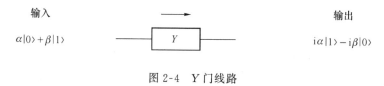

图 2-4 Y 门线路

4. Z 门

Z 门表示保持 $|0\rangle$ 不变,而翻转 $|1\rangle$ 的符号变成 $-|1\rangle$,即:

$$|0\rangle \to |0\rangle, \quad |1\rangle \to -|1\rangle$$

其变换算符定义为:

$$Z \equiv \begin{pmatrix} 1 & 0 \\ 0 & -1 \end{pmatrix}$$

记为:

$$Z(\alpha|0\rangle + \beta|1\rangle) = \alpha|0\rangle - \beta|1\rangle \tag{2-21}$$

在 Z 门的作用下,量子态变化规律如图 2-5 所示。

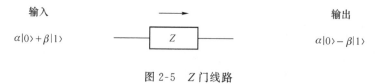

图 2-5 Z 门线路

5. Hadamard 门

Hadamard 门是量子比特特有的一种逻辑门,也是最常用的量子门之一。Hadamard 门表示 $|0\rangle$ 变到 $|0\rangle$ 至 $|1\rangle$ 的中间状态 $(|0\rangle+|1\rangle)/\sqrt{2}$,而把 $|1\rangle$ 变到同样是 $|0\rangle$ 至 $|1\rangle$ 的中间状态 $(|0\rangle-|1\rangle)/\sqrt{2}$,即:

$$|0\rangle \to \frac{|0\rangle+|1\rangle}{\sqrt{2}}, \quad |1\rangle \to \frac{|0\rangle-|1\rangle}{\sqrt{2}}$$

其变换算符定义为:

$$H \equiv \frac{1}{\sqrt{2}} \begin{pmatrix} 1 & 1 \\ 1 & -1 \end{pmatrix}$$

记为:

$$H(\alpha|0\rangle+\beta|1\rangle) = \alpha\frac{|0\rangle+|1\rangle}{\sqrt{2}} + \beta\frac{|0\rangle-|1\rangle}{\sqrt{2}}$$

$$= \frac{1}{\sqrt{2}}[(\alpha+\beta)|0\rangle+(\alpha-\beta)|1\rangle] \tag{2-22}$$

注意:Hadamard 门视为非门的平方根,但是 H^2 并不是非门,经过简单计算可得出 $H^2=I$,2 次应用 H 到一个状态等于什么都没做。

Hadamard 门对应于 Bloch 球面上的旋转和反射,如图 2-6 所示。Hadamard 操作是先绕 y 轴旋转 $90°$,再绕 x 轴旋转 $180°$,即对应球面上的旋转和反射。

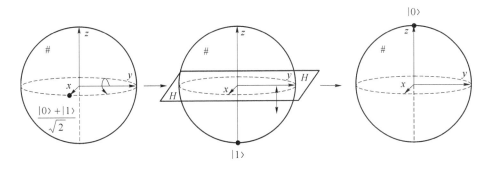

图 2-6　作用于 $|0\rangle+|1\rangle/\sqrt{2}$ 上的 Hadamard 门在 Bloch 球面上的显示

在 H 门的作用下,量子态变化规律如图 2-7 所示。

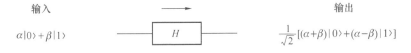

图 2-7　Hadamard 门线路

6. 相位门

相位门(Phase Gate)表示改变相位的量子门,它也是量子比特特有的一种逻辑门,

$$\alpha|0\rangle+\beta|1\rangle \longrightarrow \alpha|0\rangle+e^{i\delta}\beta|1\rangle$$

其变换算符定义为:

$$U_z(\delta)=\begin{pmatrix} 1 & 0 \\ 0 & e^{i\delta} \end{pmatrix}$$

记为:

$$U_z(\alpha|0\rangle+\beta|1\rangle)=\alpha|0\rangle+e^{i\delta}\beta|1\rangle \tag{2-23}$$

在相位门的作用下,量子态变化规律如图 2-8 所示。

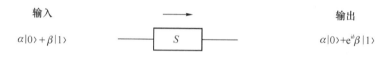

图 2-8　相位门线路

因为整体相位没有任何物理意义,计算基态所对应的态 $|0\rangle$ 和 $|1\rangle$ 并没有改变。然而,相位门作用于一个一般的单量子比特态 $|\psi\rangle$,会给出:

$$U_z(\delta)|\psi\rangle=\begin{pmatrix} 1 & 0 \\ 0 & e^{i\delta} \end{pmatrix}\begin{pmatrix} \cos\dfrac{\theta}{2} \\ e^{i\varphi}\sin\dfrac{\theta}{2} \end{pmatrix}=\begin{pmatrix} \cos\dfrac{\theta}{2} \\ e^{i(\varphi+\delta)}\sin\dfrac{\theta}{2} \end{pmatrix} \tag{2-24}$$

相对相位可以观测,一个一般的量子比特在相位门作用之下会发生相应的变化。从式(2-21)可以看出,相位门的效果是在 Bloch 球面上绕 z 轴逆时针旋转角度 δ。特别地,当 $\phi=\pi/4$ 时,称为 T 门,也称为 $\pi/8$ 门,这是因为

$$T=\begin{pmatrix} 1 & 0 \\ 0 & e^{i\frac{\pi}{4}} \end{pmatrix}=e^{i\frac{\pi}{8}}\begin{pmatrix} e^{-i\frac{\pi}{8}} & 0 \\ 0 & e^{i\frac{\pi}{8}} \end{pmatrix} \tag{2-25}$$

任何作用于单量子比特的幺正运算,都可以利用 Hadamard 门和相位门来实现。事实上,一个幺正变换对于一个量子比特态的作用,将 Bloch 球面上的一点移动到另一点,而这一移动完全可以利用 2 个量子门来实现。一般的态可以从 $|0\rangle$ 出发,通过以下方式得到:

$$U_z\left(\frac{\pi}{2}+\delta\right)HU_z(\theta)|0\rangle=e^{i\frac{\theta}{2}}\left(\cos\frac{\theta}{2}|0\rangle+e^{i\delta}\sin\frac{\theta}{2}|1\rangle\right) \tag{2-26}$$

可以证明在 Bloch 球上把态 (θ_1,φ_1) 移动到 (θ_2,φ_2) 的幺正运算是

$$U_z\left(\frac{\pi}{2}+\varphi_2\right)HU_z(\theta_2-\theta_1)HU_z\left(-\frac{\pi}{2}-\varphi_1\right) \qquad (2\text{-}27)$$

7. 单量子门分解

任意的单量子比特门可以基于量子门的一个有限集合来构造,任意数量的量子比特上的任何量子计算,也都可以从对量子计算具有通用性的一组有限个门产生出来。

任意一个单量子比特门都可以分解成一个旋转

$$\begin{pmatrix} \cos\dfrac{\gamma}{2} & -\sin\dfrac{\gamma}{2} \\ \sin\dfrac{\gamma}{2} & \cos\dfrac{\gamma}{2} \end{pmatrix}$$

和一个可以理解为绕 Z 轴的旋转

$$\begin{pmatrix} \mathrm{e}^{-\mathrm{i}\beta/2} & 0 \\ 0 & \mathrm{e}^{\mathrm{i}\beta/2} \end{pmatrix}$$

以及全局相移 $\mathrm{e}^{\mathrm{i}\alpha}$ 的乘积。

即任意的一个 2×2 幺正矩阵可分解为:

$$U=\mathrm{e}^{\mathrm{i}\alpha}\begin{pmatrix} \mathrm{e}^{-\mathrm{i}\beta/2} & 0 \\ 0 & \mathrm{e}^{\mathrm{i}\beta/2} \end{pmatrix}\begin{pmatrix} \cos\dfrac{\gamma}{2} & -\sin\dfrac{\gamma}{2} \\ \sin\dfrac{\gamma}{2} & \cos\dfrac{\gamma}{2} \end{pmatrix}\begin{pmatrix} \mathrm{e}^{-\mathrm{i}\delta/2} & 0 \\ 0 & \mathrm{e}^{\mathrm{i}\delta/2} \end{pmatrix} \qquad (2\text{-}28)$$

其中,α,β,γ 和 δ 是实数。

2.2.2 多量子比特逻辑门

不论是在经典计算还是量子计算中,两量子比特逻辑门无疑是建立量子比特之间联系最重要的桥梁。现在把量子逻辑门推广到涉及多量子比特的情形。

1. 受控非门

多量子比特逻辑门中最重要的是双量子比特的受控非门(Controlled-NOT 门,CNOT 门)。关于量子门有如下著名的通用性结论:任意的多量子比特门都可以由受控非门和单量子比特门复合而成。从这个意义上说,受控非门和单量子比特门是所有其他逻辑门的原型。

受控非门有 2 个输入量子比特,分别称为控制量子比特和目标量子比特。受控

非门在量子线路中的符号如图 2-9 所示,从左往右看,这里 2 条线代表 2 个量子比特,上面的线表示控制量子比特,下面的线表示目标量子比特。受控非门的作用描述如下:如果控制量子比特为 $|0\rangle$ 态,那么目标量子比特将保持不变;如果控制量子比特为 $|1\rangle$ 态,那么目标量子比特发生翻转。用量子真值表表示为:

$$|00\rangle \rightarrow |00\rangle,|01\rangle \rightarrow |01\rangle,|10\rangle \rightarrow |11\rangle,|11\rangle \rightarrow |10\rangle$$

受控非门也可以看成经典异或门的量子推广,因为该门的作用可以总结为 $|A,B\rangle \rightarrow |A,B\oplus A\rangle$,其中 $\oplus$ 是模 2 加法。也就是说,控制量子比特和目标量子比特作异或运算,并将结果存在目标量子比特中。

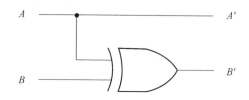

图 2-9 受控非门线路

取双量子比特系统的基态

$$|00\rangle = \begin{pmatrix} 1 \\ 0 \\ 0 \\ 0 \end{pmatrix}, |01\rangle = \begin{pmatrix} 0 \\ 1 \\ 0 \\ 0 \end{pmatrix}, |10\rangle = \begin{pmatrix} 0 \\ 0 \\ 1 \\ 0 \end{pmatrix}, |11\rangle = \begin{pmatrix} 0 \\ 0 \\ 0 \\ 1 \end{pmatrix}$$

在这组基下,受控非门的矩阵表示为:

$$U_{\mathrm{CN}} = \begin{pmatrix} 1 & 0 & 0 & 0 \\ 0 & 1 & 0 & 0 \\ 0 & 0 & 0 & 1 \\ 0 & 0 & 1 & 0 \end{pmatrix}$$

与单量子比特逻辑门的情形一样,保持归一化条件的要求体现为 U_{CN} 是一个幺正矩阵,即 $U_{\mathrm{CN}}^{\dagger} U_{\mathrm{CN}} = I$。

$$U_{\mathrm{CN}}(\alpha_1 |00\rangle + \alpha_2 |01\rangle + \alpha_3 |10\rangle + \alpha_4 |11\rangle) = \alpha_1 |00\rangle + \alpha_2 |01\rangle + \alpha_3 |11\rangle + \alpha_4 |10\rangle$$

$$(2\text{-}29)$$

2. 受控 U 门

设 U 是作用在 k 子比特上的任意幺正矩阵,于是 U 可视为那些量子比特上的量子门。作为受控非门的自然推广,可以定义受控 U 门。

如图 2-10 所示,受控 U 门具有单一的控制量子比特,用带黑点的线表示,k 个目标

量子比特的输入输出使用通过盒子 U 的线表示。如果控制量子比特为 $|0\rangle$ 态,那么目标量子比特不受影响;如果控制量子比特为 $|1\rangle$ 态,那么门 U 作用到目标量子比特上。

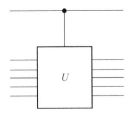

图 2-10 受控 U 门线路

受控 U 门的原型是受控非门,当 $k=1,U=X$ 时,受控 U 门退化为受控非门,如图 2-11 所示。

图 2-11 当 $k=1,U=X$ 时,受控 U 门退化为受控非门

$k=1,U=Z$ 的情形称为受控 Z 门,也称为受控相位翻转门(Controlled-phase-flip 门或 CPF 门),如图 2-12 所示。

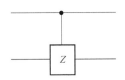

图 2-12 受控 Z 门线路

受控 Z 门作用的量子真值表表示为:
$$|00\rangle \rightarrow |00\rangle, |01\rangle \rightarrow |01\rangle, |10\rangle \rightarrow |10\rangle, |11\rangle \rightarrow -|11\rangle$$

受控 Z 门在计算基下的矩阵表示为:
$$U_{CZ} = \begin{pmatrix} 1 & 0 & 0 & 0 \\ 0 & 1 & 0 & 0 \\ 0 & 0 & 1 & 0 \\ 0 & 0 & 0 & -1 \end{pmatrix}$$

记为:
$$U_{CZ}(\alpha_1 |00\rangle + \alpha_2 |01\rangle + \alpha_3 |10\rangle + \alpha_4 |11\rangle) = \alpha_1 |00\rangle + \alpha_2 |01\rangle + \alpha_3 |10\rangle - \alpha_4 |11\rangle$$

$$(2\text{-}30)$$

由一个受控 Z 门和两个 Hadamard 门,可以构造出一个受控非门。

$$(I \otimes H)U_{CZ}(I \otimes H)(\alpha_1 |00\rangle + \alpha_2 |01\rangle + \alpha_3 |10\rangle + \alpha_4 |11\rangle)$$

$$= (I \otimes H)U_{CZ}\left(\alpha_1 |0\rangle \frac{|0\rangle + |1\rangle}{\sqrt{2}} + \alpha_2 |0\rangle \frac{|0\rangle - |1\rangle}{\sqrt{2}} + \alpha_3 |1\rangle \frac{|0\rangle + |1\rangle}{\sqrt{2}} + \alpha_4 |1\rangle \frac{|0\rangle - |1\rangle}{\sqrt{2}}\right)$$

$$= (I \otimes H)\left(\alpha_1 |0\rangle \frac{|0\rangle + |1\rangle}{\sqrt{2}} + \alpha_2 |0\rangle \frac{|0\rangle - |1\rangle}{\sqrt{2}} + \alpha_3 |1\rangle \frac{|0\rangle - |1\rangle}{\sqrt{2}} + \alpha_4 |1\rangle \frac{|0\rangle + |1\rangle}{\sqrt{2}}\right)$$

$$= \alpha_1 |00\rangle 0 + \alpha_2 |01\rangle + \alpha_3 |11\rangle + \alpha_4 |10\rangle$$

$$= U_{CN}(\alpha_1 |00\rangle + \alpha_2 |01\rangle + \alpha_3 |10\rangle + \alpha_4 |11\rangle) \tag{2-31}$$

单比特量子门和受控非门可以实现 n 量子比特上的任意幺正操作,所以它们对量子计算来说是通用的。因此,任何量子线路,不论其实现的功能多么复杂,最终都可以将其分解为单比特量子门和受控非门的乘积形式,从而为量子计算机的硬件实现奠定了重要的理论基础。

2.3　量子测量

量子线路采用的最后一个元素常常就是测量,量子测量往往在量子和经典世界之间扮演着界面的角色。

2.3.1　单量子比特在计算基下的测量

在计算基 $\{|0\rangle, |1\rangle\}$ 下对处于状态 $|\psi\rangle = \alpha |0\rangle + \beta |1\rangle$ 的单量子比特进行测量,测量后的量子状态分别为 $|0\rangle$ 和 $|1\rangle$。获得测量结果 0 的概率是 $p(0) = |\alpha|^2$,获得测量结果 1 的概率是 $p(1) = |\beta|^2$,满足归一化条件 $|\alpha|^2 + |\beta|^2 = 1$。

在量子线路中,用仪表符号表示计算基下的测量操作,如图 2-13 所示。如前所述,这个操作把单量子比特的状态 $|\psi\rangle = \alpha |0\rangle + \beta |1\rangle$ 变成概率意义下的经典比特 M,取 0 的概率为 $|\alpha|^2$,取 1 的概率为 $|\beta|^2$。左边的单线表示信息为量子信息,右边变成了双线,表示的是经典信息,仪表的作用是将量子信息转换成人们能够识别的经典信息。

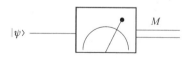

图 2-13　量子线路中用仪表符号表示计算基下的测量操作

2.3.2 除计算基以外的基的测量

对量子比特而言,状态$|0\rangle$和$|1\rangle$只是计算基态的许多选择中的一种。另一种常用的可能选择是:

$$|+\rangle \equiv \frac{|0\rangle + |1\rangle}{\sqrt{2}}, \quad |-\rangle \equiv \frac{|0\rangle - |1\rangle}{\sqrt{2}} \tag{2-32}$$

任意的状态$|\psi\rangle = \alpha|0\rangle + \beta|1\rangle$可以相对状态$|+\rangle$和$|-\rangle$重新表示为:

$$
\begin{aligned}
|\psi\rangle &= \alpha|0\rangle + \beta|1\rangle \\
&= \alpha \frac{|+\rangle + |-\rangle}{\sqrt{2}} + \beta \frac{|+\rangle - |-\rangle}{\sqrt{2}} \\
&= \frac{\alpha + \beta}{\sqrt{2}}|+\rangle + \frac{\alpha - \beta}{\sqrt{2}}|-\rangle
\end{aligned}
\tag{2-33}
$$

由式(2-30)可知以$\{|+\rangle, |-\rangle\}$基测量理论上可行。使用$\{|+\rangle, |-\rangle\}$基测量量子态,会以$|\alpha+\beta|^2/2$的概率导致"$+$"的结果,以$|\alpha-\beta|^2/2$的概率导致"$-$"的结果,测后状态分别为$|+\rangle$和$|-\rangle$。

更一般地,给定量子比特的任意基态$|a\rangle$和$|b\rangle$,可把任意量子态表示为线性组合$\alpha|a\rangle + \beta|b\rangle$。如果$|a\rangle$和$|b\rangle$状态是正交的,则可相对基$\{|a\rangle, |b\rangle\}$进行测量,并以$|\alpha|^2$概率导致$a$,以$|\beta|^2$概率导致$b$。正交性约束满足归一化条件$|\alpha|^2 + |\beta|^2 = 1$。

同理,多量子比特系统相对任意正交基的测量原则上都是可能的,不过,这一结论知识是理论上的可能,并不意味着进行这样的测量容易实现。

2.4 量子线路

量子线路是所有量子过程的有用模型,包括但不限于量子计算、量子通信、量子噪声等。已经介绍了组成量子线路的所有元件,包含量子比特、量子逻辑门和量子测量。量子线路实现的是量子信息的传输与操作,量子信息沿着线路传输,遇到量子门的时候进行相应的变换。最后通过测量操作,将量子信息转换为经典信息,才能被人们识别观测。

量子线路中的每条横线表示一个量子比特,线路的读法是从左往右。为方便起见,假定线路的输入状态是基态,通常是全$|0\rangle$组成的状态。

注意:有一些经典线路中的概念在量子线路中不会出现,比如量子线路中不允许出现环路,既没有反馈,也没有扇入和扇出操作。

2.4.1 量子对换操作

量子对换操作(Swap Operation)是指互换两个量子比特的状态：

$$|a,b\rangle \rightarrow |b,a\rangle$$

图 2-14(a)是量子对换操作线路图，对换操作由 3 个量子受控非门依次连接构成，信息从左往右传播，初始信息被第一个受控非门处理之后的输出信息作为第二个受控非门的输入信息，第二个输出信息又作为第三个门的输入信息，最后得到的是最终的输出信息。

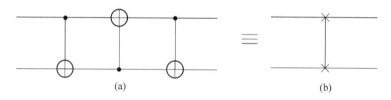

图 2-14 量子对换操作线路

这一连串门在计算基态 $|a,b\rangle$ 上的一系列作用如下：

经过第一个受控非门：$|a,b\rangle \rightarrow |a,a\oplus b\rangle$

经过第二个受控非门：$|a,a\oplus b\rangle \rightarrow |a\oplus(a\oplus b),a\oplus b\rangle = |b,a\oplus b\rangle$

经过第三个受控非门：$|b,a\oplus b\rangle \rightarrow |b,(a\oplus b)\oplus b\rangle = |b,a\rangle$

于是输入端是 $|a,b\rangle$，输出为 $|b,a\rangle$，实现了两个量子比特的互换。

2.4.2 产生 Bell 态

在图 2-15 所示的线路中，一个 Hadamard 门后面连接一个受控非门。当输入计算基态时，Hadamard 门首先将上面的量子比特变为叠加态，然后该状态作为受控非门的控制输入，当且仅当控制为 $|1\rangle$ 时，目标量子比特被翻转。容易验证，该线路实现如下变换：

$$|00\rangle \rightarrow \frac{1}{\sqrt{2}}(|00\rangle + |11\rangle) = |\phi^+\rangle \tag{2-34}$$

$$|01\rangle \rightarrow \frac{1}{\sqrt{2}}(|01\rangle + |10\rangle) = |\psi^+\rangle \tag{2-35}$$

$$|10\rangle \rightarrow \frac{1}{\sqrt{2}}(|00\rangle - |11\rangle) = |\phi^-\rangle \tag{2-36}$$

$$|11\rangle \rightarrow \frac{1}{\sqrt{2}}(|01\rangle - |10\rangle) = |\psi^-\rangle \tag{2-37}$$

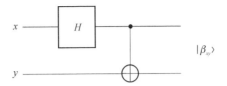

图 2-15 产生 Bell 态操作的线路

也可以用记号 $|\beta_{00}\rangle$, $|\beta_{01}\rangle$, $|\beta_{10}\rangle$, $|\beta_{11}\rangle$ 来表达 Bell 态,这样可以用如下的公式记忆:

$$|\beta_{xy}\rangle \rightarrow \frac{1}{\sqrt{2}}(|0,y\rangle+(-1)^{x}|1,\bar{y}\rangle) \tag{2-38}$$

其中,$\bar{y}$ 是 y 的非。

2.4.3 Bell 基测量

对量子线路规定的测量模型,限于针对单量子比特在计算基中的测量。然而,量子信息处理任务常常需要在其他标准正交状态组定义的基中执行测量。为执行这样的测量,一种方法是从希望在其中进行测量的基幺正变换到计算基,再进行测量。例如,图 2-16 执行了在 Bell 基下的测量。

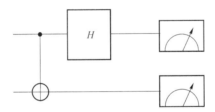

图 2-16 在 Bell 基下的测量

Bell 态变换的具体过程如下:

$$\frac{1}{\sqrt{2}}(|00\rangle+|11\rangle) \rightarrow \frac{1}{\sqrt{2}}(|00\rangle+|10\rangle)$$

$$\rightarrow \frac{1}{\sqrt{2}}\left(\frac{|0\rangle+|1\rangle}{\sqrt{2}}|0\rangle+\frac{|0\rangle-|1\rangle}{\sqrt{2}}|0\rangle\right)=|00\rangle \tag{2-39}$$

$$\frac{1}{\sqrt{2}}(|01\rangle+|10\rangle) \rightarrow \frac{1}{\sqrt{2}}(|01\rangle+|11\rangle)$$

$$\rightarrow \frac{1}{\sqrt{2}}\left(\frac{|0\rangle+|1\rangle}{\sqrt{2}}|1\rangle+\frac{|0\rangle-|1\rangle}{\sqrt{2}}|1\rangle\right)=|01\rangle \tag{2-40}$$

$$\frac{1}{\sqrt{2}}(\,|00\rangle - |11\rangle) \rightarrow \frac{1}{\sqrt{2}}(\,|00\rangle - |10\rangle)$$

$$\rightarrow \frac{1}{\sqrt{2}}\left(\frac{|0\rangle + |1\rangle}{\sqrt{2}}\,|1\rangle - \frac{|0\rangle - |1\rangle}{\sqrt{2}}\,|1\rangle\right) = |10\rangle \quad (2\text{-}41)$$

$$\frac{1}{\sqrt{2}}(\,|01\rangle - |10\rangle) \rightarrow \frac{1}{\sqrt{2}}(\,|01\rangle + |11\rangle)$$

$$\rightarrow \frac{1}{\sqrt{2}}\left(\frac{|0\rangle + |1\rangle}{\sqrt{2}}\,|1\rangle - \frac{|0\rangle - |1\rangle}{\sqrt{2}}\,|1\rangle\right) = |11\rangle \quad (2\text{-}42)$$

因此,当输入分别为 4 个 Bell 态时,得到的测量结果分别为 4 个不同的两比特经典信息,如表 2-1 所示。

表 2-1　Bell 基下测量结果对应表

输入	测量结果
$\frac{1}{\sqrt{2}}(\,\vert00\rangle + \vert11\rangle)$	00
$\frac{1}{\sqrt{2}}(\,\vert01\rangle + \vert10\rangle)$	01
$\frac{1}{\sqrt{2}}(\,\vert00\rangle - \vert11\rangle)$	10
$\frac{1}{\sqrt{2}}(\,\vert01\rangle - \vert10\rangle)$	11

2.4.4　量子隐形传态

量子隐形传态,是发送方和接收方在仅仅发送经典信息的情况下,实现移动量子状态的一项技术。甚至在没有量子通信信道连接的情况下,也允许量子信息从发送方传到接收方。这一性质对于量子计算具有实际的意义。例如,它可能应用于一台量子计算机的不同部分之间的量子信息的传输。

下面考虑隐形传态一个最简单的例子。Alice 和 Bob 在一起时产生了一个 Bell 态,分开时每人带走 Bell 态中的一个量子比特。设想 Alice 有一项使命,是要向 Bob 发送一个处于未知状态的量子比特 $|\psi\rangle$,她不知道该量子比特的状态,并且只能给 Bob 发送经典信息。由于 Alice 不知道必须发给 Bob 的量子比特的状态 $|\psi\rangle$,而量子力学定律使她不能利用 $|\psi\rangle$ 仅有的一个复件去确定这个状态。因为 $|\psi\rangle$ 取值于一个连续空间,即便 Alice 知道状态 $|\psi\rangle$,描述它也需要无穷多的经典信息。然而量子隐形传态技术可以完美地解决这个问题。

隐形传态步骤概括如下。

（1）Alice 让 $|\psi\rangle$ 和 Bell 态在她的那里的一半相互作用,并测量她拥有的两个量子比特,得到 4 个可能结果 00,01,10 和 11 中的一个。然后她把测量结果的经典信息发给 Bob。

（2）根据 Alice 的经典消息,Bob 对他拥有的那一半 Bell 态进行 4 个操作中的一种,Bob 即可以恢复原始的 $|\psi\rangle$。

隐形传态的具体步骤如图 2-17 线路所示。图中上方两根线表示 Alice 的系统,下方的线是 Bob 的系统。仪表代表测量,双线表示测量结果的经典比特。

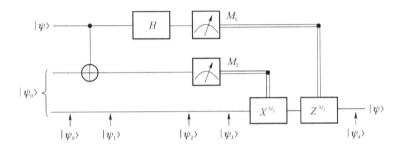

图 2-17 一个量子比特的隐形传态线路

Alice 和 Bob 共享 Bell 态 $|\phi^+\rangle$,其中 $|\phi^+\rangle$ 的第一个粒子 A 属于 Alice,第 2 个粒子 B 属于 Bob。Alice 让量子比特 $|\psi\rangle$ 与她那一半 Bell 态相互作用。实际上,如果 Alice 在计算机态上做一个测量,那么量子态 $|\psi\rangle$ 会塌缩到 $|0\rangle$ 或 $|1\rangle$,这样 Alice 将无法获得足够的信息以重建该量子态。要进行隐形传态的状态是 $|\psi\rangle = \alpha|0\rangle + \beta|1\rangle$,其中 α 和 β 是未知幅度。输入线路的状态是 $|\psi_0\rangle$,

$$|\psi_0\rangle = |\psi\rangle \otimes |\phi^+\rangle = \frac{1}{\sqrt{2}}\left[\alpha|0\rangle(|00\rangle + |11\rangle) + \beta|1\rangle(|00\rangle + |11\rangle)\right] \quad (2\text{-}43)$$

其中,约定前两个量子比特（左边）属于 Alice,而第三个量子比特属于 Bob。如前所述,Alice 的第二个量子比特和 Bob 的量子比特是从同一个 Bell 态来的。Alice 把她的量子比特 A 送到一个受控非门,得到

$$|\psi_1\rangle = \frac{1}{\sqrt{2}}\left[\alpha|0\rangle(|00\rangle + |11\rangle) + \beta|1\rangle(|10\rangle + |01\rangle)\right] \quad (2\text{-}44)$$

接着她让 $|\psi\rangle$ 通过一个 Hadamard 门,得到

$$|\psi_2\rangle = \frac{1}{2}\left[\alpha(|0\rangle + |1\rangle)(|00\rangle + |11\rangle) + \beta(|0\rangle - |1\rangle)(|10\rangle + |01\rangle)\right] \quad (2\text{-}45)$$

经过重新组项,这个状态可以重写为:

$$|\psi_2\rangle = \frac{1}{2}\big[|00\rangle(\alpha|0\rangle+\beta|1\rangle)+|01\rangle(\alpha|1\rangle+\beta|0\rangle)+$$

$$|10\rangle(\alpha|0\rangle-\beta|1\rangle)+|11\rangle(\alpha|1\rangle-\beta|0\rangle)\big] \tag{2-46}$$

这个表达式自然地分为 4 项。第一项状态 $|00\rangle$ 中含有 Alice 的量子比特,状态 $\alpha|0\rangle+\beta|1\rangle$ 包含 Bob 的量子比特,也就是最初的状态 $|\psi\rangle$。如果 Alice 对自己手中的两个粒子做一个 Bell 测量,将以相同的 $P=0.25$ 的概率得到 $|00\rangle$、$|01\rangle$、$|10\rangle$ 和 $|11\rangle$ 4 个态中的一个。如果 Alice 进行测量并得到 $|00\rangle$,那么 Bob 的系统就处于状态 $|\psi\rangle$。类似地,由式(2-40)可以在给定 Alice 测量结果的情况下,读出 Bob 的测后状态:

$$00 \mapsto |\psi_3(00)\rangle \equiv [\alpha|0\rangle+\beta|1\rangle] \tag{2-47}$$

$$01 \mapsto |\psi_3(01)\rangle \equiv [\alpha|1\rangle+\beta|0\rangle] \tag{2-48}$$

$$10 \mapsto |\psi_3(10)\rangle \equiv [\alpha|0\rangle-\beta|1\rangle] \tag{2-49}$$

$$11 \mapsto |\psi_3(11)\rangle \equiv [\alpha|1\rangle-\beta|0\rangle] \tag{2-50}$$

Alice 将她所测量到的两个经典比特的信息发送给 Bob。Bob 根据他所收到的两个比特的经典信息,获知 Alice 得到了 4 个可能的结果中的哪一个。依据这一经典消息,Bob 对他的量子比特执行下述 4 个幺正运算 U 中的一个,即可恢复状态 $|\psi\rangle$。例如,测量结果如果是 00,Bob 不需要做什么;如果是 01,Bob 可以应用 X 门来恢复;如果是 10,Bob 可以用 Z 门;如果是 11,Bob 可以先应用 X 再应用 Z 门来恢复。总之,Bob 需要应用变换 $Z^{M_1}X^{M_2}$,到他的量子比特上,就能恢复状态 $|\psi\rangle$。

量子隐形传态传送信息的速率不能超过光速。因为完成隐形传态,Alice 必须通过经典信道把她的测量结果传给 Bob。如果没有经典信道,隐形传态根本不传送任何信息。经典信道受到光速的限制,因此量子隐形传态不能超过光速完成。另外,隐形传态不违背量子不可克隆定理。因为隐形传态过程之后,只有目标量子比特处于状态 $|\psi\rangle$,而原始的数据比特依赖于第一量子比特测量结果,消失在 $|0\rangle$ 或 $|1\rangle$ 的基态中。

2.5　量子算法

量子线路不能用于经典线路的直接模拟,这是因为幺正量子逻辑门具有内在可逆性,而许多经典逻辑门本质上是不可逆的,如与非门。然而经典逻辑线路最终仍然可以用量子力学进行解释。通过制备一个处于状态 $|0\rangle$ 的量子比特,通过一个 Hadamard 门产生状态 $(|0\rangle+|1\rangle)/\sqrt{2}$,再进行状态测量,那么会有 50% 的概率得到

|0⟩,50% 概率得到 |1⟩)。这样量子计算机就具备了有效模拟不确定的经典计算机的能力,当然,量子计算的好处不仅仅是为了模拟经典计算机,通过采用量子比特和量子门,量子计算机还可以计算功能更强大的函数。

2.5.1　量子并行性

量子并行性是许多量子算法的一个基本特征,简言之,量子并行性使量子计算机可以同时计算函数 $f(x)$ 在许多不同的 x 处的值,下面阐述量子并行性的原理及其局限性。

设 $f(x):\{0,1\} \to \{0,1\}$ 是具有 1 比特定义域和值域的函数。在量子计算机上,计算该函数的一个简便办法是,考虑初态为 $|x,y⟩$ 的双量子比特的量子计算机,通过适当的逻辑门序列把这个状态变换为 $|x,y \oplus f(x)⟩$,这里 $\oplus$ 表示模 2 加,第 1 个寄存器称为数据寄存器,第 2 个称为目标寄存器,映射 U_f:

$$|x,y⟩ \to |x,y \oplus f(x)⟩ \tag{2-51}$$

容易证明 U_f 是幺正的。若 $y=0$,则第 2 个量子比特的最终状态就是 $f(x)$ 值。

考虑如图 2-18 所示的线路,把 U_f 作用到计算基以外的一个输入。数据寄存器中是叠加态 $(|0⟩ + |1⟩)/\sqrt{2}$,这可由 Hadamard 门作用到 $|0⟩$ 上得到。U_f 是把输入 $|x,y⟩$ 变成 $|x,y \oplus f(x)⟩$,应用 U_f 得到状态

$$\frac{|0,f(0)⟩ + |1,f(1)⟩}{\sqrt{2}}$$

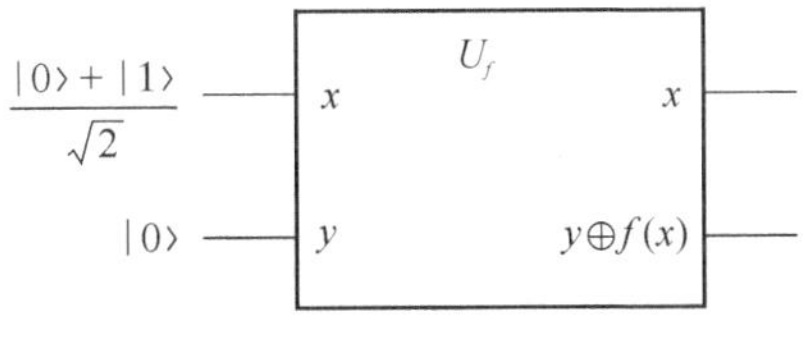

图 2-18　同时计算 $f(0)$ 和 $f(1)$ 的量子线路

注意:与经典的多重电路同时运行 $f(x)$ 的并行方式不同,量子并行性是利用量子计算机处于不同状态的叠加态的能力实现。单个 $f(x)$ 线路用来同时计算多个 x 的函数值。不同的项同时包含 $f(0)$ 和 $f(1)$,即同时对 x 的两个值计算了 $f(x)$。

利用 Hadamard 变换(有时又称为 Walsh-Hadamard 变换),这个过程很容易推广到任意数目的量子比特上的函数。该变换就是 n 个 Hadamard 门同时作用到 n 个量子比特上。

如图 2-19 所示,输入初态全为 $|0⟩$,通过 2 个并行 Hadamard 门的情况。以 $H^{\otimes 2}$

表示 2 个 Hadamard 门的并行作用,则变换如下:

$$H^{\otimes 2}(|0\rangle|0\rangle) = \left(\frac{|0\rangle+|1\rangle}{\sqrt{2}}\right)\left(\frac{|0\rangle+|1\rangle}{\sqrt{2}}\right)$$

$$= \frac{|00\rangle+|01\rangle+|10\rangle+|11\rangle}{2} \tag{2-52}$$

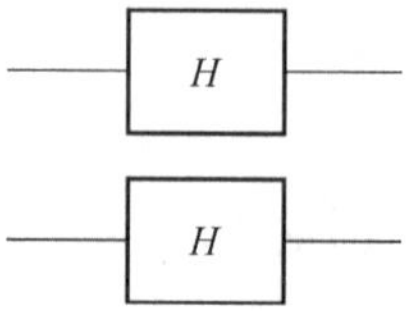

图 2-19 双量子比特上的 Hadamard 变换 $H^{\otimes 2}$

更一般地,n 重量子比特上的 Hadamard 变换从全 $|0\rangle$ 出发,得到:

$$\frac{1}{\sqrt{2^n}}\sum_x |x\rangle \tag{2-53}$$

其中,求和是对 x 的所有可能取值,并用 $H^{\otimes n}$ 表示这个作用。Hadamard 变换产生了所有计算基态的平衡叠加(Equal Superposition),而且它的效率非常高,仅用 n 个门就产生了 2^n 个状态的叠加。

可以采用下述方法进行 n 比特输入 x 和单比特输出 $f(x)$ 函数的量子并行计算。制备 $n+1$ 量子比特的状态 $|0\rangle^{\otimes n}|0\rangle$,对前 n 位应用 Hadamard 变换,并连接实现 U_f 的量子线路。这就产生状态

$$\frac{1}{\sqrt{2^n}}\sum_x |x\rangle|f(x)\rangle \tag{2-54}$$

在某种意义上,表面上似乎只进行一次 f 计算,量子并行性却使 f 的所有可能值同时被计算出来。然而,这种并行性并不是直接就有用。对单量子比特,测量状态得到 $|0,f(0)\rangle$ 或 $|1,f(1)\rangle$ 中的一个,一般而言,测量状态 $\sum_x |x,f(x)\rangle$ 也类似地只给出对某个单个 x 的 $f(x)$ 值。经典计算机当然很容易可以做到这一点。为了真正有用,量子计算要求的不仅仅是量子并行性;它要求比从叠加态 $\sum_x |x,f(x)\rangle$ 中得到一个 $f(x)$ 值更高的信息抽取能力。

2.5.2 Deutsch 算法

Deutsch 算法是第一个表明量子算法可以比经典算法更快的算法,充分体现出量子线路超越经典线路的优越性。Deutsch 算法描述问题是:随机给定一个函数,需

要查询多少次可以确定它是平衡函数还是常数函数。

在经典算法中,需要分别代入 0 和 1 才能分辨出该函数是常数函数还是平衡函数,因此至少需要 2 次查询。

Deutsch 算法把量子并行性和量子力学的干涉(Interference)性质结合了起来,利用 Hadamard 门,对不同选择进行重新组合,将图 2-19 的线路稍加修改,就可以实现只需要一次查询就可以得出结论。

首先构造量子门 U_f,如图 2-20 所示。

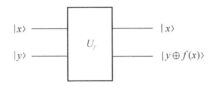

图 2-20　量子门 U_f

也就是经过量子门 U_f:

若输入 $|0\rangle|0\rangle$,则输出 $|0\rangle|f(0)\rangle$;

若输入 $|0\rangle|1\rangle$,则输出 $|0\rangle|f(0)\oplus1\rangle$;

若输入 $|1\rangle|0\rangle$,则输出 $|1\rangle|f(1)\rangle$;

若输入 $|1\rangle|1\rangle$,则输出 $|0\rangle|f(1)\oplus1\rangle$。

但是仅仅是这个门的话,判断一个函数仍需要 2 次。因为变化的只有第二个输出,第一个输出没有发生变化。但是使用了如图 2-21 所示线路,就只需要使用一次就可以得到结果。

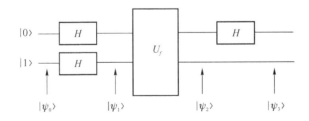

图 2-21　实现 Deutsch 算法的量子线路

输入状态 $|\psi_0\rangle=|01\rangle$,通过 2 个 Hadamard 门后,得到

$$|\psi_1\rangle=\left[\frac{|0\rangle+|1\rangle}{\sqrt{2}}\right]\left[\frac{|0\rangle-|1\rangle}{\sqrt{2}}\right]$$

$$=\frac{1}{2}(|00\rangle-|01\rangle+|10\rangle-|11\rangle) \tag{2-55}$$

然后经过量子门 U_f,量子态变为:

$$|\psi_2\rangle = \frac{1}{2}(|0\rangle|f(0)\rangle - |0\rangle|f(0)\oplus1\rangle + |1\rangle|f(1)\rangle - |1\rangle|f(1)\oplus1\rangle)$$

$$= \frac{1}{2}\big[|0\rangle(|f(0)\rangle - |f(0)\oplus1\rangle) + |1\rangle(|f(1)\rangle - |f(1)\oplus1\rangle)\big]$$

$$= \frac{1}{2}\big[|0\rangle(-1)^{f(0)}(|0\rangle - |1\rangle) + |1\rangle(-1)^{f(1)}(|0\rangle - |1\rangle)\big]$$

$$= \frac{1}{\sqrt{2}}\big[(-1)^{f(0)}|0\rangle + (-1)^{f(1)}|1\rangle\big]\frac{1}{\sqrt{2}}(|0\rangle - |1\rangle) \tag{2-56}$$

也就是说,如果应用 U_f 到状态 $|x\rangle(|0\rangle - |1\rangle)/\sqrt{2}$ 上,就可得状态 $(-1)^{f(x)} \times |x\rangle(|0\rangle - |1\rangle)/\sqrt{2}$。于是把 U_f 应用到 ψ_1 上,就会出现两种可能的情形之一:

$$|\psi_2\rangle = \begin{cases} \pm\left[\dfrac{|0\rangle + |1\rangle}{\sqrt{2}}\right]\left[\dfrac{|0\rangle - |1\rangle}{\sqrt{2}}\right], & f(0) = f(1) \\[3mm] \pm\left[\dfrac{|0\rangle - |1\rangle}{\sqrt{2}}\right]\left[\dfrac{|0\rangle - |1\rangle}{\sqrt{2}}\right], & f(0) \neq f(1) \end{cases} \tag{2-57}$$

最后将第三个 Hadamard 门作用在第一量子比特上,使得

$$|\psi_3\rangle = \begin{cases} \pm|0\rangle\left[\dfrac{|0\rangle - |1\rangle}{\sqrt{2}}\right], & f(0) = f(1) \\[3mm] \pm|1\rangle\left[\dfrac{|0\rangle - |1\rangle}{\sqrt{2}}\right], & f(0) \neq f(1) \end{cases} \tag{2-58}$$

注意到当 $f(0) = f(1)$ 时,$f(0)\oplus f(1) = 0$;当 $f(0) \neq f(1)$ 时,$f(0)\oplus f(1) = 1$,则式(2-54)可以重写为:

$$|\psi_3\rangle = \pm|f(0)\oplus f(1)\rangle\left[\frac{|0\rangle - |1\rangle}{\sqrt{2}}\right] \tag{2-59}$$

这样,通过测量第一量子比特,就可以确定 $f(0)\oplus f(1)$ 的值。如果最后结果得到的是 0,那么 $f(0) = f(1)$,$f(x)$ 是常数函数;如果得到的是 $f(0) \neq f(1)$,那么 $f(x)$ 就是平衡函数。

式(2-55)具有非常重要的意义,量子线路可以仅通过对 $f(x)$ 做一次计算,就能够确定 $f(x)$ 的全局性质,即 $f(0)\oplus f(1)$ 的结果。而经典设备至少需要通过 2 次计算才能完成。这个过程比所有可能的经典设备都要快。

Deutsch 算法体现了量子并行性与经典随机算法的差别。在经典计算机上,这两种选择互相排斥不能同时存在;而在量子计算机上,这两种选择却可能通过相互干涉,给出函数 $f(x)$ 的某些全局性质。例如,量子态 $|0\rangle f(0) + |1\rangle f(1)$ 能以非常接近于 1/2 的概率算 $f(0)$ 的同时以 1/2 的概率算 $f(1)$。许多量子算法设计的本质在于精心选择函数以及最终变换,以便有效地确定有关函数的有用全局信息,完成经

典计算机上并无法快速获取结果的计算任务。

2.5.3 Deutsch-Josza 算法

Deutsch-Josza 算法是最早演示的量子并行算法,它是描述量子算法的一个典型例子。Deutsch-Josza 算法的问题描述如下:

给定将 2^n 个整数集合 $Z_{2^n} = \{0, 1, \cdots, 2^n - 1\}$ 映射到两个整数的集合 $Z_2 = \{0, 1\}$ 的函数 f,

$$f: Z_{2^n} \rightarrow Z_2$$

其中,$f(x)$ 保证只用下列两类函数之一:要么 $f(x)$ 对所有的 x 是常函数;要么 $f(x)$ 是平衡函数,即恰好有所有可能的 x 的一半使函数取 1,另一半使函数取 0。那么要确定 $f(x)$ 是常函数还是平衡函数,最少需要多少次计算。

如果该问题由经典计算机求解,那么需要调用 $2^{n-1} + 1$ 次子程序,也就是需要 $f(Z_i)$ 的 $2^{n-1} + 1$ 的计算。最坏的情况,需要 2^{n-1} 次检验为 0 后,$2^{n-1} + 1$ 次检验结果为 1,才能判断 $f(x)$ 是平衡函数。

而用量子计算机,最多需要调用 2 次子程序就可以完成计算。

图 2-22 是实现 Deutsch-Jozsa 算法的量子线路,类似于工程上通用的符号,带有 " / " 的线表示穿过此线的一组 n 量子比特。

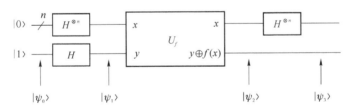

图 2-22 实现 Deutsch-Jozsa 算法的量子线路

作为量子态,考虑输入状态为:

$$|\psi_0\rangle = |0\rangle^{\otimes n} |1\rangle \tag{2-60}$$

经过 Hadamrad 变换 $H^{\otimes n} H$,得到:

$$|\psi_1\rangle = \sum_{x \in \{0,1\}^n} \frac{|x\rangle^{\otimes n}}{\sqrt{2^n}} \frac{|0\rangle - |1\rangle}{\sqrt{2}} \tag{2-61}$$

使用 $U_f: |x, y\rangle \rightarrow |x, y \oplus f(x)\rangle$,进行函数 f 的计算,给出:

$$|\psi_2\rangle = \sum_x \frac{(-1)^{f(x)} |x\rangle}{\sqrt{2^n}} \left[\frac{|0\rangle - |1\rangle}{\sqrt{2}} \right] \tag{2-62}$$

再利用 Hadamrad 变换 $H^{\otimes n}$ 作用 $|x\rangle$,可以计算:

$$|\psi_3\rangle = \sum_x \frac{(-1)^{f(x)} H^{\otimes n} |x\rangle}{\sqrt{2^n}} \left[\frac{|0\rangle - |1\rangle}{\sqrt{2}}\right]$$

$$= \sum_x \frac{(-1)^{f(x)} \dfrac{\sum\limits_z (-1)^{x \cdot z} |z\rangle}{\sqrt{2^n}}}{\sqrt{2^n}} \left[\frac{|0\rangle - |1\rangle}{\sqrt{2}}\right]$$

$$= \sum_z \sum_x \frac{(-1)^{f(x)+x \cdot z} |z\rangle}{2^n} \left[\frac{|0\rangle - |1\rangle}{\sqrt{2}}\right] \tag{2-63}$$

测量最终输出 z。如果测量结果全是 0,那么函数 $f(x)$ 为常函数;否则函数 $f(x)$ 是平衡函数。

这是因为如果 $f(x)$ 是常函数,那么 $|0\rangle^{\otimes n}$ 的幅度为:

$$(-1)^{f(x)+x \cdot z} = (-1)^{f(x)} = \begin{cases} +1, & f(x) \equiv 0 \\ -1, & f(x) \equiv 1 \end{cases} \tag{2-64}$$

由于 $|\psi_3\rangle$ 具有单位长度,故所有其他幅度必须是 0,且测量会使得全部量子比特都成为 0。

如果 $f(x)$ 的值是平衡函数,对 $|0\rangle^{\otimes n}$ 的正负幅度贡献抵消,幅度为 0,那么至少一位的测量结果为非零。所以根据测量结果,就可以得出结论:如果测量结果全是 0,那么函数 $f(x)$ 为常函数;否则函数 $f(x)$ 是平衡函数。

Deutsch-Jozsa 算法虽然目前没有已知的应用,但是对理解量子运算背后的规律很有启发。

2.6　量子信息

量子信息一词在量子计算与量子信息的研究中有两种不同用途。

第一个用途是可以被解释为利用量子力学进行信息处理相关的所有操作方式的概括,包括量子计算、量子隐形传态、不可克隆原理等。

第二个用途是指对量子信息处理基本任务的研究。一般不包括量子算法设计的内容,因为特殊量子算法的细节超出了基本的范围。为了避免混淆,用量子信息论来指这个更专门的领域,与经典领域中广泛使用的术语信息论相对应,基本过程的实验演示在量子信息论的研究中有很大的意义。

一般而言,量子信息论的研究包括 3 个目标。

目标 1　确定量子力学静态资源的基本类型,比如量子比特和经典计算机中的比特。因为经典物理学是量子物理学的特例,所以经典信息论中的基本静态资源与量子信息论有很大关系。静态资源的基本类型的另一个例子是在分开的双方之间共享的 Bell 态。

目标 2 确定量子力学动态过程的基本类型。一个简单的例子是内存,在一段时间内能够存储量子状态。更加不平凡的过程是 Alice 和 Bob 双方的量子信息传输,复制或试图复制量子状态,以及保护量子信息不受噪声干扰。

目标 3 基本动态过程进行中资源量化的初衷。量化实现动态过程对静态资源的权衡,比如,在噪声中实现量子信息的可靠传输最少需要多少资源。

经典信息定义了类似的目标,然而,量子信息论比经典信息论范围更宽,因为量子信息论包含经典信息论所有动态和静态要素,同时还有附加的动态和静态要素。

2.6.1 通过量子信道的经典信息

经典信息论包括无噪声信道编码理论和带噪声信道编码理论。无噪声信道编码定理定量地给出了存储信源发送的信息需要多少比特;而带噪声信道编码定理给出了通过一个带噪声信道有多少比特的信息可被可靠传输。

在不太严谨的描述下,信息源是一堆字符串,每个字母出现的概率为 $p_j, j=1, 2, \cdots, d$。每使用一次信源,即独立地以概率 p_j 随机发出一个字母 j。如果信源是英文文本,那么数目 j 可能就对应于字母和标点,概率 p_j 为英文文本中字母 j 出现的相对频率。虽然英语中字母的出现并不是独立的,但频率可以作为概率的近似。假定字母相互独立,可以定义信息熵:

$$H(x) = -\sum_j p_j \lg p_j \tag{2-65}$$

式(2-59)代表了需要描述的比特的个数,以及信息中的信息量。

无噪声信道编码定理的 3 个目标如下。

目标 1 确定了两个静态资源:比特和信源。

目标 2 确定了一个两阶段动态过程:压缩信源,而后解压缩恢复信源。

目标 3 找到最优数据压缩方案确定消耗资源的量化标准。

普通的英文文本包括大量的冗余,因此可以利用冗余来压缩文本。文本压缩是指用较少的位或字节来表示文本,这样将可以显著地减小计算机中存储文本的空间大小。无噪声信道编码定理精确地给出了一个压缩方案最好能够做到什么程度。确切地说,无噪声信道编码定理以概率 p_j 描述的经典信源可以压缩到信源的每次使用可以用平均 $H(p_j)$ 比特的信息代表。如果用比这更少的比特数代表信源在信息被解压缩时将会导致很高的错误概率。

香农的无噪声编码理论提供了一个很好的解决基本目标的方案,比特和信息源解决了目标 1,压缩信息源和解压缩覆盖了目标 2,最优的数据压缩方式决定了目标 3。

带噪声信道编码定理的 3 个目标如下。

目标 1 涉及两类静态资源:信源和通过信道发送的比特。

目标 2 涉及三个动态过程:最基本的过程是信道噪声,为克服噪声,进行纠错码的对偶编码和解码过程。

目标 3 对于固定的噪声模型,如果要能可靠地传输信息,那么需要根据香农定理的最优纠错方案给出必须引入多少冗余。

在带噪声的信道中,通过在信息中添加足够的冗余信息,可在收到的信息出错的情况下,恢复原始数据。其基本思想都是采用纠错码来对需要传送的信息进行编码,以便在信道的另一端可以纠正信道引入的任何噪声。纠错码的主要思想是,对要在信道上传送的信息中引入足够多的冗余,以便在部分信息被污染时,仍能恢复原始消息。设定一个定义信道容量,信道容量是传输的比特中,包含信息的比特所占的百分比。比如,如果两个比特中,一个是纠错的,另一个是信息,那么信道容量就是 50%。

带噪声信道编码定理,能够定量给出通过带噪声信道能可靠传输信息的量。例如,带噪声信道要传送单个比特,而信道中的噪声要求,若要可靠传输,则每个由信源产生的比特在进入信道之前,必须用两个比特对其进行编码。这个信道具有半比特的容量,因为每次信道的使用可以可靠传输半个比特的信息。

对无噪声和带噪声信道编码定理,都只考虑存储经典系统中信源的输出问题,比特和类似的东西。

目前,量子信息理论存在 3 个常见的问题。

问题 1:使用量子态作为介质传输经典信息会发生什么?

例如,Alice 也许希望压缩某信源产生的经典信息,并把压缩的信息传给 Bob,Bob 接着把它解压缩。如果存储压缩信息的介质是量子态,那么无噪声信道编码定理就不能用于确定最优的编解码方案。那么,量子比特是否允许比经典情况有更好的压缩率?事实上,量子比特并不能更多地节省在无噪声信道上需要传输的信息量。

问题 2:通过带噪声的量子信道传输经典信息会发生什么?

量子力学允许不同类型的噪声模型,在连续空间中采用经典纠错编码技术对抗噪声的效果并不明显。HSW(Holevo-Schumacher-Westmoreland)定理提供带噪声的量子信道容量的下界估计。HSW 定理虽然给出了容量值,但是否可以用纠缠态编码使容量超过 HSW 定理所提供的下界值,仍未得到完整的证明。

问题 3: 是否可以使用纠缠态编码来提高容量?

迄今为止的所有证据表明,使用纠缠态编码无助于提高容量。然而这个猜想的真伪,仍是量子信息论的一个热门的未解决的问题。

2.6.2 通过量子信道的量子信息

经典信息当然不是量子力学中唯一的静态资源,量子态自身就是一类静态自然资源。类似于经典信源的描述,把量子信源描述为一组每次使用都独立地以概率 p_j 产生量子状态 $|\psi_j\rangle$ 的信源。

对于这样的量子机制,信源产生的输出可以进行压缩吗?考虑以概率 p 输出状态 $|0\rangle$ 和以概率 $1-p$ 输出状态 $|1\rangle$ 的单量子比特源,这在本质上与以概率 p 输出 0 和以概率 $1-p$ 输出 1 产生单比特的经典信源相同。使用与经典类似的技术压缩信息源,把量子信源压缩到只用 $H(p,1-p)$ 量子比特存储信源,这里 $H(\cdot)$ 是香农熵函数。

值得注意的是,如果信源以 p 产生状态 $|0\rangle$ 和以概率 $1-p$ 产生状态 $(|0\rangle+|1\rangle)/\sqrt{2}$,那么经典的压缩技术不再适用。因为一般而言,无法区分状态 $|0\rangle$ 和 $(|0\rangle+|1\rangle)/\sqrt{2}$。

Schumacher 的无噪声信道编码定理使得这一类压缩仍是可能的。Schumacher 的无噪声信道编码定理如下。

(1) 保真度:信源产生的量子态在经过压缩和解压缩过程后可能有微小失真。在这种意义下,压缩不再是无差错的,要求这种变化应该非常小,在大量成组被压缩的信源输出的极限情况下仍是可忽略的。为定量化误差,引入保真度(fidelity)来度量由压缩方案引起的平均误差。量子数据压缩的理论根据是被压缩数据能够以好的保真度恢复,把保真度看作类似于进行正确解压缩的概率,在长度增大的极限情况下,保证度的值应该趋向无误差的极限 1。

(2) Schumacher 无噪声信道编码定理量化了在接近 1 的保真度恢复信息源的限制下,进行量子数据压缩所需的资源。

- 信源产生正交量子态的情况:信源以概率 p_j 产生正交量子状态 $|\psi_j\rangle$ 时,Schumacher 定理退化为信源可以压缩但不会超过经典极限 $H(p_j)$。

- 信源产生非正交量子态的情况:量子信源可以被压缩到冯·诺依曼(Von Neumann)熵,当且仅当状态 $|\psi_j\rangle$ 彼此正交时,冯·诺依曼熵与香农熵一致;否则信源 $(p_j,|\psi_j\rangle)$ 的冯·诺依曼熵通常严格小于香农熵 $H(p_j)$。

下面看一个具体的实例。假设以概率 p 产生状态 $|0\rangle$,且以概率 $1-p$ 产生 $(|0\rangle+$

$|1\rangle)/\sqrt{2}$ 的信源使用了 n 次,由大数定理,信源以很高的概率产生约 np 个 $|0\rangle$ 的备份和 $n(1-p)$ 个 $(|0\rangle+|1\rangle)/\sqrt{2}$ 的备份,即不计重新排序,有形式:

$$|0\rangle^{\otimes np}\left(\frac{|0\rangle+|1\rangle}{\sqrt{2}}\right)^{\otimes n(1-p)} \tag{2-66}$$

假设要展开右边的 $|0\rangle+|1\rangle$ 乘积项。因为 $n(1-p)$ 是个大数,再次利用大数律,可推断乘积项中 $|0\rangle$ 和 $|1\rangle$ 约各占一半,也就是说 $|0\rangle+|1\rangle$ 乘积可以用一个如下形式的叠加态来近似:

$$|0\rangle^{\otimes n(1-p)/2}|1\rangle^{\otimes n(1-p)/2} \tag{2-67}$$

因此信源发送的态可由以下形式的叠加态来估计:

$$|0\rangle^{\otimes n(1+p)/2}|1\rangle^{\otimes n(1-p)/2} \tag{2-68}$$

这个形式一共有大约为 n 中取 $n(1+p)/2$ 的组合数 $C_n^{n(1+p)/2}$,根据斯特林公式近似,约等于 $N\equiv C_n^{n(1+p)/2}\equiv 2^{nH[(1+p)/2,(1-p)/2]}$。

压缩的一个简单办法是把式(2-62)形式的全部量子态从 $|c_1\rangle$ 到 $|c_N\rangle$ 进行标号。因为 j 表示一个 $nH[(1+p)/2,(1-p)/2]$ 位二进制数,所以可对信源产生的 n 量子比特进行幺正变换 U,使得

$$|c_j\rangle \rightarrow |j\rangle|0\rangle^{n-nH\left[\frac{1+p}{2},\frac{1-p}{2}\right]} \tag{2-69}$$

压缩操作就是将最后的 $n-nH[(1+p)/2,(1-p)/2]$ 量子比特丢弃,剩下 $nH[(1+p)/2,(1-p)/2]$ 量子比特的压缩态 $|j\rangle$。

为解压缩,在压缩态的末尾添加 $|0\rangle^{n-nH[(1+p)/2,(1-p)/2]}$,然后执行逆幺正变换 U^{-1}。

利用信源量子态不正交的事实,导致它们比正交状态有更多的物理相似性,利用冗余可以实现数据压缩。这个量子数据压缩和解压缩的过程导致每次使用信源需要存储 $H[(1+p)/2,(1-p)/2]$ 量子比特。当 $p\geqslant 1/3$ 时这个数比起 $H(p,1-p)$ 量子比特来是一个改良。$H(p,1-p)$ 是可以从香农无噪声信道编码定理自然地期望的。事实上,Schumacher 的无噪声信道编码定理可以做得更好,不过那里结构的本质理由却和这里能够进行压缩的理由相同:利用了 $|0\rangle$ 和 $(|0\rangle+|1\rangle)/\sqrt{2}$ 非正交的事实。直观上讲,状态包含某种冗余,因为都在 $|0\rangle$ 方向上有分量,导致在物理上比正交状态更具相似性。在编码方案中正是利用了这种冗余性,而它也被用到了 Schumacher 的无噪声信道编码定理的完整证明中。注意,因为当 $p<1/3$ 时,这种特别的方案没有利用状态的冗余,所以有 $p\geqslant 1/3$ 的限制,其结果是增加了问题中的冗余。当然,这里采用的特殊方案是较随意的,通用解决方案以更加切合实际的方式利用冗余达到数据压缩。

在量子状态的压缩和解压缩上,Schumacher 的无噪声信道编码定理与香农无噪声信道编码定理相对应。而与香农带噪声信道编码定理相对应的量子带噪声信道编码理论尚未得到完全令人满意的相应结果。

【扩展阅读】薛定谔的猫(Schrödinger's Cat)

1900 年,柏林大学教授普朗克(Max Planck)首先提出了"量子论",但是量子物理所描述的微观世界与经典物理所描述的宏观世界之间的巨大的差异,直到 21 世纪量子论仍困惑着人们。薛定谔尝试着用一个思想实验来检验量子理论隐含的不确定性。

设想在一个封闭的匣子里,有一只活猫及一瓶毒药。当衰变发生时,药瓶被打破,猫将被毒死。按照常识,猫可能死了,也可能还活着。毒药瓶上有一个锤子,锤子由一个电子开关控制,电子开关由放射性原子控制。若原子核衰变,则放出阿尔法粒子,触动电子开关,锤子落下,砸碎毒药瓶,释放出里面的氰化物气体,猫必死无疑。原子核的衰变是随机事件,物理学家所能精确知道的只是半衰期——衰变一半所需要的时间。若一种放射性元素的半衰期是一天,则过一天,该元素就少了一半,再过一天,就又少了剩下的一半。物理学家却无法知道,它在什么时候衰变,上午,还是下午。当然,物理学家知道它在上午或下午衰变的概率——也就是猫在上午或者下午死亡的概率。如果不揭开密室的盖子,根据在日常生活中的经验,可以认定,猫或者死,或者活。这是它的两种本征态。若用薛定谔方程来描述薛定谔猫,则只能说,它处于一种活与不活的叠加态。只有在揭开盖子的一瞬间,才能确切地知道猫是死是活。此时,猫构成的波函数由叠加态立即收缩到某一个本征态。

量子理论认为,如果没有揭开盖子,进行观察,那么永远也不知道猫是死是活,它将永远处于既死又活的叠加态,可这使微观不确定原理变成了宏观不确定原理,客观规律不以人的意志为转移,猫既活又死违背了逻辑思维。

按照量子力学的解释,容器中的猫处于"死-活叠加态",也就是猫既死了又活着。只有当打开盒子的时候,叠加态突然坍塌,才能知道猫的确定态:死或者活。爱因斯坦认为,量子力学只不过是对原子及亚原子粒子行为的一个合理的描述,这是一种唯象理论,它本身不是终极真理。他说过一句名言:"上帝不会掷骰子。"他不承认薛定谔的猫的非本征态之说,认为一定有一个内在的机制组成了事物的真实本性。爱因斯坦花了多年时间企图设计一个实验来检验这种内在真实性是否确在起作用,但没有完成这种设计他就去世了。

第3章

量子信息的数学基础

3.1 向量空间

与量子信息相联系的第一个数学概念是向量空间,向量空间中的元素称为向量。这里的向量空间是指所有 n 元复数 $(z_1, \cdots, z_n)$ 构成的向量空间,常记为 C^n,C^n 空间的元素可用列矩阵

$$\begin{pmatrix} z_1 \\ \vdots \\ z_n \end{pmatrix}$$

来表示。向量空间中有把一对向量变成其他向量的加运算。C^n 上的向量加运算定义为:

$$\begin{pmatrix} z_1 \\ \vdots \\ z_n \end{pmatrix} + \begin{pmatrix} z'_1 \\ \vdots \\ z'_n \end{pmatrix} \equiv \begin{pmatrix} z_1 + z'_1 \\ \vdots \\ z_n + z'_n \end{pmatrix} \tag{3-1}$$

其中,右边矩阵中的加运算就是通常的复数加法。向量空间中还有标量乘运算。C^n 上的标量乘运算定义为:

$$z \begin{pmatrix} z_1 \\ \vdots \\ z_n \end{pmatrix} \equiv \begin{pmatrix} zz_1 \\ \vdots \\ zz_n \end{pmatrix} \tag{3-2}$$

其中,z 是常量,即为一复数,右边矩阵中的乘法是普通的复数乘法。由此可见,向量空间对加运算和标量乘运算是封闭的。

向量空间中向量的标准量子力学符号为:

$$| \psi \rangle$$

其中，ψ 是该向量的标号，当然也可以任何字母来表示标号，比较常用的是简单的标号如 ψ 和 φ。符号"$|\,\rangle$"用来表明该对象为一向量。整个对象 $|\psi\rangle$ 有时称为一个右态矢或右矢。

向量空间包含一个特殊的零向量，记作 0。零向量满足如下性质：

（1）对任意向量 $|\psi\rangle$，都成立 $|\psi\rangle + 0 = |\psi\rangle$；

（2）对任意复数 z，有 $z0 = 0$。

注意：在量子信息中，使用 0 表示零向量，而不是 $|0\rangle$ 这样的量子力学符号。这是因为 $|0\rangle$ 在量子力学与量子信息中已有其他含义。

为方便起见，经常用 $(z_1, \cdots, z_n)^\mathrm{T}$ 表示项为 $z_1, \cdots, z_n$ 的列矩阵。C^n 的零元素是 $(0, \cdots, 0)^\mathrm{T}$。

向量空间 V 的一个向量子空间 W 是 V 的一个子集，满足 W 也构成一个向量空间，即 W 必须对加运算和标量乘封闭。

向量空间的一个生成集是一组向量 $|v_1\rangle, \cdots, |v_n\rangle$，它使得向量空间中的任意向量 $|v\rangle$ 都能表示成该组中向量的线性组合：

$$|v\rangle = \sum_i a_i |v_i\rangle \tag{3-3}$$

例如，向量空间 C^2 的一个生成集是

$$|v_1\rangle = \begin{pmatrix} 1 \\ 0 \end{pmatrix}, \quad |v_2\rangle = \begin{pmatrix} 0 \\ 1 \end{pmatrix} \tag{3-4}$$

因为 C^2 中的任意向量

$$|v\rangle = \begin{pmatrix} a_1 \\ a_2 \end{pmatrix} \tag{3-5}$$

都可以写成 $|v_1\rangle$ 和 $|v_2\rangle$ 的线性组合

$$|v\rangle = a_1 |v_1\rangle + a_2 |v_2\rangle \tag{3-6}$$

因此，可以说 $|v_1\rangle$ 和 $|v_2\rangle$ 张成向量空间 C^2。

一般地，向量空间可能有许多不同的生成集。向量空间 C^2 的另一个生成集是

$$|v_1\rangle = \frac{1}{\sqrt{2}} \begin{pmatrix} 1 \\ 1 \end{pmatrix}, \quad |v_2\rangle = \frac{1}{\sqrt{2}} \begin{pmatrix} 1 \\ -1 \end{pmatrix} \tag{3-7}$$

因为任意的向量 $|v\rangle = (a_1, a_2)$ 也可以写成 $|v_1\rangle$ 和 $|v_2\rangle$ 的线性组合，

$$|v\rangle = \frac{a_1 + a_2}{2} |v_1\rangle + \frac{a_1 - a_2}{2} |v_2\rangle \tag{3-8}$$

对于一组非零向量 $|v_1\rangle, \cdots, |v_n\rangle$，如果存在一组不全为零的复数 $a_1, \cdots, a_n$（即其中至少对一个 i 有 $a_i \neq 0$），有：

$$a_1|v_1\rangle + a_2|v_2\rangle + \cdots + a_n|v_n\rangle = 0 \qquad (3\text{-}9)$$

成立,则称这一组非零向量 $|v_1\rangle,\cdots,|v_n\rangle$ 是线性相关的。如果一组向量不是线性相关的,则是线性无关的。

对于任意两个线性无关向量组,如果都是向量空间 V 的生成集,那么必包含相等数目的元素。如果一个向量空间 V 有一个元素个数有限的生成集,那么就称 V 是一个有限维空间。

向量空间的基是一个向量空间 V 最大的线性独立子集,称为这个空间的基。若 $V=0$,唯一的基是空集。对非零向量空间 V,基是 V 最小的生成集。基包含向量的数目 n 称为向量空间 V 的维数。

对向量空间 V,如果存在 n 个向量 $a_1,a_2,\cdots,a_n \in V$,且满足:

(1) $a_1,a_2,\cdots,a_n$ 线性无关,

(2) V 中任一向量都可由 $a_1,a_2,\cdots,a_n$ 线性表示,

那么向量组 $a_1,a_2,\cdots,a_n$ 称为向量空间 V 的一个基,n 称为向量空间的基数,并称 V 为 n 维向量空间。

3.2 线性算子

线性算子对应向量空间之间的映射。向量空间 V 和 W 之间的线性算子定义为,任意对输入是线性的函数 $A:V \rightarrow W$,满足:

$$A\left(\sum_i a_i|\psi\rangle\right) \equiv \sum_i a_i A(|\psi\rangle) \qquad (3\text{-}10)$$

其中,$|\psi\rangle$ 是 V 空间的向量,$\sum_i a_i A(|\psi\rangle)$ 是 W 空间的向量。通常,把 $A(|\psi\rangle)$ 记作 $A|\psi\rangle$。一个线性算子 A 定义在向量空间 V 上,指 A 是从 V 到 V 的线性算子 $A:V \rightarrow V$。一旦确定了线性算子 A 在某一个基上的作用,A 在所有输入上的作用就完全被确定了。

恒等算子 I_V 是任意线性空间 V 上的一个重要的线性算子,定义为对任意 $|v\rangle \in V$,都有等式

$$I_V|v\rangle \equiv |v\rangle \qquad (3\text{-}11)$$

在不引起混淆的情况下,经常省略下标 V,而只用 I 表示恒等算子。

另一个重要的算子是零算子,记作 0。零算子把所有向量映为零向量,即对任意 $|v\rangle \in V$,都有:

$$0|v\rangle \equiv 0 \qquad (3\text{-}12)$$

设 V, W 和 X 分别是向量空间,而 $A:V \to W$ 和 $B:W \to X$ 是线性算子,用记号 BA 表示 B 和 A 的复合,定义为:

$$(BA)(|v\rangle) \equiv B(A(|v\rangle)) = BA|v\rangle \tag{3-13}$$

注意:算子乘积的作用是从右往左看,先作用 A,再作用 B。

线性算子可用矩阵表示。事实上线性算子和矩阵是完全等价的。例如,以 A_{ij} 为元素的 $m \times n$ 阶矩阵 A 在同 C^n 空间的向量进行矩阵乘法时,实际上是把 C^n 向量映射为 C^m 向量的一个线性算子。更确切地,如果假设矩阵 A 是线性算子,那么根据线性算子的定义,A 要满足式(3-10)。当等式两边都是矩阵 A 和列向量的矩阵乘积时,显然这满足矩阵的运算法则。

设 $A:V \to W$ 是向量空间 V 和 W 之间的一个线性算子,设 $|v_1\rangle, \cdots, |v_m\rangle$ 是 V 的一组基,$|w_1\rangle, \cdots, |w_n\rangle$ 是 W 的一组基。对于 $1, \cdots, m$ 中的每个 j,存在复数 $a_{ij}, i = 1, \cdots, n$,使得

$$A|v_j\rangle = \sum_i a_{ij}|w_i\rangle \tag{3-14}$$

具有元素 a_{ij} 的矩阵称为算子 A 的一个矩阵表示,a_{ij} 为矩阵的第 i 行第 j 列的元素。A 的这个矩阵表示的说法与算子 A 的说法完全等价,将交替使用矩阵表示和抽象算子观点。但是要注意,a_{ij} 的具体取值肯定与 $|v_1\rangle, \cdots, |v_m\rangle$ 和 $|w_1\rangle, \cdots, |w_n\rangle$ 有关,这说明为了给出线性算子的具体矩阵表示,需要为线性算子的输入和输出向量空间指定一组基。当基的选择不同时,算子的矩阵表示也不同。下面通过一个具体的例子来说明。

例 3.1 设 V 是以 $|0\rangle$ 和 $|1\rangle$ 为基向量的向量空间,A 是从 V 到 V 的线性算子,使 $A|0\rangle = |1\rangle, A|1\rangle = |0\rangle$。给出 A 相对于输入基 $|0\rangle, |1\rangle$ 和输出基 $|0\rangle, |1\rangle$ 的矩阵表示,并找出使 A 具有不同矩阵表示的输入输出基。

因为

$$A|0\rangle = |1\rangle = 0 \cdot |0\rangle + 1 \cdot |1\rangle \tag{3-15}$$

$$A|1\rangle = |0\rangle = 1 \cdot |0\rangle + 0 \cdot |1\rangle \tag{3-16}$$

由式(3-14)可得

$$A = \begin{pmatrix} a_{11} & a_{12} \\ a_{21} & a_{22} \end{pmatrix} = \begin{pmatrix} 0 & 1 \\ 1 & 0 \end{pmatrix} \tag{3-17}$$

即为 A 相对于输入基 $|0\rangle, |1\rangle$ 和输出基 $|0\rangle, |1\rangle$ 的矩阵表示。若假设输入输出基为 $|+\rangle \equiv (|0\rangle + |1\rangle)/\sqrt{2}$ 和 $|-\rangle \equiv (|0\rangle - |1\rangle)/\sqrt{2}$,则

$$A|+\rangle = A\frac{1}{\sqrt{2}}(|0\rangle + |1\rangle) = \frac{1}{\sqrt{2}}(|1\rangle + |0\rangle) = |+\rangle = 1 \cdot |+\rangle + 0 \cdot |-\rangle$$

$$\tag{3-18}$$

$$A\,|-\rangle=A\,\frac{1}{\sqrt{2}}(|0\rangle-|1\rangle)=\frac{1}{\sqrt{2}}(|1\rangle-|0\rangle)=0\cdot|+\rangle-1\cdot|-\rangle \qquad (3\text{-}19)$$

因此,此时 A 的矩阵表示变为:

$$A=\begin{pmatrix} a_{11} & a_{12} \\ a_{21} & a_{22} \end{pmatrix}=\begin{pmatrix} 1 & 0 \\ 0 & -1 \end{pmatrix} \qquad (3\text{-}20)$$

例 3.2 设 A 是从向量空间 V 到向量空间 W 的线性算子,B 是从向量空间 W 到向量空间 X 的线性算子,令 $|v_j\rangle$,$|w_i\rangle$ 和 $|x_k\rangle$ 分别为向量空间 V,W 和 X 的基。证明线性变换 BA 的矩阵表示就是 B 和 A 在相应基下矩阵表示的矩阵乘积。

证明 设 $A\,|v_j\rangle=\sum_i a_{ij}\,|w_i\rangle$,$B\,|w_i\rangle=\sum_k b_{ki}\,|x_k\rangle$,于是

$$\begin{aligned} BA\,|v_j\rangle &= B\Big(\sum_i a_{ij}\,|w_i\rangle\Big)=\sum_i a_{ij}(B\,|w_i\rangle)=\sum_i A_{ij}\Big(\sum_k b_{ki}\,|x_k\rangle\Big)\\ &=\sum_k\Big(\sum_i b_{ki}a_{ij}\Big)|x_k\rangle \end{aligned} \qquad (3\text{-}21)$$

可以看出,$\sum_i b_{ki}a_{ij}$ 是矩阵 B 和 A 的乘积 BA 矩阵的 k 行 j 列的元素,即 $\sum_i b_{ki}a_{ij}=(BA)_{kj}$。因此,$BA\,|v_j\rangle=\sum_k (BA)_{kj}\,|x_k\rangle$,即算子乘积 BA 的矩阵表示就是 B 和 A 在相应基下矩阵表示的矩阵乘积。算子乘积 BA 的作用是首先作用 A,再作用 B,对应到矩阵乘积项中在右边的矩阵先做乘法运算。

例 3.3 如果输入和输出空间取相同的基,向量空间 V 上的恒等算子 I 的矩阵表示中,对角元素为 1,而其他元素为 0,这种矩阵称为单位阵。

设向量空间 V 的输入和输出空间取相同的基 $|v_j\rangle$,则 $I\,|v_j\rangle=\sum_i I_{ij}\,|v_i\rangle=|v_j\rangle$,于是 $I_{ij}=\delta_{ij}$。即恒等算子的矩阵表示中,只有对角线元素为 1,其他元素为 0,也就是单位阵。

4 个常用 2×2 矩阵被称为 Pauli 矩阵,如式(3-22)～式(3-25)所示,这里给出了这些矩阵和相应的符号。Pauli 阵在量子信息中有重要的意义和应用。

$$\sigma_0\equiv I\equiv\begin{pmatrix} 1 & 0 \\ 0 & 1 \end{pmatrix} \qquad (3\text{-}22)$$

$$\sigma_1\equiv\sigma_x\equiv X\equiv\begin{pmatrix} 0 & 1 \\ 1 & 0 \end{pmatrix} \qquad (3\text{-}23)$$

$$\sigma_2\equiv\sigma_y\equiv Y\equiv\begin{pmatrix} 0 & -i \\ i & 0 \end{pmatrix} \qquad (3\text{-}24)$$

$$\sigma_3\equiv\sigma_z\equiv Z\equiv\begin{pmatrix} 1 & 0 \\ 0 & -1 \end{pmatrix} \qquad (3\text{-}25)$$

3.3   内积与外积

3.3.1   内积

内积是向量空间上的二元复数函数,带有内积的向量空间称为内积空间。向量 $|v\rangle$ 和 $|w\rangle$ 的内积是一个复数,记为 $(|v\rangle,|w\rangle)$。但这并不是量子力学的标准记号,内积 $(|v\rangle,|w\rangle)$ 在量子力学中的标准符号为 $\langle v|w\rangle$,其中 $|v\rangle$ 和 $|w\rangle$ 是内积空间中的向量,符号 $\langle v|$ 表示向量 $|v\rangle$ 的对偶向量。对偶向量可以看成是从内积空间 V 到复数 C 的一个线性算子,对偶向量的矩阵表示是行向量。

从 $V \times V$ 到 C 的二元复数函数 $(\cdot,\cdot)$,如果它满足以下条件,则该函数定义了一个内积。

(1) $(\cdot,\cdot)$ 对第二个自变量是线性的,即:

$$\left(|v\rangle,\sum_i \lambda_i |w_i\rangle\right) = \sum_i \lambda_i (|v\rangle,|w_i\rangle) \tag{3-26}$$

(2) $$(|v\rangle,|w\rangle) = (|w\rangle,|v\rangle)^* \tag{3-27}$$

(3) $(|v\rangle,|v\rangle) \geqslant |0$,当且仅当 $|v\rangle = 0$ 时取等号。

例如,C^n 具有如下定义的一个内积:

$$((y_1,\cdots,y_n),(z_1,\cdots,z_n)) \equiv \sum_i y_i^* z_i = (y_1^*,\cdots,y_n^*)\begin{pmatrix} z_1 \\ \vdots \\ z_n \end{pmatrix} \tag{3-28}$$

容易验证该定义符合上述 3 个条件,定义了 C^n 上的一个合法的内积。

例 3.4   根据内积定义的 3 个条件,可以证明任意内积 $(\cdot,\cdot)$ 对第一个自变量都是共扼线性的,即:

$$\left(\sum_i \lambda_i |w_i\rangle,|v\rangle\right) = \sum_i \lambda_i^* (|w_i\rangle,|v\rangle) \tag{3-29}$$

证明   对于任意的内积 $(\cdot,\cdot)$,有

$$\left(\sum_i \lambda_i |w_i\rangle,|v\rangle\right) = \left(|v\rangle,\sum_i \lambda_i |w_i\rangle\right)^* = \left(\sum_i \lambda_i (|v\rangle,|w_i\rangle)\right)^*$$

$$= \sum_i \lambda_i^* (|v\rangle,|w_i\rangle)^* = \sum_i \lambda_i^* (|w_i\rangle,|v\rangle) \tag{3-30}$$

因此任意内积 $(\cdot,\cdot)$ 对第一个自变量都是共扼线性的。

量子力学和量子信息的讨论常提到 Hilbert 空间。在有限维数复向量空间类

中，Hilbert 空间与内积空间完全等价。无穷维 Hilbert 空间在内积空间基础上要求满足附加的技术性限制，因此本书只考虑有限维的 Hilbert 空间。

如果向量 $|v\rangle$ 和 $|w\rangle$ 的内积为 0，那么称它们是正交向量。定义向量 $|v\rangle$ 的范数为：

$$\| \, |v\rangle \, \| \equiv \sqrt{\langle v|v\rangle} \tag{3-31}$$

如果满足 $\| \, |v\rangle \, \| = 1$，那么称向量 $|v\rangle$ 是单位向量，也称向量 $|v\rangle$ 是归一化的。对任意非零向量 $|v\rangle$，向量除以其范数，称为向量的归一化，即 $|v\rangle/\| \, |v\rangle \, \|$ 是 $|v\rangle$ 的归一化形式。

一组以 i 为指标的向量 $|i\rangle$，如果每个向量都是单位向量，不同向量两两正交，即：

$$\langle i|j\rangle = \delta_{ij} = \begin{cases} 1, & i=j \\ 0, & i\neq j \end{cases} \tag{3-32}$$

其中，i 和 j 都是从指标集中取，则称这组向量为标准正交向量组。

假如 $|w_1\rangle,\cdots,|w_d\rangle$ 是内积空间 V 的一组基，Gram-Schmidt 过程为定义 $|v_1\rangle \equiv |w_1\rangle/\| \, |w_1\rangle \, \|$，且对 $1 \leq k \leq d-1$，可递归地定义 $|v_{k+1}\rangle$ 为：

$$|v_{k+1}\rangle \equiv \frac{|w_{k+1}\rangle - \sum_{i=1}^{k} \langle v_i|w_{k+1}\rangle |v_i\rangle}{\left\| \, |w_{k+1}\rangle - \sum_{i=1}^{k} \langle v_i|w_{k+1}\rangle |v_i\rangle \, \right\|} \tag{3-33}$$

通过使用 Gram-Schmidt 过程的方法，产生向量空间 V 的一组标准正交基 $|v_1\rangle,\cdots,|v_d\rangle$。

下面证明根据式(3-32)生成的向量组两两正交，且满足归一化条件。

(1) 两两正交

当 $n=2$ 时，假设向量组两两正交成立。因为

$$|v_2\rangle = \frac{|\omega_2\rangle - \langle v_1|\omega_2\rangle |v_1\rangle}{\| \, |\omega_2\rangle - \langle v_1|\omega_2\rangle |v_1\rangle \, \|}$$

所以

$$\begin{aligned}
\langle v_1|v_2\rangle &= \frac{\langle \omega_1|}{\| \, |\omega_1\rangle \, \|}\left(\frac{|\omega_2\rangle - \langle v_1|\omega_2\rangle |v_1\rangle}{\| \, |\omega_2\rangle - \langle v_1|\omega_2\rangle |v_1\rangle \, \|}\right) \\
&= \left(\frac{1}{\| \, |\omega_1\rangle \, \|} \cdot \frac{1}{\| \, |\omega_2\rangle - \langle v_1|\omega_2\rangle |v_1\rangle \, \|}\right)(\langle \omega_1|\omega_2\rangle - \langle v_1|\omega_2\rangle\langle \omega_1|v_1\rangle) \\
&= \left(\frac{1}{\| \, |\omega_1\rangle \, \|} \cdot \frac{1}{\| \, |\omega_2\rangle - \langle v_1|\omega_2\rangle |v_1\rangle \, \|}\right)\left(\langle \omega_1|\omega_2\rangle - \frac{\langle \omega_1|\omega_2\rangle}{\| \, |\omega_1\rangle \, \|}\frac{\langle \omega_1|\omega_1\rangle}{\| \, |\omega_1\rangle \, \|}\right) \\
&= 0 \quad \left(\text{因为} \frac{\langle \omega_1|\omega_1\rangle}{\| \, |\omega_1\rangle \, \| \, \| \, |\omega_1\rangle \, \|} = 1\right)
\end{aligned}$$

当 $n=k$ 时，假设向量两两正交也成立，即：

$$\langle v_1 \mid v_k \rangle = 0, \langle v_2 \mid v_k \rangle = 0, \cdots, \langle v_{k-1} \mid v_k \rangle = 0$$

那么当 $n=k+1$ 时，

$$\langle v_1 \mid v_{k+1} \rangle = \frac{\langle \omega_1 \mid}{\| \mid \omega_1 \rangle \|} \left(\frac{\mid \omega_{k+1} \rangle - \sum\limits_{i=1}^{k} \langle v_i \mid \omega_{k+1} \rangle \mid v_i \rangle}{\left\| \mid \omega_{k+1} \rangle - \sum\limits_{i=1}^{k} \langle v_i \mid \omega_{k+1} \rangle \mid v_i \rangle \right\|} \right)$$

$$= \left(\frac{1}{\| \mid \omega_1 \rangle \|} \cdot \frac{1}{\left\| \mid \omega_{k+1} \rangle - \sum\limits_{i=1}^{k} \langle v_i \mid \omega_{k+1} \rangle \mid v_i \rangle \right\|} \right) \cdot$$

$$\left(\langle \omega_1 \mid \omega_{k+1} \rangle - \langle \omega_1 \mid \left(\sum\limits_{i=2}^{k} \langle v_i \mid \omega_{k+1} \rangle \mid v_i \rangle + \langle v_1 \mid \omega_{k+1} \rangle \mid v_1 \rangle \right) \right)$$

$$= \left(\frac{1}{\| \mid \omega_1 \rangle \|} \cdot \frac{1}{\left\| \mid \omega_{k+1} \rangle - \sum\limits_{i=1}^{k} \langle v_i \mid \omega_{k+1} \rangle \mid v_i \rangle \right\|} \right) \cdot$$

$$\left(\langle \omega_1 \mid \omega_{k+1} \rangle - \sum\limits_{i=2}^{k} \langle v_i \mid \omega_{k+1} \rangle \langle \omega_1 \mid v_i \rangle - \langle v_1 \mid \omega_{k+1} \rangle \langle \omega_1 \mid v_1 \rangle \right)$$

因为 $\sum\limits_{i=2}^{k} \langle v_i \mid \omega_{k+1} \rangle \langle \omega_1 \mid v_i \rangle = \sum\limits_{i=2}^{k} \langle v_i \mid \omega_{k+1} \rangle \| \mid \omega_1 \rangle \| \langle v_1 \mid v_i \rangle$ 且 $\sum\limits_{i=2}^{k} \langle v_1 \mid v_i \rangle = 0$

所以 $\langle v_1 \mid v_{k+1} \rangle = \left(\frac{1}{\| \mid \omega_1 \rangle \|} \cdot \frac{1}{\left\| \mid \omega_{k+1} \rangle - \sum\limits_{i=1}^{k} \langle v_i \mid \omega_{k+1} \rangle \mid v_i \rangle \right\|} \right)$

$$\left(\langle \omega_1 \mid \omega_{k+1} \rangle - \langle v_1 \mid \omega_{k+1} \rangle \langle \omega_1 \mid v_1 \rangle \right)$$

$$= \left(\frac{1}{\| \mid \omega_1 \rangle \|} \cdot \frac{1}{\left\| \mid \omega_{k+1} \rangle - \sum\limits_{i=1}^{k} \langle v_i \mid \omega_{k+1} \rangle \mid v_i \rangle \right\|} \right)$$

$$\left(\langle \omega_1 \mid \omega_{k+1} \rangle - \frac{\langle \omega_1 \mid \omega_{k+1} \rangle}{\| \mid \omega_1 \rangle \|} \frac{\langle \omega_1 \mid v_1 \rangle}{\| \mid \omega_1 \rangle \|} \right)$$

$$= 0$$

同理可证明 $\langle v_2 \mid v_{k+1} \rangle$，$\langle v_3 \mid v_{k+1} \rangle$，$\cdots$，$\langle v_k \mid v_{k+1} \rangle$ 也为 0，因此向量间两两正交。

（2）根据式（3-32）容易验证 $\mid v_k \rangle$ 都为归一化后的向量

Gram-Schmidt 过程产生 V 的一个标准正交基。于是任意的维数为 d 的内积空间都有标准正交基 $\mid v_1 \rangle, \cdots, \mid v_d \rangle$。

约定提到线性算子的矩阵表示时，总是指相对标准正交的输入输出基的矩阵表示，同时约定当线性算子的输入输出空间相同时，除非特别说明，输入输出基也取为相同。在这样的约定下，Hilbert 空间上的内积可以方便地以矩阵乘积的方式计算出

来。令 $|v\rangle = \sum_i v_i |i\rangle$ 和 $|w\rangle = \sum_j w_j |j\rangle$ 是向量 $|v\rangle$ 和 $|w\rangle$ 相对某个标准正交基 $|i\rangle$ 的表示。于是由 $\langle i|j\rangle = \delta_{ij}$ 可得：

$$\langle v|w\rangle = \left(\sum_i v_i |i\rangle, \sum_j w_j |j\rangle\right) = \sum_{ij} v_i^* w_j \langle i|j\rangle$$

$$= \sum_{ij} v_i^* w_j \delta_{ij} = \sum_{ij} v_i^* w_j$$

$$= (v_1^*, \cdots, v_n^*) \begin{pmatrix} w_1 \\ \vdots \\ w_n \end{pmatrix} \tag{3-34}$$

即相对于某个标准正交基的两个向量的内积，就等于两个向量相应矩阵表示的内积。此外，还可以看到对偶向量 $\langle v|$ 有很好的解释，即作为一个行向量，其分量是相应 $|v\rangle$ 列向量表示的分量的复共轭。

3.3.2　外积

外积是利用内积表示线性算子的一个极有用的方法。设 $|v\rangle$ 是内积空间 V 中的向量，而 $|w\rangle$ 是内积空间 W 中的向量，定义 $|w\rangle\langle v|$ 为从 V 到 W 的线性算子：

$$(|w\rangle\langle v|)(|v'\rangle) \equiv |w\rangle\langle v|v'\rangle = \langle v|v'\rangle|w\rangle \tag{3-35}$$

即算子 $|w\rangle\langle v|$ 在 $|v'\rangle$ 上的作用，定义为 $|w\rangle$ 与一个复数 $\langle v|v'\rangle$ 相乘。式(3-35)与对符号的约定吻合。外积算子 $|w\rangle\langle v|$ 可以进行线性组合。根据定义，$\sum_i a_i |w_i\rangle\langle v_i|$ 是一个线性算子，其在 $|v'\rangle$ 上的作用是产生输出 $\sum_i a_i |w_i\rangle\langle v_i|v'\rangle$。

外积概念的有用性还可以从标准正交向量的称为完备性关系的重要结果看出。令 $|i\rangle$ 为向量空间 V 的任意标准正交基，于是任意向量 $|v\rangle$ 可写成 $|v\rangle = \sum_i v_i |i\rangle$，$v_i$ 是一组复数。注意到 $\langle i|v\rangle = v_i$，于是

$$\left(\sum_i |i\rangle\langle i|\right)|v\rangle = \sum_i |i\rangle\langle i|v\rangle = \sum_i v_i |i\rangle = |v\rangle \tag{3-36}$$

由于 $|v\rangle$ 是任意向量，最后一个等式对任意的 $|v\rangle$ 都成立，故有：

$$\sum_i |i\rangle\langle i| = I \tag{3-37}$$

式(3-37)称为完备性关系。

完备性关系的一个应用是把任意线性算子表示成外积形式。设 $A:V \to W$ 是一个线性算子，$|v_i\rangle$ 是 V 的一个标准正交基，且 $|w_j\rangle$ 是 W 的一个标准正交基，在 A 的左、右两次插入完备性关系得到

$$A = I_W A I_V = \sum_{ij} |w_j\rangle\langle w_j| A |v_i\rangle\langle v_i|$$

$$= \sum_{ij} \langle w_j| A |v_i\rangle |w_j\rangle\langle v_i| \tag{3-38}$$

这就是算子 A 的外积表示。由式(3-38)还知,相对于输入基 $|v_i\rangle$ 和输出基 $|w_j\rangle$,A 的矩阵表示的第 j 行第 i 列元素是 $\langle w_j| A |v_i\rangle$。这是因为

$$A |v_i\rangle = \sum_j \langle w_j| A |v_i\rangle |w_j\rangle\langle v_i| v_i\rangle$$

$$= \sum_j \langle w_j| A |v_i\rangle |w_j\rangle$$

$$= \sum_j a_{ji} |w_i\rangle \tag{3-39}$$

即 $a_{ji} = \langle w_j| A |v_i\rangle$。这也就建立起了线性算子的矩阵表示与外积表示之间的联系。因此,利用式(3-39),可以在已知算子矩阵表示的情况下,给出相应基下的外积表示。同时,也可以根据外积表示,得到相应的矩阵表示。下面通过两个例子说明这一点。

例 3.5 Pauli 矩阵可被视为相对标准正交基 $|0\rangle$,$|1\rangle$ 的 2 维 Hilbert 空间上的算子,试将每个 Pauli 算子表为外积形式。

设输入基 $|v_1\rangle = |0\rangle$,$|v_2\rangle = |1\rangle$,输出基 $|w_1\rangle = |0\rangle$,$|w_2\rangle = |1\rangle$。于是根据式(3-38),有:

$$\sigma_0 \equiv I \equiv \begin{pmatrix} 1 & 0 \\ 0 & 1 \end{pmatrix} = |w_1\rangle\langle v_1| + |w_2\rangle\langle v_2|$$

$$= |0\rangle\langle 0| + |1\rangle\langle 1| \tag{3-40}$$

$$\sigma_1 \equiv \sigma_x \equiv X \equiv \begin{pmatrix} 0 & 1 \\ 1 & 0 \end{pmatrix} = |w_1\rangle\langle v_2| + |w_2\rangle\langle v_1|$$

$$= |0\rangle\langle 1| + |1\rangle\langle 0| \tag{3-41}$$

$$\sigma_2 \equiv \sigma_y \equiv Y \equiv \begin{pmatrix} 0 & -i \\ i & 0 \end{pmatrix} = -i|w_1\rangle\langle v_2| + i|w_2\rangle\langle v_1|$$

$$= -i|0\rangle\langle 1| + i|1\rangle\langle 0| \tag{3-42}$$

$$\sigma_3 \equiv \sigma_z \equiv Z \equiv \begin{pmatrix} 1 & 0 \\ 0 & -1 \end{pmatrix} = |w_1\rangle\langle v_1| - |w_2\rangle\langle v_2|$$

$$= |0\rangle\langle 0| - |1\rangle\langle 1| \tag{3-43}$$

例 3.6 设 $|v_i\rangle$ 是内积空间 V 的一个标准正交基,相对基 $|v_i\rangle$,算子 $|v_j\rangle\langle v_k|$ 的矩阵表示是什么?

相对基 $|v_i\rangle$,算子 $|v_j\rangle\langle v_k|$ 的矩阵表示的第 m 行第 n 列元素为 $\langle v_m| v_j\rangle\langle v_k| v_n\rangle = \delta_{mj}\delta_{kn}$。因此,当 $m=j$,$n=k$ 时,矩阵元素为 1,其他矩阵元素为 0。即算子 $|v_j\rangle\langle v_k|$ 的

矩阵表示中,第 j 行第 k 列的矩阵元素为 1,其他矩阵元素均为 0。

例 3.7 (Cauchy-Schwarz 不等式的证明)Cauchy-Schwarz 不等式是 Hilbert 空间的一个重要几何事实,它断言对两个任意的向量 $|v\rangle$ 和 $|w\rangle$,有

$$|\langle v|w\rangle|^2 \leqslant \langle v|v\rangle\langle w|w\rangle \tag{3-44}$$

证明 采用 Gram-Schmidt 过程构造向量空间的一组标准正交基 $|i\rangle$,使基 $|i\rangle$ 的第一个成员为 $|w\rangle = \sqrt{\langle w|w\rangle}$。根据完备性关系 $\sum_i |i\rangle\langle i| = I$,并舍弃一些非负项,可导出:

$$
\begin{aligned}
\langle v|v\rangle\langle w|w\rangle &= \sum_i \langle v|i\rangle\langle i|v\rangle\langle w|w\rangle \\
&\geqslant \left| \frac{\langle v|w\rangle\langle w|v\rangle}{\langle w|w\rangle} \right| \langle w|w\rangle \\
&= \langle v|w\rangle\langle w|v\rangle \\
&= |\langle v|w\rangle|^2
\end{aligned}
\tag{3-45}
$$

不难看出,当且仅当 $|v\rangle$ 和 $|w\rangle$ 有线性关系,即 $|v\rangle = z|w\rangle$ 或 $|w\rangle = z|v\rangle$ 对某个标量 z 成立时,式(3-44)取等号。

3.4 特征值与特征向量

线性算子 A 在向量空间 V 上的特征向量,也称本征向量,是指非零向量 $|v\rangle \in V$,使得

$$A|v\rangle = v|v\rangle \tag{3-46}$$

成立。其中,v 是一个复数,称为算子 A 对应于特征向量 $|v\rangle$ 的特征值(也称本征值)。通常采用同一记号 v 表示特征值和特征向量的标号。

算子 A 的特征函数定义为:

$$c(\lambda) \equiv \det|A - \lambda I| \tag{3-47}$$

这里 det 是矩阵的行列式,也可以简记为 $c(\lambda) = |A - \lambda I|$。特征函数 $c(\lambda)$ 仅依赖于算子 A,而不依赖于 A 的特定矩阵表示。

特征函数等于零的方程称为特征方程,即:

$$c(\lambda) = 0 \tag{3-48}$$

特征方程(3-47)的根就是算子 A 的特征值。根据代数学的结论,每个多项式至少有一个复根,因此每个算子 A 至少有一个特征值和一个对应的特征向量。通常,通过求解算子 A 的特征方程得到算子的特征向量和特征值。

对应于一个特征值 v 的特征空间是所有以 v 为特征值的向量的集合,它是算子 A 作用下的向量子空间。

特征空间的维数大于一维时,称为简并。例如,定义为:

$$A \equiv \begin{pmatrix} 3 & 0 & 0 \\ 0 & 3 & 0 \\ 0 & 0 & 0 \end{pmatrix}$$

的矩阵 A 对应于特征值 3 有一个 2 维的特征空间,特征向量 $(1,0,0)^{\mathrm{T}}$ 和 $(0,1,0)^{\mathrm{T}}$ 称为简并的,因为它们是线性无关且对应 A 的同一特征值。

向量空间 V 上算子 A 的对角表示是具有形式

$$A = \sum_i \lambda_i |i\rangle\langle i| \tag{3-49}$$

的一个表示,其中向量组 $|i\rangle$ 是 A 对应于特征值 λ_i 的特征向量构成的标准正交向量组。如果一个算子有一个对角表示,它被称为可对角化。对角表示有时称为标准正交分解。

例 3.8 （Pauli 矩阵的特征分解） 找出 Pauli 矩阵 X,Y 和 Z 的特征向量、特征值和对角表示。

首先求 Pauli 矩阵 X 的特征值,由

$$X - \lambda I = \begin{pmatrix} 0 & 1 \\ 1 & 0 \end{pmatrix} - \lambda \begin{pmatrix} 1 & 0 \\ 0 & 1 \end{pmatrix} = \begin{pmatrix} -\lambda & 1 \\ 1 & -\lambda \end{pmatrix} \tag{3-50}$$

可得特征方程

$$|X - \lambda I| = \begin{vmatrix} -\lambda & 1 \\ 1 & -\lambda \end{vmatrix} = (-\lambda)^2 - 1 = 0 \tag{3-51}$$

求得 $\lambda_{1,2} = \pm 1$。由 $X|v\rangle = \lambda|v\rangle$ 得 $(X - \lambda I)|v\rangle = 0$。

当 $\lambda_1 = 1$ 时,设 $|v_1\rangle = \begin{pmatrix} x_1 \\ x_2 \end{pmatrix}$,则

$$(X - I)|v_1\rangle = \begin{pmatrix} -1 & 1 \\ 1 & -1 \end{pmatrix}\begin{pmatrix} x_1 \\ x_2 \end{pmatrix} = \begin{pmatrix} 0 \\ 0 \end{pmatrix} \tag{3-52}$$

由式(3-52)可得 $x_1 = x_2$。

令 $x_1 = 1$,经过归一化计算可得:

$$|v_1\rangle = \frac{1}{\sqrt{2}}\begin{pmatrix} 1 \\ 1 \end{pmatrix} = \frac{1}{\sqrt{2}}\left[\begin{pmatrix} 1 \\ 0 \end{pmatrix} + \begin{pmatrix} 0 \\ 1 \end{pmatrix}\right] = \frac{1}{\sqrt{2}}(|0\rangle + |1\rangle) = |+\rangle \tag{3-53}$$

同理,$\lambda_2 = -1$ 的特征向量为:

$$|v_2\rangle = \frac{1}{\sqrt{2}}\begin{pmatrix} 1 \\ -1 \end{pmatrix} = \frac{1}{\sqrt{2}}\left[\begin{pmatrix} 1 \\ 0 \end{pmatrix} - \begin{pmatrix} 0 \\ 1 \end{pmatrix}\right] = |-\rangle \tag{3-54}$$

因此,Pauli 矩阵 X 的对角表示为: $X = |+\rangle\langle+| - |-\rangle\langle-|$。

同样,计算 $|Y-\lambda I| = 0$,求得特征值 $\lambda_{1,2} = \pm 1$。

$\lambda_1 = 1$ 时,$(Y-I)|\mathbf{v}_1\rangle = \begin{pmatrix} -1 & i \\ i & -1 \end{pmatrix}\begin{pmatrix} x_1 \\ x_2 \end{pmatrix} = \begin{pmatrix} 0 \\ 0 \end{pmatrix}$,可得 $|\mathbf{v}_1\rangle = \dfrac{1}{\sqrt{2}}\begin{pmatrix} 1 \\ i \end{pmatrix}$。

同理,$\lambda_2 = -1$ 时,特征向量 $|\mathbf{v}_2\rangle = \dfrac{1}{\sqrt{2}}\begin{pmatrix} 1 \\ -i \end{pmatrix}$。

所以 Pauli 矩阵 Y 的对角表示为: $Y = \dfrac{1}{2}\begin{pmatrix} 1 \\ i \end{pmatrix}(1 \quad i) - \begin{pmatrix} 1 \\ -i \end{pmatrix}(1 \quad -i)$。

由 $|Z-\lambda I| = 0$ 求特征值,求得 $\lambda_{1,2} = \pm 1$。

$\lambda_1 = 1$ 时,$(Z-I)|\mathbf{v}_1\rangle = \begin{pmatrix} 0 & 0 \\ 0 & -2 \end{pmatrix}\begin{pmatrix} x_1 \\ x_2 \end{pmatrix} = \begin{pmatrix} 0 \\ 0 \end{pmatrix}$,可得 $|\mathbf{v}_1\rangle = \begin{pmatrix} 1 \\ 0 \end{pmatrix}$。同理,求出 $|\mathbf{v}_2\rangle = \begin{pmatrix} 0 \\ 1 \end{pmatrix}$。所以 Pauli 矩阵 Z 的对角表示为: $Z = |0\rangle\langle0| - |1\rangle\langle1|$。

例 3.9 证明矩阵 $A = \begin{pmatrix} 1 & 0 \\ 1 & 1 \end{pmatrix}$ 不可对角化。

证明 由特征方程 $|A-\lambda I| = \begin{vmatrix} 1-\lambda & 0 \\ 1 & 1-\lambda \end{vmatrix} = 0$,可得唯一特征值 $\lambda = 1$。不满足矩阵可对角化的充分必要条件,因此矩阵 A 不可对角化。

3.5 伴 随

如果 A 是 Hilbert 空间 V 上的线性算子,那么 V 上一定还存在唯一的线性算子 $A^\dagger$,使得对于所有向量 $|\mathbf{v}\rangle$,$|\mathbf{w}\rangle \in V$,

$$(|\mathbf{v}\rangle, A|\mathbf{w}\rangle) = (A^\dagger|\mathbf{v}\rangle, |\mathbf{w}\rangle) \tag{3-55}$$

成立。这个线性算子 $A^\dagger$ 称为 A 的伴随或厄米(Hermite)共轭。

从定义出发,可以证明 $(AB)^\dagger = B^\dagger A^\dagger$。习惯上,如果 $|\mathbf{v}\rangle$ 是向量,那么定义 $|\mathbf{v}\rangle^\dagger \equiv \langle\mathbf{v}|$。根据此定义,不难看出 $(A|\mathbf{v}\rangle)^\dagger = \langle\mathbf{v}|A^\dagger$。

在算子 A 的矩阵表示中,伴随或厄米共轭运算的作用是把 A 的矩阵变为其转置共轭矩阵,即 $A^\dagger \equiv (A^{\mathrm{T}})^*$,其中 T 表示转置运算,$(\ )^*$ 表示取复共轭。例如,

$$\begin{pmatrix} 1+3i & 2i \\ 1+i & 1-4i \end{pmatrix}^\dagger = \begin{pmatrix} 1-3i & 1-i \\ -2i & 1+4i \end{pmatrix}$$

根据伴随的定义,还得出以下结论:

（1）若 $|v\rangle$ 和 $|w\rangle$ 是两个向量，则 $(|w\rangle\langle v|)^{\dagger}=|v\rangle\langle w|$。

根据式（3-55），$\forall\,|v\rangle,|w\rangle\in V$，有

$$(|v\rangle\langle\omega|v\rangle,|\omega\rangle)=(\langle\omega|v\rangle)^{*}(|v\rangle,|\omega\rangle)=\langle v|\omega\rangle(|v\rangle,|\omega\rangle)$$
$$=(|v\rangle,\langle v|\omega\rangle|\omega\rangle)=(|v\rangle,|\omega\rangle\langle v|\omega\rangle)$$
$$=((|\omega\rangle\langle v|)^{\dagger}|v\rangle,|\omega\rangle)$$

所以 $(|v\rangle\langle\omega|v\rangle,|\omega\rangle)=((|\omega\rangle\langle v|)^{\dagger}|v\rangle,|\omega\rangle)$，可得 $(|\omega\rangle\langle v|)^{\dagger}=|v\rangle\langle\omega|$。

（2）伴随算子是反线性的，即 $\left(\sum_{i}a_{i}A_{i}\right)^{\dagger}=\sum_{i}a_{i}^{*}A_{i}^{\dagger}$

$\forall\,|v\rangle,|w\rangle\in V$，由式（3-26）和式（3-55），

$$\left(|v\rangle,\sum_{i}a_{i}A_{i}|\omega\rangle\right)=\sum_{i}a_{i}(|v\rangle,A_{i}|\omega\rangle)$$
$$=\sum_{i}a_{i}(A_{i}^{\dagger}|v\rangle,|\omega\rangle)$$
$$=\left(\sum_{i}a_{i}^{*}A_{i}^{\dagger}|v\rangle,|\omega\rangle\right)$$

由式（3-55），$\left(|v\rangle,\sum_{i}a_{i}A_{i}|\omega\rangle\right)=\left(\left(\sum_{i}a_{i}A_{i}\right)^{\dagger}|v\rangle,|\omega\rangle\right)$，所以

$$\left(|v\rangle,\sum_{i}a_{i}A_{i}|\omega\rangle\right)=\left(\sum_{i}(a_{i}A_{i})^{\dagger}|v\rangle,|\omega\rangle\right)=\left(\sum_{i}a_{i}^{*}A_{i}^{\dagger}|v\rangle,|\omega\rangle\right)$$

即 $\left(\sum_{i}a_{i}A_{i}\right)^{\dagger}=\sum_{i}a_{i}^{*}A_{i}^{\dagger}$。

（3）$(A^{\dagger})^{\dagger}=A$。

由式（3-26）可得 $(|v\rangle,A|\omega\rangle)=(A^{\dagger}|v\rangle,|\omega\rangle)$，$(|v\rangle,A^{\dagger}|\omega\rangle)=((A^{\dagger})^{\dagger}|v\rangle,|\omega\rangle)$。又 $(|v\rangle,A^{\dagger}|\omega\rangle)=(A^{\dagger}|\omega\rangle,|v\rangle)^{*}=(|\omega\rangle,A|v\rangle)^{*}=(A|v\rangle,|\omega\rangle)$

所以 $(|v\rangle,A^{\dagger}|\omega\rangle)=((A^{\dagger})^{\dagger}|v\rangle,|\omega\rangle)=(A|v\rangle,|\omega\rangle)$。由此可知 $(A^{\dagger})^{\dagger}=A$。

有了伴随的概念，可以定义量子力学与量子信息中几个重要的算子类。

1. 厄米算子

如果算子 A 的伴随仍为 A，即 $A^{\dagger}=A$，那么称 A 为厄米算子或自伴算子。

2. 投影算子

投影算子是一类重要的厄米算子。设 W 是 d 维向量空间 V 的 k 维子空间，采用 Gram-Schimdt 过程，可以为 V 构造一组标准正交基 $|1\rangle,\cdots,|d\rangle$，使得 $|1\rangle,\cdots,|k\rangle$ 是 W 的一组标准正交基。定义

$$P\equiv\sum_{i=1}^{k}|i\rangle\langle i| \tag{3-56}$$

是到 W 上的投影算子。可以验证这个定义独立于 W 的标准正交基 $|1\rangle,\cdots,|k\rangle$。根

据定义,对于任意向量 $|v\rangle$,$|v\rangle\langle v|$ 都是厄米的,故 P 是厄米的,$P^\dagger=P$。文献中常把投影算子 P 映到其上的向量空间就简称为向量空间 P。P 的正交补算子 $Q\equiv I-P$,容易看出 Q 是到由 $|k+1\rangle,\cdots,|d\rangle$ 张成的向量空间上的投影,这个空间也称为 P 的正交补空间,也常记作向量空间 Q。容易证明任意投影 P 满足等式 $P^2=P$。

3. 正规算子

对于算子 A,如果 $AA^\dagger=A^\dagger A$ 成立,那么称算子 A 是正规算子。显然,厄米算子是正规的,是正规算子的一个子类。

关于正规算子有一个很有名的表示定理,称为谱分解定理,说的是一个算子是正规算子与该算子可对角化之间互为充要条件。

谱分解定理 向量空间 V 上的任意正规算子 M,在 V 的某个标准正交基下可对角化。反之,任意可对角化的算子都是正规的。

容易证明任意可对角化的算子都是正规的,下面证明正规算子可对角化。采用对空间 V 维数 d 的归纳法证明,$d=1$ 的情况是平凡的,假设对于 d 维空间上的任意正规算子可对角化,则可证明对于 $d+1$ 维空间 V 上的任意正规算子可对角化。

令 λ 是 M 的一个特征值,P 是到 λ 本征空间的投影(假设不考虑简并的特殊情况,P 是 1 维),Q 是到正交补的投影,根据定义显然有 $I=P+Q$。于是 $M=(P+Q)M(P+Q)=PMP+QMP+PMQ+QMQ$。令 $|v\rangle$ 为子空间 P 中的元素,则 $MM^\dagger|v\rangle=M^\dagger M|v\rangle=\lambda M^\dagger|v\rangle$,因此 $M^\dagger|v\rangle$ 的特征值是 λ,$M^\dagger|v\rangle$ 是子空间 P 的元素,所以 $QM^\dagger P=Q\lambda P=\lambda QP=0$。对该等式取伴随运算,得到 $PMQ=0$。又因为 $QMP=Q\lambda P=\lambda QP=0$,所以 $M=PMP+QMQ$。

因为 $QM=QM(P+Q)=QMQ$,$QM^\dagger=QM^\dagger(P+Q)=QM^\dagger Q$。进而由 M 的正规性和 $Q^2=Q$ 的事实得,$QMQQM^\dagger Q=QMQM^\dagger Q=QMM^\dagger Q=QM^\dagger MQ=QM^\dagger QMQ=QM^\dagger QQMQ$。故 QMQ 是正规的。由归纳假设,QMQ 对子空间 Q 的某个标准正交基是可对角化的(d 维)。而 $PMP=P\lambda P=\lambda P^2=\lambda P$ 已经是对于 P 的标准正交基对角化的(1 维)。因此,正规算子 $M=PMP+QMQ$ 相对全空间的某个标准正交基可对角化($d+1$ 维)。

在外积表示下,这意味着 M 可以写作 $M=\sum_i \lambda_i|i\rangle\langle i|$,其中 λ_i 是 M 的特征值,$|i\rangle$ 是 V 的一个标准正交基,每个 $|i\rangle$ 是 M 的对应特征值 λ_i 的特征向量。从投影算子角度看,$M=\sum_i \lambda_i P_i$,λ_i 代表 M 的特征值,P_i 是到 λ_i 在 M 中的本征空间的投影。这些投影算子满足完备关系 $\sum_i P_i=1$ 和标准正交关系 $P_i P_j=\delta_{ij}P_i$。

4. 幺正算子

对于矩阵 U，若 $U^\dagger U = I$，则称该矩阵为幺正矩阵。类似地，对于算子 U，若 $U^\dagger U = I$，则称该算子是幺正算子。可以验证，算子是幺正的当且仅当其矩阵表示是幺正的。幺正算子也满足 $UU^\dagger = I$，因此幺正算子 U 是正规的且有谱分解。

从几何上看，幺正算子可以保持向量之间的内积。为证明这一点，令 $|v\rangle$ 和 $|w\rangle$ 是两个任意向量，则 $U|v\rangle$ 和 $U|w\rangle$ 的内积

$$(U|v\rangle, U|w\rangle) = \langle v|U^\dagger U|w\rangle = \langle v|I|w\rangle = \langle v|w\rangle \tag{3-57}$$

即 $U|v\rangle$ 和 $U|w\rangle$ 的内积与 $|v\rangle$ 和 $|w\rangle$ 的内积相同。这个结果可导出任意幺正的 U 具有如下优雅的外积表示。令 $|v_i\rangle$ 是一个标准正交基，定义 $|w_i\rangle \equiv U|v_i\rangle$，因为幺正算子保持内积，于是 $|w_i\rangle$ 也是标准正交基。根据完备性关系，可以得到 $U = \sum_i |w_i\rangle\langle v_i|$。反之，若 $|w_i\rangle$ 和 $|v_i\rangle$ 是两个标准正交基，则容易验证 $U = \sum_i |w_i\rangle\langle v_i|$ 定义的算子是幺正算子。根据这一性质，已知幺正算子在标准正交基上的作用时，可以快速地得到该幺正算子的外积表示。

容易验证 Pauli 矩阵既是厄米的又是幺正的。

幺正算子的这一性质还可以帮助理解同一算子不同矩阵表示之间的关系。用下面的例子说明这一点。

例 3.10 设 A' 和 A'' 是向量空间 V 上的一个算子 A 对两个不同的标准正交基 $|v_i\rangle$ 和 $|w_i\rangle$ 的矩阵表示，则 A' 和 A'' 的元素分别是 $A'_{ij} = \langle v_i|A|v_j\rangle$ 和 $A''_{ij} = \langle w_i|A|w_j\rangle$，刻画 A' 和 A'' 之间的关系。

定义算子 $U = \sum_i |w_i\rangle\langle v_i|$，则该算子为幺正算子，且 $|w_i\rangle = U|v_i\rangle$。在 $A''_{ij} = \langle w_i|A|w_j\rangle$ 中两次插入完备性关系，可得：

$$\begin{aligned}
A''_{ij} &= \langle w_i|A|w_j\rangle = \langle w_i|\sum_i |v_i\rangle\langle v_i|A\sum_j |v_j\rangle\langle v_j|w_j\rangle \\
&= \sum_{ij} \langle v_i|U^\dagger|v_i\rangle\langle v_i|A|v_j\rangle\langle v_j|U|v_j\rangle \\
&= \sum_{ij} U^\dagger_{ii} A'_{ij} U_{jj} = (U^\dagger A'U)_{ij}
\end{aligned} \tag{3-58}$$

因此，矩阵 $A'' = U^\dagger A'U$，即同一算子的不同矩阵表示之间相差的幺正相似变换。

5. 半正定算子

半正定算子是厄米算子的一个极重要的子类。半正定算子 A 定义为，使得对任意向量 $|v\rangle$，$(|v\rangle, A|v\rangle)$ 都是实的非负数；若 $(|v\rangle, A|v\rangle)$ 对所有 $|v\rangle \neq 0$ 都严格大于

零,则说 A 是正定的。

从特征值和特征向量的角度,可以证明以下结论。

(1) 当且仅当正规算子的特征值为实数时,该正规算子是厄米的。因此厄米算子的特征值是实数。

设 A 为正规算子,由谱分解定理,$A \equiv \sum_i \lambda_i |i\rangle\langle i|$,则 $A^\dagger \equiv \sum_i \lambda_i^* |i\rangle\langle i|$。若 A 是厄米的,$A = A^\dagger$,则有 $\sum_i \lambda_i |i\rangle\langle i| = \sum_i \lambda_i^* |i\rangle\langle i|$,$\lambda_i = \lambda_i^*$,因此 λ_i 为实数。反之,若 λ_i 为实数,则 $A = A^\dagger$,因此 A 是厄米的。

(2) 幺正算子所有特征值的模都是1,即特征值可写成 $e^{i\theta}$ 的形式,θ 是实数。

设 U 为幺正算子,则 U 是正规的且有谱分解 $U = \sum_i \lambda_i |i\rangle\langle i|$,于是

$$
\begin{aligned}
U^\dagger U &= \Big(\sum_j \lambda_j^* |j\rangle\langle j|\Big)\Big(\sum_i \lambda_i |i\rangle\langle i|\Big) \\
&= \sum_{ij} \lambda_j^* \lambda_i \langle j|i\rangle |j\rangle\langle i| \\
&= \sum_i |\lambda_i|^2 |i\rangle\langle i| = I
\end{aligned}
\tag{3-59}
$$

因此,$|\lambda_i|^2 = 1$,即 U 的特征值的模为1,特征值可写成 $e^{i\theta}$ 的形式,其中 θ 是实数。

(3) 厄米算子的具有不同特征值对应的两个特征向量必须正交。

设 A 是厄米算子,λ_i 和 λ_j 是 A 的两个不同的特征值(实数),其对应的特征向量分别为 $|\lambda_i\rangle$ 和 $|\lambda_j\rangle$,则有

$$
(|v_i\rangle, A|v_j\rangle) = (|v_i\rangle, \lambda_j |v_j\rangle) = \lambda_j (|v_i\rangle, |v_j\rangle) = \lambda_j \langle v_i|v_j\rangle
\tag{3-60}
$$

$$
\begin{aligned}
(|v_i\rangle, A|v_j\rangle) &= (A^\dagger |v_i\rangle, |v_j\rangle) = (A|v_i\rangle, |v_j\rangle) = (\lambda_i |v_i\rangle, |v_j\rangle) \\
&= \lambda_i^* (|v_i\rangle, |v_j\rangle) = \lambda_i \langle v_i|v_j\rangle
\end{aligned}
\tag{3-61}
$$

于是,$\lambda_j \langle v_i|v_j\rangle - \lambda_i \langle v_i|v_j\rangle = (\lambda_j - \lambda_i)\langle v_i|v_j\rangle$。因为 $\lambda_j \neq \lambda_i$,所以 $\langle v_i|v_j\rangle = 0$,即对应不同特征值的两个特征向量必须正交。

(4) 投影 P 的特征值全都是非0即1。

设 $P|\varphi\rangle = \lambda|\varphi\rangle$,$|\varphi\rangle$ 为非零向量,则 $P^2|\varphi\rangle = P(P|\varphi\rangle) = P(\lambda|\varphi\rangle) = \lambda(P|\varphi\rangle) = \lambda(\lambda|\varphi\rangle) = \lambda^2 |\varphi\rangle$。又因为 P 为投影算子,所以 $P^2 = P$,故 $P^2|\varphi\rangle = P|\varphi\rangle = \lambda|\varphi\rangle$,因此 $\lambda^2|\varphi\rangle = \lambda|\varphi\rangle$,则 $(\lambda^2 - \lambda)|\varphi\rangle = 0$。因为 $|\varphi\rangle$ 为非零向量,所以 $\lambda^2 - \lambda = 0$,则 $\lambda = 0$ 或 $\lambda = 1$,即投影算子的特征值非0即1。

任意半正定算子自动地是厄米的,因此由谱分解定理,它具有对角表示 $\sum_i \lambda_i |i\rangle\langle i|$,$\lambda_i$ 是非负特征值。

设 A 为一个任意半正定算子,则 A 可写成:

$$A=\frac{A+A^{\dagger}}{2}+\frac{A-A^{\dagger}}{2}=\frac{A+A^{\dagger}}{2}+i\frac{-iA+iA^{\dagger}}{2} \tag{3-62}$$

令 $B=\frac{1}{2}(A+A^{\dagger})$，$C=\frac{1}{2}(-iA+iA^{\dagger})$，则 $A=B+iC$。显然 $B^{\dagger}=\frac{1}{2}(A+A^{\dagger})=B$，

$C^{\dagger}=\frac{1}{2}[-(iA)^{\dagger}+(iA^{\dagger})^{\dagger}]=\frac{1}{2}(-iA+iA^{\dagger})=C$，所以 B 和 C 都是厄米算子，对于任意向量 $|v\rangle$，有 $\langle v|B|v\rangle=\langle v|B^{\dagger}|v\rangle$。

由 $\langle v|B^{\dagger}|v\rangle=(B|v\rangle,|v\rangle)=(|v\rangle,B|v\rangle)^{*}=(\langle v|B|v\rangle)^{*}$，$\langle v|B|v\rangle=(\langle v|B|v\rangle)^{*}$，则有 $\langle v|B|v\rangle\in R$。同理 $\langle v|C|v\rangle\in R$。

又因为 A 为半正定算子，所以对于任意向量 $|\varphi\rangle$，必有 $\langle\varphi|A|\varphi\rangle=\langle\varphi|(B+iC)|\varphi\rangle=\langle\varphi|B|\varphi\rangle+i\langle\varphi|C|\varphi\rangle\geqslant 0$。所以 $C=\frac{1}{2}(-iA+iA^{\dagger})=0$，可得 $A^{\dagger}=A$，因此半正定算子 A 是厄米的。

3.6　张量积

张量积是将向量空间合在一起，构造更大向量空间的一种方法，这种构造空间的方法是复合量子系统的基础。

设 V 和 W 是维数分别为 m 和 n 的 Hilbert 空间，V 张量 W（记为 $V\otimes W$）是一个 mn 维的向量空间。通常，将张量积 $|v\rangle\otimes|w\rangle$ 简写为 $|v\rangle|w\rangle$，$|v,w\rangle$ 或 $|vw\rangle$。$|v\rangle$ 自身的 k 次张量积，记为 $|v\rangle^{\otimes k}$，例如 $|v\rangle^{\otimes 2}=|v\rangle\otimes|v\rangle$。

若 $|v\rangle\in V$，$|w\rangle\in W$，则 $|vw\rangle\in V\otimes W$。特别地，如果 $\{|i\rangle|i=1,2,\cdots,m\}$ 和 $\{|j\rangle|j=1,2,\cdots,n\}$ 分别是 V 和 W 的一组标准正交基，那么 $\{|ij\rangle|i=1,2,\cdots,m;j=1,2,\cdots,n\}$ 是 $V\otimes W$ 的一组基。例如，若 V 是以 $|0\rangle$ 和 $|1\rangle$ 为一组的 2 维向量空间，则 $\{|00\rangle,|01\rangle,|10\rangle,|11\rangle\}$ 是 $V\otimes V$ 的一组基，$|00\rangle+|11\rangle$ 是 $V\otimes V$ 的一个元素。

根据定义，张量积满足以下基本性质。

（1）对任意复数 c，V 的元素 $|v\rangle$ 和 W 的元素 $|w\rangle$，满足：

$$c(|v\rangle\otimes|w\rangle)=(c|v\rangle)\otimes|w\rangle=|v\rangle\otimes(c|w\rangle) \tag{3-63}$$

（2）对 V 中任意元素 $|v_1\rangle$、$|v_2\rangle$ 和 W 中元素 $|w\rangle$，满足：

$$(|v_1\rangle+|v_2\rangle)\otimes|w\rangle=|v_1\rangle\otimes|w\rangle+|v_2\rangle\otimes|w\rangle \tag{3-64}$$

（3）对 V 中任意元素 $|v\rangle$ 和 W 中元素 $|w_1\rangle$ 和 $|w_2\rangle$，满足：

$$|v\rangle\otimes(|w_1\rangle+|w_2\rangle)=|v\rangle\otimes|w_1\rangle+|v\rangle\otimes|w_2\rangle \tag{3-65}$$

下面讨论张量积空间上的线性算子。设 $|v\rangle$ 和 $|w\rangle$ 分别是 V 和 W 中的向量，A 和 B 是 V 和 W 上的线性算子，在 $V \otimes W$ 上定义一个线性算子 $A \otimes B$，定义如下：

$$(A \otimes B)(|v\rangle \otimes |w\rangle) \equiv A|v\rangle \otimes B|w\rangle \tag{3-66}$$

为保证其是线性算子，$A \otimes B$ 的定义可以扩展到 $V \otimes W$ 的所有元素，即：

$$(A \otimes B)\left(\sum_i a_i |v_i\rangle \otimes |w_i\rangle\right) \equiv \sum_i a_i A|v_i\rangle \otimes B|w_i\rangle \tag{3-67}$$

算子张量积的概念可以推广到不同向量空间之间映射 $A:V \rightarrow V'$ 和 $B:W \rightarrow W'$。任意把 $V \otimes W$ 映到 $V' \otimes W'$ 的线性算子，都可以表示为把 V 映到 V' 和把 W 映到 W' 的算子张量积的线性组合

$$C = \sum_i c_i A_i \otimes B_i \tag{3-68}$$

其中，由定义得：

$$\left(\sum_i c_i A_i \otimes B_i\right)|v\rangle \otimes |w\rangle \equiv \sum_i c_i A_i |v\rangle \otimes B_i |w\rangle \tag{3-69}$$

空间 V 和 W 上的内积可以用于定义 $V \otimes W$ 上的一个自然的内积，为

$$\left(\sum_i a_i |v_i\rangle \otimes |w_i\rangle, \sum_j b_j |v'_j\rangle \otimes |w'_j\rangle\right) \equiv \sum_{ij} a_i^* b_j \langle v_i | v'_j\rangle \langle w_i | w'_j\rangle \tag{3-70}$$

内积空间 $V \otimes W$ 从这个内积定义继承了伴随性、幺正性、正规性和厄米性。

张量积的矩阵表示，称为 Kronecker 积。设 A 是一个 $m \times n$ 阶矩阵，B 是一个 $p \times q$ 阶矩阵，则 $A \otimes B$ 矩阵表示为：

$$
A \otimes B \equiv \overbrace{\begin{bmatrix} a_{11}B & a_{12}B & \cdots & a_{1n}B \\ a_{11}B & a_{22}B & \cdots & a_{2n}B \\ \vdots & \vdots & & \vdots \\ a_{m1}B & a_{m2}B & \cdots & a_{mn}B \end{bmatrix}}^{nq} \left.\vphantom{\begin{bmatrix} a_{11}B \\ a_{11}B \\ \vdots \\ a_{m1}B \end{bmatrix}}\right\} mp
$$

在这个表示中，$a_{11}B$ 的项表示常数 a_{11} 数乘矩阵 B，是一个 $p \times q$ 阶子矩阵。例如，向量 $(1,2)^{\mathrm{T}}$ 和 $(2,3)^{\mathrm{T}}$ 的张量积是

$$\binom{1}{2} \otimes \binom{2}{3} = \begin{pmatrix} 1 \times 2 \\ 1 \times 3 \\ 2 \times 2 \\ 2 \times 3 \end{pmatrix} = \begin{pmatrix} 2 \\ 3 \\ 4 \\ 6 \end{pmatrix} \tag{3-71}$$

Pauli 矩阵 X 和 Y 的张量积是

$$X \otimes Y = \begin{pmatrix} 0 \cdot Y & 1 \cdot Y \\ 1 \cdot Y & 0 \cdot Y \end{pmatrix} = \begin{pmatrix} 0 & 0 & 0 & -i \\ 0 & 0 & i & 0 \\ 0 & -i & 0 & 0 \\ i & 0 & 0 & 0 \end{pmatrix} \tag{3-72}$$

若 $|\psi\rangle = (|0\rangle + |1\rangle)/\sqrt{2}$，以 $|0\rangle$、$|1\rangle$ 的张量积形式，则

$$|\psi\rangle^{\otimes 2} = |\psi\rangle \otimes |\psi\rangle = \frac{|0\rangle + |1\rangle}{\sqrt{2}} \otimes \frac{|0\rangle + |1\rangle}{\sqrt{2}}$$

$$= \frac{1}{2} [|0\rangle \otimes (|0\rangle + |1\rangle) + |1\rangle \otimes (|0\rangle + |1\rangle)]$$

$$= \frac{1}{2} (|00\rangle + |01\rangle + |10\rangle + |11\rangle)$$

$$|\psi\rangle^{\otimes 3} = |\psi\rangle \otimes |\psi\rangle \otimes |\psi\rangle = \frac{|0\rangle + |1\rangle}{\sqrt{2}} \otimes \frac{|0\rangle + |1\rangle}{\sqrt{2}} \otimes \frac{|0\rangle + |1\rangle}{\sqrt{2}}$$

$$= \frac{1}{2\sqrt{2}} (|000\rangle + |001\rangle + |010\rangle + \cdots + |111\rangle) \tag{3-73}$$

根据张量积的定义和分配性，还可以证明以下结论。

(1) 转置、复共轭、伴随算子对张量积满足分配率，即：

$$(A \otimes B)^* = A^* \otimes B^* ; (A \otimes B)^T = A^T \otimes B^T ; (A \otimes B)^\dagger = A^\dagger \otimes B^\dagger \tag{3-74}$$

(2) 两个幺正算子的张量积是幺正的。

设 $A_{m \times m}$ 和 $B_{n \times n}$ 是幺正算子，令 $U_{(mn) \times (mn)} = A \otimes B$，则 $U^\dagger U = (A \otimes B)^\dagger (A \otimes B) = (A^\dagger \otimes B^\dagger)(A \otimes B)$，其中，

$$(A^\dagger \otimes B^\dagger)(A \otimes B) = \begin{pmatrix} a_{11}^* B^\dagger & \cdots & A_{m1}^* B^\dagger \\ \vdots & & \vdots \\ a_{1n}^* B^\dagger & \cdots & A_{mn}^* B^\dagger \end{pmatrix} \begin{pmatrix} a_{11} B & \cdots & a_{1n} B \\ \vdots & & \vdots \\ a_{m1} B & \cdots & a_{mn} B \end{pmatrix}$$

$$= \begin{pmatrix} \sum_{k=1}^{m} (a_{k1}^* B^\dagger)(a_{k1} B) & \cdots & \sum_{k=1}^{m} (a_{k1}^* B^\dagger)(a_{kn} B) \\ \vdots & & \vdots \\ \sum_{k=1}^{m} (a_{kn}^* B^\dagger)(a_{k1} B) & \cdots & \sum_{k=1}^{m} (a_{kn}^* B^\dagger)(a_{kn} B) \end{pmatrix}$$

$$= \begin{pmatrix} \sum_{k=1}^{m} a_{k1}^* a_{k1} & \cdots & \sum_{k=1}^{m} a_{k1}^* a_{kn} \\ \vdots & & \vdots \\ \sum_{k=1}^{m} a_{kn}^* a_{k1} & \cdots & \sum_{k=1}^{m} a_{kn}^* a_{kn} \end{pmatrix} \otimes (B^\dagger B)$$

$$= A^\dagger A \otimes B^\dagger B = I_{m \times m} \otimes I_{n \times n} = I'_{(mn) \times (mn)}$$

（3）两个厄米算子的张量积是厄米的。

设 A 和 B 是厄米算子，$A = A^\dagger$，$B = B^\dagger$，则 $(A \otimes B)^\dagger = A^\dagger \otimes B^\dagger = A \otimes B$。

（4）两个半正定算子的张量积是半正定的。

若 A 是空间 V 的半正定算子，B 是空间 W 的半正定算子，则对空间 V 的任意向量 $|v\rangle$，都有 $(|v\rangle, A|v\rangle) = \langle v | A | v \rangle \geqslant 0$。对空间 W 的任意向量 $|\omega\rangle$，都有 $(|\omega\rangle, B|\omega\rangle) = \langle \omega | B | \omega \rangle \geqslant 0$。取张量空间 $V \otimes W$ 的任一向量 $|v\rangle \otimes |\omega\rangle$，则

$$[|v\rangle \otimes |\omega\rangle, A \otimes B(|v\rangle \otimes |\omega\rangle)] = (|v\rangle \otimes |\omega\rangle, A|v\rangle \otimes B|\omega\rangle)$$
$$= [\langle v | \langle \omega |, (A|v\rangle)(B|\omega\rangle)]$$
$$= \langle v | A | v \rangle \langle \omega | B | \omega \rangle \geqslant 0$$

（5）两个投影算子的张量积是一个投影算子。

设 V 是 d 维向量空间 H 的 m 维子空间，$|v_1\rangle, \cdots, |v_m\rangle$ 是 V 的一组标准正交基；设 W 是 d 维向量空间 H 的 n 维子空间，$|\omega_1\rangle, \cdots, |\omega_n\rangle$ 是 W 的一组标准正交基。则有 H 到 V 上的投影算子 $P \equiv \sum_{i=1}^{m} |v_i\rangle\langle v_i |$，$H$ 到 W 上的投影算子 $Q \equiv \sum_{j=1}^{n} |\omega_j\rangle\langle \omega_j |$。由此可得：

$$P \otimes Q = \left(\sum_{i=1}^{m} |v_i\rangle\langle v_i | \right) \otimes \left(\sum_{j=1}^{m} |\omega_j\rangle\langle \omega_j | \right)$$
$$= \sum_{i=1}^{m} \sum_{j=1}^{m} |v_i\rangle\langle v_i | \otimes |\omega_j\rangle\langle \omega_j |$$
$$= \sum_{i=1}^{m} \sum_{j=1}^{m} |v_i\omega_j\rangle \otimes \langle v_i\omega_j | \tag{3-75}$$

因为 $(|v_i\rangle \otimes |\omega_j\rangle, |v_i\rangle \otimes |\omega_j\rangle) = \langle v_i\omega_j | v_i\omega_j \rangle = \delta_{ij}\delta_{ij}$，所以两个投影算子的张量积 $P \otimes Q$ 仍然是一个投影算子。

已知一个单量子比特上的 Hadamard 算子可以写作：

$$H = \frac{1}{\sqrt{2}}[(|0\rangle + |1\rangle)\langle 0 | + (|0\rangle - |1\rangle)\langle 1 |] \tag{3-76}$$

那么

$$H = \frac{1}{\sqrt{2}}(|0\rangle\langle 0 | + |1\rangle\langle 0 | + |0\rangle\langle 1 | - |1\rangle\langle 1 |)$$
$$= \frac{1}{\sqrt{2}} \sum_{x,y=0}^{1} (-1)^{x \cdot y} |x\rangle\langle y |$$

假设 $n = k$ 时，

$$H^{\otimes k} = \frac{1}{\sqrt{2^k}} \sum_{x,y=0}^{k} (-1)^{x \cdot y} |x\rangle\langle y|$$

那么,当 $n=k+1$ 时,

$$H^{\otimes(k+1)} = H^{\otimes k} \otimes H$$

$$= \left(\frac{1}{\sqrt{2^k}} \sum_{x,y=0}^{k} (-1)^{x \cdot y} |x\rangle\langle y| \right) \otimes \frac{1}{\sqrt{2}} [(|0\rangle + |1\rangle)\langle 0| + (|0\rangle - |1\rangle)\langle 1|]$$

$$= \frac{1}{\sqrt{2^{k+1}}} \left[\sum_{x,y=0}^{k} (-1)^{x \cdot y} |x\rangle\langle y| \right] [(|0\rangle + |1\rangle))\langle 0| + (|0\rangle - |1\rangle)\langle 1|]$$

$$= \frac{1}{\sqrt{2^{k+1}}} \sum_{x,y=0}^{k} (-1)^{x \cdot y} [(|x\rangle|0\rangle\langle y|\langle 0| + |x\rangle|1\rangle\langle y|\langle 0|) +$$

$$(|x\rangle|0\rangle\langle y|\langle 1| - |x\rangle|1\rangle\langle y|\langle 1|)]$$

$$= \frac{1}{\sqrt{2^{k+1}}} \sum_{x,y=0}^{k} (-1)^{x \cdot y} (|x0\rangle\langle y0| + |x1\rangle\langle y0| + |x0\rangle\langle y1| - |x1\rangle\langle y1|)$$

$$= \frac{1}{\sqrt{2^{k+1}}} \sum_{x',y'=0}^{k+1} (-1)^{x' \cdot y'} |x'\rangle\langle y'|$$

其中,$x' = |x_1 x_2 \cdots x_{k+1}\rangle$,$x_1, x_2, \cdots, x_{k+1} = 0$ 或 1。

因此,n 量子比特上的 Hadamard 变换可以写成:

$$H^{\otimes n} = \frac{1}{\sqrt{2^n}} \sum_{x,y} (-1)^{x \cdot y} |x\rangle\langle y| \tag{3-77}$$

特别地,$H^{\otimes 2}$ 的矩阵表示为:

$$H^{\otimes 2} = H \otimes H = \frac{1}{2} \begin{pmatrix} 1 & 1 \\ 1 & -1 \end{pmatrix} \otimes \begin{pmatrix} 1 & 1 \\ 1 & -1 \end{pmatrix} = \frac{1}{2} \begin{bmatrix} 1 & 1 & 1 & 1 \\ 1 & -1 & 1 & -1 \\ 1 & 1 & -1 & -1 \\ 1 & -1 & -1 & 1 \end{bmatrix} \tag{3-78}$$

3.7 算子函数

算子或矩阵上可以定义很多重要的函数。一般而言,给定从复数到复数的函数 f,可以通过下面的步骤定义正规算子上(或一个子类,如厄米算子)的相应算子函数。令 $A = \sum_{a} |a\rangle\langle a|$ 是正规算子 A 的一个谱分解,定义

$$f(A) = \sum_{a} f(a) |a\rangle\langle a| \tag{3-79}$$

容易看出 $f(A)$ 是唯一定义的。这个过程可以用于定义一个半正定算子的平方根,

正定算子的对数和正规算子的指数。例如：

$$\exp(\theta Z) = \begin{pmatrix} \mathrm{e}^{\theta} & 0 \\ 0 & \mathrm{e}^{-\theta} \end{pmatrix} \tag{3-80}$$

因为 Z 的特征向量是 $|0\rangle$ 和 $|1\rangle$。

例 3.11 求矩阵 $A = \begin{pmatrix} 4 & 3 \\ 3 & 4 \end{pmatrix}$ 的平方根和对数。

由特征方程 $\det|A - \lambda I| = \begin{vmatrix} 4-\lambda & 3 \\ 3 & 4-\lambda \end{vmatrix} = (\lambda-1)(\lambda-7) = 0$

可得矩阵 A 的特征向量 $\lambda_1 = 7, \lambda_2 = 1$。

当 $\lambda_1 = 7$ 时，$\left[\begin{pmatrix} 4 & 3 \\ 3 & 4 \end{pmatrix} - 7I\right]|v_1\rangle = \begin{pmatrix} -3 & 3 \\ 3 & -3 \end{pmatrix}\begin{pmatrix} x_1 \\ x_2 \end{pmatrix} = \begin{pmatrix} 0 \\ 0 \end{pmatrix}$。

可得 $x_1 = x_2$，令 $x_1 = 1$ 并归一化，则 $|v_1\rangle = \dfrac{1}{\sqrt{2}}\begin{pmatrix} 1 \\ 1 \end{pmatrix} = \dfrac{1}{\sqrt{2}}(|0\rangle + |1\rangle) = |+\rangle$。

同理，当 $\lambda_2 = 1$ 时，$\left[\begin{pmatrix} 4 & 3 \\ 3 & 4 \end{pmatrix} - I\right]|v_2\rangle = \begin{pmatrix} 3 & 3 \\ 3 & 3 \end{pmatrix}\begin{pmatrix} x_1 \\ x_2 \end{pmatrix} = \begin{pmatrix} 0 \\ 0 \end{pmatrix}$，

可得 $x_1 = -x_2$，令 $x_1 = 1$，并归一化，则 $|v_2\rangle = \dfrac{1}{\sqrt{2}}\begin{pmatrix} 1 \\ -1 \end{pmatrix} = |-\rangle$。

将 A 谱分解，

$$A = 7|v_1\rangle\langle v_1| + |v_2\rangle\langle v_2| = 7|+\rangle\langle+| + |-\rangle\langle-|$$

所以 $\begin{pmatrix} 4 & 3 \\ 3 & 4 \end{pmatrix}$ 的平方根

$$\sqrt{A} = \sqrt{7}|+\rangle\langle+| + \sqrt{1}|-\rangle\langle-|$$

$$= \sqrt{7}\begin{pmatrix} \dfrac{1}{2} & \dfrac{1}{2} \\ \dfrac{1}{2} & \dfrac{1}{2} \end{pmatrix} + \begin{pmatrix} \dfrac{1}{2} & -\dfrac{1}{2} \\ -\dfrac{1}{2} & \dfrac{1}{2} \end{pmatrix}$$

$$= \begin{pmatrix} \dfrac{\sqrt{7}+1}{2} & \dfrac{\sqrt{7}-1}{2} \\ \dfrac{\sqrt{7}-1}{2} & \dfrac{\sqrt{7}+1}{2} \end{pmatrix}$$

所以矩阵 $\begin{pmatrix} 4 & 3 \\ 3 & 4 \end{pmatrix}$ 的对数

$$\lg A = \lg 7|+\rangle\langle+| = \dfrac{\lg 7}{2}\begin{pmatrix} 1 & 1 \\ 1 & 1 \end{pmatrix}$$

v 是任意 3 维单位实向量，θ 为实数，则

$$\exp(i\theta v \cdot \sigma) = \cos(\theta)I + i\sin(\theta)v \cdot \sigma \tag{3-81}$$

其中，$v \cdot \sigma = \sum_{i=1}^{3} v_i \sigma_i$，$\sigma_i$ 是 Pauli 矩阵。

设 $v_1 \sigma_x = \begin{pmatrix} 0 & v_1 \\ v_1 & 0 \end{pmatrix}$，$v_2 \sigma_y = \begin{pmatrix} 0 & -iv_2 \\ iv_2 & 0 \end{pmatrix}$，$v_3 \sigma_z = \begin{pmatrix} v_3 & 0 \\ 0 & -v_3 \end{pmatrix}$，则有

$$\nu \cdot \sigma \equiv \sum_{i=1}^{3} v_i \sigma_i = \begin{pmatrix} v_3 & v_1 - iv_2 \\ v_1 + iv_2 & -v_3 \end{pmatrix}$$

下面求 $\begin{pmatrix} v_3 & v_1 - iv_2 \\ v_1 + iv_2 & -v_3 \end{pmatrix}$ 的特征值和特征向量。由 $|v \cdot \sigma - \lambda I| = \lambda^2 - 1$，则有 $\lambda_{1,2} = \pm 1$。令特征值 $\lambda_1 = 1$ 对应的特征向量为 $|a\rangle$，特征值 $\lambda_2 = -1$ 对应的特征向量为 $|b\rangle$，则有对角表示 $v \cdot \sigma = \lambda_1 |a\rangle\langle a| + \lambda_2 |b\rangle\langle b| = |a\rangle\langle a| - |b\rangle\langle b|$。于是，

$$\exp(i\theta v \cdot \sigma) = e^{i\theta}|a\rangle\langle a| + e^{-i\theta}|b\rangle\langle b|$$
$$= (\cos(\theta) + i\sin(\theta))|a\rangle\langle a| + (\cos(\theta) - i\sin(\theta))|b\rangle\langle b|$$
$$= \cos(\theta)(|a\rangle\langle a| + |b\rangle\langle b|) + i\sin(\theta)(|a\rangle\langle a| - |b\rangle\langle b|)$$
$$= \cos(\theta)I + i\sin(\theta)v \cdot \sigma$$

式(3-81)在量子计算中得到推广，用于定义旋转算子。

另一个重要的矩阵函数是矩阵的迹。A 的迹定义为它的对角元素之和，

$$\mathrm{tr}(A) \equiv \sum_i A_{ii} \tag{3-82}$$

其中，A_{ii} 表示矩阵 A 的第 i 行第 i 列的对角元素。

迹满足以下性质。

(1) 迹是循环的，即 $\mathrm{tr}(AB) = \mathrm{tr}(BA)$。

设 A 和 B 两个线性算子矩阵表示的元素分别为 A_{ij} 和 B_{ij}，则有：

$$(AB)_{ij} = \sum_{k=1}^{n} A_{ik}B_{kj}，(BA)_{ij} = \sum_{k=1}^{n} B_{ik}A_{kj}$$

又

$$\mathrm{tr}(AB) = \sum_{i=1}^{n}(AB)_{ii} = \sum_{i=1}^{n}\sum_{k=1}^{n} A_{ik}B_{ki} = \sum_{k=1}^{n}\sum_{i=1}^{n} A_{ki}B_{ik}$$
$$= \sum_{i=1}^{n}\sum_{k=1}^{n} B_{ik}A_{ki} = \sum_{i=1}^{n}(BA)_{ii} = \mathrm{tr}(BA)$$

(2) 迹是线性的，即 $\mathrm{tr}(A+B) = \mathrm{tr}(A) + \mathrm{tr}(B)$，$\mathrm{tr}(cA) = c\mathrm{tr}(A)$，其中 A 和 B 是任意矩阵，c 是复数。

设 A 和 B 两个线性算子的矩阵表示的元素分别为 A_{ij} 和 B_{ij}，则有

$$(A+B)_{ij} = A_{ij} + B_{ij}，\mathrm{tr}(A) = \sum_{i=1}^{n}(A)_{ii}，\mathrm{tr}(B) = \sum_{i=1}^{n}(B)_{ii}$$

那么 $\mathrm{tr}(A+B) = \sum_{i=1}^{n}(A+B)_{ii} = \sum_{i=1}^{n}(A_{ii}+B_{ii}) = \sum_{i=1}^{n}(A)_{ii} + \sum_{i=1}^{n}(B)_{ii} = \mathrm{tr}(A) + \mathrm{tr}(B)$。

$(cA)_{ij} = cA_{ij}$，所以有 $\mathrm{tr}(cA) = \sum_{i=1}^{n}(cA)_{ii} = c\sum_{i=1}^{n}A_{ii} = c\,\mathrm{tr}(A)$。

（3）由循环性质得到矩阵的迹在幺正相似变换 $A \to UAU^\dagger$ 下不变。

因为 $\mathrm{tr}(UAU^\dagger) = \mathrm{tr}(U^\dagger UA) = \mathrm{tr}(A)$。同一算子的不同矩阵表示之间相差幺正相似变换。于是，根据迹在幺正相似变换下的不变性，可以把算子 A 的迹定义为 A 的任意矩阵表示的迹。

作为迹的例子，设 $|\psi\rangle$ 是一单位向量且 A 是任意算子，为计算 $\mathrm{tr}(A|\psi\rangle\langle\psi|)$，采用 Gram-Schmidt 过程，把 $|\psi\rangle$ 扩展成一个以 $|\psi\rangle$ 为首个元的标准正交基 $|i\rangle$，则有：

$$\mathrm{tr}(A|\psi\rangle\langle\psi|) = \sum_i \langle i|A|\psi\rangle\langle\psi|i\rangle = \langle\psi|A|\psi\rangle \tag{3-83}$$

这个结果，即 $\mathrm{tr}(A|\psi\rangle\langle\psi|) = \langle\psi|A|\psi\rangle$，在计算一个算子的迹时极为有用。

例 3.12（算子上的 Hilbert-Schmidt 内积） Hilbert 空间 V 上的线性算子集合 L_V 显然是一个向量空间，即两个线性算子之和是线性算子；如果 A 是线性算子，z 是复数，则 zA 是线性，且有零元素 0。另一个重要结果是向量空间 L_V 可赋予自然的内积结构，而成为 Hilbert 空间。

（1）证明 $L_V \times L_V$ 上的函数 $(\cdot,\cdot)$，

$$(A,B) \equiv \mathrm{tr}(A+B) \tag{3-84}$$

是一个内积函数。这个内积称为 Hilbert-Schmidt 或迹内积。

（2）如果 V 是 d 维的，证明 L_V 的维数为 d^2。

（3）求 Hilbert 空间 L_V 中厄米矩阵的标准正交基。

证明　（1）由定义可得：

$$\left(A, \sum_i \lambda_i B_i\right) = \mathrm{tr}\left[A^\dagger\left(\sum_i \lambda_i B_i\right)\right] = \mathrm{tr}\left(\sum_i \lambda_i A^\dagger B_i\right)$$

$$= \sum_i \lambda_i \mathrm{tr}(A^\dagger B_i) = \sum_i \lambda_i (A,B)$$

$$(A,B) \equiv \mathrm{tr}(A^\dagger B) = \sum_{i=1}^{n}(A^\dagger B)_{ii} = \sum_{i=1}^{n}\left(\sum_{k=1}^{n} A^*_{ki} B_{ki}\right)$$

$$= \left[\sum_{i=1}^{n}\left(\sum_{k=1}^{n} B^*_{ki} A_{ki}\right)\right]^* = \left[\sum_{i=1}^{n}(B^\dagger A)_{ii}\right]^* = (B,A)^*$$

$$(A,A) \equiv \mathrm{tr}(A^\dagger A) = \sum_{i=1}^{n} A^*_{ki} A_{ki} \geqslant 0$$

若 $(A,A)=0$，则 $\forall A_{ki}$ 有

$$A^*_{ki} A_{ki} = 0 \Rightarrow \|A_{ki}\| = 0 \Rightarrow A_{ki} = 0 \Rightarrow A = 0$$

故 (A,B) 是一个内积函数。

（2）因为 $A = \sum\limits_{ij} \langle i|A|j\rangle |i\rangle\langle j| = \sum\limits_{ij} A_{ij} |i\rangle\langle j|$，则所有 $|i\rangle\langle j|$ 组成 L_V 的一组基，若 $|i\rangle$ 有 d 个，则显然 $|i\rangle\langle j|$ 有 d^2 个。

（3）设 A 为 Hilbert 空间 L_V 中厄米矩阵，即：

$$A = \sum_i \lambda_i |i\rangle\langle i|, \quad \lambda_i \in R$$

因此 $\{|i\rangle\langle i| \,|\, i = 1,2,\cdots,d\}$ 是 L_V 中厄米矩阵的一组基。

3.8 对易式与反对易式

两个算子 A 和 B 之间的对易式定义为：

$$[A,B] \equiv AB - BA \tag{3-85}$$

若 $[A,B] = 0$，即 $AB = BA$，则说明 A 和 B 是对易的。

两个算子 A 和 B 的反对易式定义为：

$$\{A,B\} = AB + BA \tag{3-86}$$

若 $\{A,B\} = 0$，则称 A 和 B 反对易。

实际上一对算子的许多重要性质可以从它们的对易式和反对易式推出。例如，对易式与厄米算子能同时对角化之间有密切关系。所谓厄米算子能同时对角化，指的是两个厄米算子 A 和 B 即能够写成 $A = \sum\limits_i a_i |i\rangle\langle i|, B = \sum\limits_i b_i |i\rangle\langle i|$，其中 $|i\rangle$ 是 A 和 B 的公共特征向量的标准正交向量组。

同时对角化定理：设 A 和 B 是厄米算子，当且仅当存在一个标准正交基，使 A 和 B 在该基下都是对角的，则 $[A,B] = 0$。在这种情况下，A 和 B 称为可同时对角化。

容易验证，如果 A 和 B 在同一标准正交基下时是对角的，那么 $[A,B] = 0$。为证明反向命题，令 $|a,j\rangle$ 是 A 的特征值 a 的本征空间 V_a 的一个标准正交基，j 用来标记可能出现的简并情形。注意到

$$AB|a,j\rangle = BA|a,j\rangle = aB|a,j\rangle \tag{3-87}$$

而且，$B|a,j\rangle$ 是本征空间的 V_a 的一个元素。令 P_a 表示到空间 V_a 的投影，且定义 $B_a = P_a B P_a$，容易看到 B_a 限制到空间 V_a 上且在 V_a 上是厄米的，于是相对张成空间 V_a 的特征向量的标准正交向量组具有谱分解。这些特征向量记作 $|a,b,k\rangle$，其中 a，b 标记 A 和 B_a 的特征值，k 表示 B_a 的可能简并。注意 $B|a,b,k\rangle$ 是 V_a 的一个元素，

于是 $B|a,b,k\rangle=P_aB|a,b,k\rangle$，同时有 $P_a|a,b,k\rangle=|a,b,k\rangle$，因此

$$B|a,b,k\rangle=P_aBP_a|a,b,k\rangle=b|a,b,k\rangle \tag{3-88}$$

则 $|a,b,k\rangle$ 是 B 的对应特征值 b 的特征向量，这样 $|a,b,k\rangle$ 就同时是 A 和 B 的一个特征向量的标准正交向量组，张成 A 和 B 定义在其上的整个向量空间，即 A 和 B 可以同时对角化。

这个结果把通常很容易计算的两个算子的对易式和事先难以确定的同时可对角化性质联系起来。例如，考虑

$$[X,Y]=\begin{pmatrix}0&1\\1&0\end{pmatrix}\begin{pmatrix}0&-i\\i&0\end{pmatrix}-\begin{pmatrix}0&-i\\i&0\end{pmatrix}\begin{pmatrix}0&1\\1&0\end{pmatrix}$$

$$=2i\begin{pmatrix}1&0\\0&-1\end{pmatrix}=2iZ \tag{3-89}$$

可看出 X 和 Y 不能对易。可以证明 X 和 Y 没有共同的特征向量，这与同时对角化定理的结论相符。

Pauli 矩阵具有如下对易关系：

$$[X,Y]=XY-YX=2i\begin{pmatrix}1&0\\0&-1\end{pmatrix}=2iZ \tag{3-90}$$

$$[Y,Z]=YZ-ZY=2i\begin{pmatrix}0&1\\1&0\end{pmatrix}=2iX \tag{3-91}$$

$$[Z,X]=ZX-XZ=2i\begin{pmatrix}0&-i\\i&0\end{pmatrix}=2iY \tag{3-92}$$

$$[Z,Y]=ZY-YZ=-2i\begin{pmatrix}0&1\\1&0\end{pmatrix}=-2iX \tag{3-93}$$

$$[Y,X]=YX-XY=-2i\begin{pmatrix}1&0\\0&-1\end{pmatrix}=-2iZ \tag{3-94}$$

$$[X,Z]=XZ-ZX=-2i\begin{pmatrix}0&-i\\i&0\end{pmatrix}=-2iY \tag{3-95}$$

容易验证 Pauli 矩阵具有如下反对易关系：

$$\{\sigma_i,\sigma_j\}=0 \tag{3-96}$$

其中，$i\neq j$ 都选自集合 $1,2,3$。再验证 $(i=0,1,2,3)$

$$\sigma_i^2=I$$

利用对易式与反对易式，还可以得到如下结论。

(1) $AB=\dfrac{[A,B]+\{A,B\}}{2}$

由 $\sigma_1^2 = \sigma_2^2 = \sigma_3^2 = I, \sigma_1\sigma_2 = i\sigma_3, \quad \sigma_2\sigma_1 = -i\sigma_3, \sigma_2\sigma_3 = i\sigma_1, \quad \sigma_3\sigma_2 = -i\sigma_1, \quad \sigma_3\sigma_1 = i\sigma_2,$ $\sigma_1\sigma_3 = -i\sigma_2$。所以对 $j, k = 1, 2, 3$, 有：

$$\sigma_j\sigma_k = \delta_{jk}I + i\sum_{l=1}^{3}\varepsilon_{jkl}\sigma_l \tag{3-97}$$

（2）设 $[A, B] = 0, \{A, B\} = 0$, 且 A 可逆, 证明 B 必为 0。

由 $[A, B] = 0, \{A, B\} = 0$, 则有 $AB = 0$。又因为 A 可逆, 即 A^{-1} 存在且不为零, 则 $B = IB = A^{-1}AB = A^{-1}(AB) = A^{-1}(0) = 0$。

（3）$[A, B]^\dagger = [B^\dagger, A^\dagger]$.

$$[A, B]^\dagger = (AB - BA)^\dagger = B^\dagger A^\dagger - A^\dagger B^\dagger = [B^\dagger, A^\dagger] \tag{3-98}$$

（4）$[A, B] = -[B, A]$.

$$[A, B] = AB - BA = -(BA - AB) = -[B, A] \tag{3-99}$$

（5）设 A 和 B 都是厄米的, 那么 $i[A, B]$ 也是厄米的。

由于 A 和 B 都是厄米算子, 则有 $A^\dagger = A, B^\dagger = B$, 所以有：

$$\begin{aligned}(i[A, B])^\dagger &= (iAB - iBA)^\dagger = (iAB)^\dagger - (iBA)^\dagger \\ &= (-iB^\dagger A^\dagger) - (-iA^\dagger B^\dagger) = iA^\dagger B^\dagger - iB^\dagger A^\dagger \\ &= i[A^\dagger, B^\dagger] = i[A, B]\end{aligned} \tag{3-100}$$

3.9 极式分解

极式分解是把线性算子分解成简单部分的一种方法。特别地, 这个分解可以把一般线性算子分解成幺正算子和半正定算子的乘积。

极式分解: 令 A 是向量空间 V 上的线性算子, 则存在幺正算子 U 和半正定算子 J 和 K, 使得

$$A = UJ = KU \tag{3-101}$$

其中, J 和 K 是唯一满足这些方程的半正定算子, 定义为 $J \equiv \sqrt{A^\dagger A}$ 和 $K \equiv \sqrt{AA^\dagger}$, 而且, 如果 A 可逆, U 还是唯一的。

称表达式 $A = UJ$ 为 A 的左极式分解, 而 $A = KU$ 为 A 的右极式分解。大多数情况下, 省略名称中的"左"或"右", 而对两种表达式都用极式分解名称, 靠上下文指示其含义。

证明 $J \equiv \sqrt{A^\dagger A}$ 是一个半正定算子, 于是可以进行谱分解, $J = \sum_i \lambda_i|i\rangle \times \langle i|(\lambda_i \geqslant 0)$, 定义 $|\psi_i\rangle \equiv A|i\rangle$。从定义出发, 可看到 $\langle\psi_i|\psi_i\rangle = \lambda_i^2$。下面只考虑那些

满足 $\lambda_i \neq 0$ 的 i。对这些 i，定义 $|e_i\rangle \equiv |\psi_i\rangle/\lambda_i$，于是 $|e_i\rangle$ 是归一化的，而且它们还是正交的，如果 $i \neq j$，则 $\langle e_i|e_j\rangle = \langle i|A^{\dagger}A|j\rangle/(\lambda_i\lambda_j) = \langle i|J^2|j\rangle/(\lambda_i\lambda_j) = 0$

考虑了满足 $\lambda_i \neq 0$ 的 i，现在利用 Gram-Schmidt 过程来扩展标准正交组 $|e_i\rangle$，以形成标准正交基，仍记为 $|e_i\rangle$。定义幺正算子 $U \equiv \sum_i |e_i\rangle\langle i|$ 当 $\lambda_i \neq 0$ 时，有 $UJ|i\rangle = \lambda_i|e_i\rangle = |\psi_i\rangle = A|i\rangle$，当 $\lambda_i = 0$ 时，有 $UJ|i\rangle = 0 = |\psi_i\rangle$。已证明 A 和 UJ 在基 $|i\rangle$ 上的作用一致，于是 $A = UJ$。

J 是唯一的，因为 $A = UJ$ 的左边乘以伴随方程 $A^{\dagger} = JU^{\dagger}$，给出 $J^2 = A^{\dagger}A$，也就看出 $J = \sqrt{A^{\dagger}A}$ 是唯一的。容易知道，若 A 是可逆的，则 J 也可逆，于是 U 唯一由方程 $U = AJ^{-1}$ 确定，可以得到右极式分解，因为 $A = UJ = UJU^{\dagger}U = KU$，其中 $K = UJU^{\dagger}$ 是半正定算子。又因为 $AA^{\dagger} = KUU^{\dagger}K = K^2$，故必有 $K = \sqrt{AA^{\dagger}}$，证毕。

将极式分解和谱分解定理相结合，可得称为奇异值分解的推论。

奇异值分解：令 A 是一方阵，则必存在幺正矩阵 U、V 和一个非负对角阵 D，使得

$$A = UDV \tag{3-102}$$

D 的对角元称为 A 的奇异值。

证明 由极式分解，对某个幺正矩阵 S 和半正定矩阵 J，成立 $A = SJ$。由谱分解定理，对幺正矩阵 T 和非负对角阵 D，成立 $J = TDT^{\dagger}$。令 $U \equiv ST$ 和 $V \equiv T^{\dagger}$，证明完成。

例 3.13 分别对正定矩阵 P、幺正矩阵 U 和厄米阵 H 极式分解。

半正定矩阵 P 的极式分解 $P = IP = PI$；幺正矩阵 U 的极式分解 $U = UI = IU$，I 为单位算子。

由式(3-101)可知，极式分解的半正定算子 J 和 K 分别定义为 $\sqrt{A^{\dagger}A}$ 和 $\sqrt{AA^{\dagger}}$，又因为矩阵 H 是厄米矩阵，则可对角化，且其特征值均为实数，$H^{\dagger} = H$，则有 $H = \sum_i \lambda_i |i\rangle\langle i|$，$\lambda_i \in R$。由此可得 $J = K = \sqrt{H^{\dagger}H} = \sum_i |\lambda_i| |i\rangle\langle i|$。

若幺正算子为 $U = \sum_i \text{sgn}(\lambda_i)|i\rangle\langle i|$，则显然有：

$$\sum_i \text{sgn}(\lambda_i)|i\rangle\langle i|\sum_j |\lambda_j||j\rangle\langle j| = \sum_{i,j}\text{sgn}(\lambda_i)\lambda_j|i\rangle\langle i||j\rangle\langle j|$$
$$= \sum_{i,j}\text{sgn}(\lambda_i)|\lambda_j||i\rangle\delta_{ij}\langle j|$$
$$= \sum_i \lambda_i|i\rangle\langle i| = H \tag{3-103}$$

同理有：$\sum_j |\lambda_j||j\rangle\langle j|\sum_i \text{sgn}(\lambda_i)|i\rangle\langle i| = H$。

所以厄米矩阵 H 的极式分解为：$H=UJ=KU$。

例 3.14 把一个正规矩阵的极式分解表示为外积形式。

令正规矩阵 $A = \sum_i \lambda_i |i\rangle\langle i|, \lambda_i \in C, U = \sum_i \mathrm{e}^{i\arg(\lambda_i)} |i\rangle\langle i|$，半正定算子 $J = K = \sum_i |\lambda_i| \, |i\rangle\langle i|$，容易验证 $\mathrm{e}^{i\arg(\lambda_i)} |\lambda_i| = \lambda_i, \lambda_i \in C$，则

$$
\begin{aligned}
A = UJ &= \Big(\sum_i \mathrm{e}^{i\arg(\lambda_i)} |i\rangle\langle i| \Big) \Big(\sum_i |\lambda_i| \, |i\rangle\langle i| \Big) \\
&= KU = \Big(\sum_i |\lambda_i| \, |i\rangle\langle i| \Big) \Big(\sum_i \mathrm{e}^{i\arg(\lambda_i)} |i\rangle\langle i| \Big)
\end{aligned}
\tag{3-104}
$$

例 3.15 求矩阵 $\begin{pmatrix} 1 & 0 \\ 1 & 1 \end{pmatrix}$ 的左右极式分解。

设 $A = \begin{pmatrix} 1 & 0 \\ 1 & 1 \end{pmatrix}$，$A$ 可逆，因此左右极式分解唯一。

计算 $J = \sqrt{A^\dagger A} = \sqrt{\begin{pmatrix} 2 & 1 \\ 1 & 1 \end{pmatrix}}$，$U = AJ^{-1}$，$K = AU^{-1}$，估算得：

$$
A = UJ = \begin{pmatrix} 0.89 & -0.45 \\ 0.45 & 0.89 \end{pmatrix} \begin{pmatrix} 1.34 & 0.45 \\ 0.45 & 0.89 \end{pmatrix}
$$

$$
A = KU = \begin{pmatrix} 1.34 & 0.45 \\ 0.45 & 0.89 \end{pmatrix} \begin{pmatrix} 0.89 & -0.45 \\ 0.45 & 0.89 \end{pmatrix}
$$

对 $A^\dagger A$ 进行谱分解。

第 4 章

量子信息的物理基础

4.1 量子力学的四个基本假设

经过了大量的猜测和摸索,量子力学推导出四个基本假设,本书的大部分内容将以这些假设为根据推导结论。其中,假设 1 通过确定描述一个孤立量子系统的状态来设定量子力学的研究范围;假设 2 通过 Schrödinger 方程(也就是幺正演化)描述封闭量子系统的动态;假设 3 通过规定测量的描述来从量子系统获取信息;假设 4 把不同量子系统的状态空间组合成复合系统。

下面给出量子力学基本假设的完整描述,这些假设把物理世界和量子力学的数学描述联系了起来。

4.1.1 假设 1:Hilbert 空间

假设 1 任一孤立物理系统都有一个称为系统状态空间的复内积向量空间(即Hilbert 空间)与之相联系,系统完全由状态向量所描述,这个向量是系统状态空间的一个单位向量。

量子力学的第一条假设建立起量子力学适用的场合,即线性代数中熟知的Hilbert 空间。最常用的量子系统是量子比特。一个量子比特有一个 2 维的状态空间。设 $|0\rangle$ 和 $|1\rangle$ 构成这个状态空间的一组标准正交基,则状态空间中的任意状态向量可写作:

$$|\psi\rangle = a|0\rangle + b|1\rangle \tag{4-1}$$

其中,A 和 B 是复数。于是 $|\psi\rangle$ 为单位向量的必要条件为 $\langle\psi|\psi\rangle = 1$,等价于 $|a|^2 + |b|^2 = 1$。条件 $\langle\psi|\psi\rangle = 1$ 常称为状态向量的归一化条件。

量子比特是最基本的量子力学系统。$|0\rangle$ 和 $|1\rangle$ 是量子比特的常用标准正交向量基。直观上,状态 $|0\rangle$ 和 $|1\rangle$ 对应于一个比特可能取的两个值 0 和 1。但是量子比特和比特的不同之处在于,经典比特只存在 0 和 1 两个状态,而量子比特可能存在形如 $a|0\rangle+b|1\rangle$ 的叠加,叠加态下不能确定地说状态是 $|0\rangle$ 或 $|1\rangle$。

在 Hilbert 空间中,任意线性组合 $\sum_i \alpha_i |\psi_i\rangle$ 可理解为 $|\psi_i\rangle$ 具有幅度 α_i 的叠加,例如,状态 $(|0\rangle-|1\rangle)/\sqrt{2}$ 是状态 $|0\rangle$ 和 $|1\rangle$ 的状态的叠加,这里 $|0\rangle$ 具有幅度 $1/\sqrt{2}$,状态 $|1\rangle$ 具有幅度 $-1/\sqrt{2}$。

4.1.2 假设 2:封闭量子系统的演化

假设 2 一个封闭量子系统的演化可由一个幺正变换来刻画。系统在时刻 t_1 的状态 $|\psi\rangle$ 和系统在时刻 t_2 的状态 $|\psi'\rangle$,可通过一个仅依赖于时间 t_1 和 t_2 的幺正算子 U 相联系:

$$|\psi'\rangle=U|\psi\rangle \tag{4-2}$$

量子力学的第二条假设为描写量子系统状态变化提供了一种方法,保证任意封闭量子系统的演化都可以用这种方式描述。在单量子比特的情形下,所有的幺正算子都可以在实际系统中实现。

以 Pauli 矩阵为例,X 矩阵把 $|0\rangle$ 变到 $|1\rangle$,把 $|1\rangle$ 变到 $|0\rangle$。因此,有时又称 X 为比特翻转阵,也常与传统非门相对应,称 X 为量子非门。Z 矩阵保持 $|0\rangle$ 不变,把 $|1\rangle$ 变到 $-|1\rangle$,因此 -1 常称为相移因子,Z 矩阵也常被称为相位翻转矩阵。

Hadamard 门是另一个重要的幺正算子,记作 H。它有 $H|0\rangle\equiv(|0\rangle+|1\rangle)/\sqrt{2}$,$H|1\rangle\equiv(|0\rangle-|1\rangle)/\sqrt{2}$,相应的矩阵表述为:

$$H=\frac{1}{\sqrt{2}}\begin{pmatrix} 1 & 1 \\ 1 & -1 \end{pmatrix} \tag{4-3}$$

例 4.1 验证 Hadamard 门是幺正的。

验证 $H=\dfrac{1}{\sqrt{2}}\begin{pmatrix} 1 & 1 \\ 1 & -1 \end{pmatrix}$,则 $H^{\dagger}=\dfrac{1}{\sqrt{2}}\begin{pmatrix} 1 & 1 \\ 1 & -1 \end{pmatrix}$,因为

$$HH^{\dagger}=H^{\dagger}H=\left[\frac{1}{\sqrt{2}}\begin{pmatrix} 1 & 1 \\ 1 & -1 \end{pmatrix}\right]\left[\frac{1}{\sqrt{2}}\begin{pmatrix} 1 & 1 \\ 1 & -1 \end{pmatrix}\right]=\frac{1}{2}\begin{pmatrix} 2 & 0 \\ 0 & 2 \end{pmatrix}=I$$

所以 Hadamard 门是幺正的。

例 4.2 验证 $H^2=I$。

验证 $H = \dfrac{1}{\sqrt{2}}\begin{pmatrix} 1 & 1 \\ 1 & -1 \end{pmatrix}$，那么 $H^2 = HH = \left[\dfrac{1}{\sqrt{2}}\begin{pmatrix} 1 & 1 \\ 1 & -1 \end{pmatrix}\right]^2 = I$。

例 4.3 H 的特征值和特征向量是什么？

已知 $H = \dfrac{1}{\sqrt{2}}\begin{pmatrix} 1 & 1 \\ 1 & -1 \end{pmatrix}$，设 H 的特征值为 λ，特征向量为 $\psi = \begin{pmatrix} x_1 \\ x_2 \end{pmatrix}$。

由 $|H - \lambda I| = 0$，即：

$$\begin{vmatrix} \dfrac{1}{\sqrt{2}} - \lambda & \dfrac{1}{\sqrt{2}} \\ \dfrac{1}{\sqrt{2}} & -\dfrac{1}{\sqrt{2}} - \lambda \end{vmatrix} = \lambda^2 - 1 = 0$$

计算可得特征值 $\lambda = \pm 1$。

当 $\lambda = 1$ 时，将 $\lambda = 1$ 代入本征方程 $H\psi = \lambda \psi$，即：

$$\begin{pmatrix} \dfrac{1}{\sqrt{2}} - 1 & \dfrac{1}{\sqrt{2}} \\ \dfrac{1}{\sqrt{2}} & -\dfrac{1}{\sqrt{2}} - 1 \end{pmatrix} \begin{pmatrix} x_1 \\ x_2 \end{pmatrix} = \begin{pmatrix} 0 \\ 0 \end{pmatrix}$$

其基础解系 $\psi_1 = \begin{pmatrix} 1 + \sqrt{2} \\ 1 \end{pmatrix}$，则特征值 1 的特征向量可表示为 $k_1 \psi_1 (k_1 \neq 0)$。

同理，当 $\lambda = -1$ 时，代入本征方程 $H\psi = \lambda \psi$，则：

$$\begin{pmatrix} \dfrac{1}{\sqrt{2}} + 1 & \dfrac{1}{\sqrt{2}} \\ \dfrac{1}{\sqrt{2}} & -\dfrac{1}{\sqrt{2}} + 1 \end{pmatrix} \begin{pmatrix} x_1 \\ x_2 \end{pmatrix} = \begin{pmatrix} 0 \\ 0 \end{pmatrix}$$

其基础解系 $\psi_2 = \begin{pmatrix} 1 \\ -1 - \sqrt{2} \end{pmatrix}$，则特征值 -1 的特征向量可表示为 $k_2 \psi_2 (k_2 \neq 0)$。

假设 2 描述了封闭量子系统的量子状态在两个不同时刻的关系。作为这条假设的一个更精细版本，可以给出描述量子系统在连续时间上的演化。

假设 2′ 封闭量子系统的演化由 Schrödinger 方程描述：

$$i\hbar \frac{\mathrm{d}|\psi\rangle}{\mathrm{d}t} = H|\psi\rangle \tag{4-4}$$

其中，$\hbar$ 称为 Planck 常数，该常数值由实验确定。实践中常把因子 $\hbar$ 的值放入 H 中，即设置 $\hbar = 1$，H 被称为封闭系统 Hamilton 量的固定厄米算子。

如果知道了系统的 Hamilton 量，那么至少在理论上完全了解了系统的动态。找出描述特定物理系统的 Hamilton 量需要从实验得来实质性结果。由于 Hamilton

量是一个厄米算子,故有谱分解

$$H = \sum_E E |E\rangle\langle E| \tag{4-5}$$

其中,特征值是 E,$|E\rangle$ 是相应的特征向量。状态 $|E\rangle$ 习惯上称作能量本征态,有时称为定态,而 E 是 $|E\rangle$ 的能量。最低的能量称为系统的基态能量,相应的能量本征态也称为基态。状态 $|E\rangle$ 有时称为定态,原因是它们随时间的变化只是一个数值因子

$$|E\rangle \rightarrow \exp\left(-\frac{iEt}{\hbar}\right)|E\rangle \tag{4-6}$$

例如,设单量子比特具有 Hamilton 量

$$H = \hbar\omega X \tag{4-7}$$

其中,ω 是一个参数,实际中需要通过实验确定。这里不太关心该参数,只为给出量子计算与量子信息中有时会用到的 Hamilton 量的类型。这个 Hamilton 量的能量本征态和与 X 的本征态相同,即 $(|0\rangle+|1\rangle)/\sqrt{2}$ 和 $(|0\rangle-|1\rangle)/\sqrt{2}$,分别对应能量 $\hbar\omega$ 和 $-\hbar\omega$,于是基态是 $(|0\rangle-|1\rangle)/\sqrt{2}$,基态能量是 $-\hbar\omega$。

假设 $2'$ 中 Hamilton 量的动态描述和假设 2 中的幺正算子描述之间有什么关系?答案在于 Schrödinger 方程的解。容易验证

$$|\psi(t_2)\rangle = \exp\left[\frac{-iH(t_2-t_1)}{\hbar}\right]|\psi(t_1)\rangle = U(t_1,t_2)|\psi(t_1)\rangle \tag{4-8}$$

其中,定义

$$U(t_1,t_2) \equiv \exp\left[\frac{-iH(t_2-t_1)}{\hbar}\right] \tag{4-9}$$

显然式(4-9)中的 U 算子是幺正的。任意幺正算子 U 可以用某个厄米算子 K,实现 $U = \exp(iK)$ 形式,因此在用幺正算子的离散时间动态描述和用 Hamilton 量的连续时间动态描述之间存在一一对应关系。

例 4.4 设 A 和 B 是对易的厄米算子,证明 $\exp(A)\exp(B) = \exp(A+B)$。

因为 A 和 B 是对易的厄米算子,则存在一个标准正交基 $|i\rangle$ 使 A、B 可同时对角化。设 $A = \sum_i \lambda_i |i\rangle\langle i|$,$B = \sum_i \mu_i |i\rangle\langle i|$,则 $e^A = \sum_i e^{\lambda_i}|i\rangle\langle i|$,$e^B = \sum_i e^{\mu_i}|i\rangle\langle i|$。

$$e^A e^B = \left(\sum_i e^{\lambda_i}|i\rangle\langle i|\right)\left(\sum_i e^{\mu_i}|i\rangle\langle i|\right) = \sum_{ij} e^{\lambda_i}e^{\mu_j}|i\rangle\langle i|j\rangle\langle j|$$

$$= \sum_{ij} e^{\lambda_i+\mu_j}|i\rangle\delta_{ij}\langle j| = \sum_i e^{\mu_i+\lambda_i}|i\rangle\langle i|$$

$$e^{A+B} = e^{\sum_i \lambda_i|i\rangle\langle i| + \sum_i \mu_i|i\rangle\langle i|} = e^{\sum_i \lambda_i+\mu_i|i\rangle\langle i|} = \sum_i e^{\mu_i+\lambda_i}|i\rangle\langle i|$$

因此 $\exp(A)\exp(B) = \exp(A+B)$。

例 4.5 证明式(4-9)定义的算子

$$U(t_1,t_2) \equiv \exp\left[\frac{-iH(t_2-t_1)}{h}\right]$$

是幺正的。

已知式(4-9)中 H 为厄米算子,故 H 可谱分解且特征值为实数,即 $H = \sum_E E|E\rangle\langle E|$,$E$ 为实数。则

$$U(t_1,t_2) = \sum_E \exp\left[\frac{-iE(t_2-t_1)}{\hbar}|E\rangle\langle E|\right]$$

$$U^{\dagger}(t_1,t_2) = \sum_E \exp\left[\frac{iE(t_2-t_1)}{\hbar}|E\rangle\langle E|\right]$$

所以 $U(t_1,t_2)U^{\dagger}(t_1,t_2) = U^{\dagger}(t_1,t_2)U(t_1,t_2) = \sum_E e^0|E\rangle\langle E| = \sum_E |E\rangle\langle E| = I$,即得算子 $U(t_1,t_2)$ 是幺正的。

例 4.6 利用谱分解证明 $K = -i\lg(U)$ 对任意幺正算子 U 都是厄米的,于是 $U = \exp(iK)$ 对某个厄米的 K 成立。

设 U 是任意幺正算子,所以 U 可以谱分解,即 $U = \sum_j \lambda_j|j\rangle\langle j|$,且 $|\lambda_j|=1$。

设 $\lambda_j = e^{i\theta_j}$,$\theta_j \in R$,则

$$K = -i\ln(U) = -i\sum_j (\ln e^{i\theta_j})|j\rangle\langle j| = -i\sum_j i\theta_j|j\rangle\langle j| = \sum_j \theta_j|j\rangle\langle j|,$$

$K^{\dagger} = K = \sum_j \theta_j|j\rangle\langle j|$,所以 $K^{\dagger}K = KK^{\dagger}$。因此,$K$ 对任意幺正的 U 都是厄米的。这里 $U = e^{iK} = e^{i(-i\ln(U))}$ 对某个厄米的 K 成立。

在量子计算与量子信息中常用到以下说法,把一个幺正算子应用到一个特定的量子系统上。例如,在量子线路情况下,可能说把幺正门 X 应用到一个单量子比特上。这是否和假设 2 相矛盾呢?

一束激光聚焦在一个原子上的情形就是这样的例子。经过实验,可以写出描述整个原子-激光系统的 Hamilton 量。只考虑原子的效应而写出的原子-激光系统的 Hamilton 量时,原子状态向量实际可以用另一个 Hamilton 量原子 Hamilton 量近似,但不是完全描述。原子 Hamilton 量包含和激光密度以及激光其他参数有关的项,可按需要改变这些量。尽管原子不是一个封闭系统,原子的演化像是可按需要改变的 Hamilton 量描述似的。更一般地,对许多这类系统实际上可以写出量子系统的一个时变 Hamilton 量,即 Hamilton 量不是常量,而是按照置于实验者控制下,在实验过程中可以改变的某些参数变化的。于是,虽然系统是不封闭的,但在很好的近似程度上,是按照具有时变 Hamilton 量的 Schrödinger 方程演化。

在设封闭量子系统按幺正算子演化的假设下,尽管系统演化可以不与世界其他部分相互作用,但是一定有某些时刻,实验者和实验设备即外部物理世界,需要通过观察系统了解系统内部的情况。这个观测作用使系统不再封闭,即不再服从幺正演化。为了描述量子系统的测量,引入了假设 3。

4.1.3 假设 3:量子测量

假设 3 量子测量由一组测量算子 $\{M_m\}$ 描述,这些算子作用在被测系统状态空间上,指标 m 表示实验中可能的测量结果。若在测量前,量子系统的最新状态是 $|\psi\rangle$,则结果 m 发生的可能性由

$$p(m) = \langle \psi | M_m^\dagger M_m | \psi \rangle \tag{4-10}$$

给出,且测量后系统的状态为:

$$\frac{M_m | \psi \rangle}{\sqrt{\langle \psi | M_m^\dagger M_m | \psi \rangle}} \tag{4-11}$$

测量算子满足完备性方程

$$\sum_m M_m^\dagger M_m = I \tag{4-12}$$

完备性方程表达了概率之和为 1 的事实:

$$1 = \sum_m P(m) = \sum_m \langle \psi | M_m^\dagger M_m | \psi \rangle \tag{4-13}$$

该方程对所有 $|\psi\rangle$ 成立,等价于完备性方程。然而,直接检验完备性方程要容易得多,这就是其出现在假设叙述中的原因。

测量的一个简单但重要的例子是,单量子比特在计算基下的测量,这是在单量子比特上的测量,有由两个测量算子 $M_0 = |0\rangle\langle 0|$ 和 $M_1 = |1\rangle\langle 1|$ 定义的两个结果。注意到每个测量算子都是厄米的,并且 $M_0^2 = M_0$,$M_1^2 = M_1$,于是满足完备性关系,$I = M_0^\dagger M_0 + M_1^\dagger M_1 = M_0 + M_1$。假设被测状态是 $a|0\rangle + b|1\rangle$,则获得测量结果 0 的概率是

$$P(0) = \langle \psi | M_0^\dagger M_0 | \psi \rangle = \langle \psi | M_0 | \psi \rangle = |a|^2 \tag{4-14}$$

类似地,获得测量结果 1 的概率是 $P(1) = |b|^2$。两种情况下测量后的状态分别为:

$$\frac{M_0 | \psi \rangle}{|a|} = \frac{a}{|a|} |0\rangle \tag{4-15}$$

$$\frac{M_1 | \psi \rangle}{|b|} = \frac{b}{|b|} |1\rangle \tag{4-16}$$

像 $a/|a|$ 这样的模为 1 的倍数实际上可忽略,因此测后有效状态实际上是 $|0\rangle$ 和 $|1\rangle$。

假设 3 是基本假设。测量设备是量子力学系统，因此被测量子系统和测量设备是更大的孤立量子系统的一部分。

例 4.7（串联的测量等于单次测量） 设 $\{L_l\}$ 和 $\{M_m\}$ 是两组测量算子，证明先经过由一个测量算子 $\{L_l\}$ 定义的测量后经过由测量算子 $\{M_m\}$ 定义的测量，在物理上等价于一个由测量算子 $\{N_{lm}\}$ 定义的单次测量，算子 $\{N_{lm}\}$ 具有表示 $N_{lm} \equiv M_m L_l$。

证明 设 $|\psi\rangle$ 是最初的量子状态。

根据假设 3，首先经过测量算子 $\{L_l\}$ 定义的测量后，得到结果 l 的可能性为 $P(l) = \langle\psi|L_l^\dagger L_l|\psi\rangle$，系统的状态 $|\varphi\rangle = \dfrac{L_l|\psi\rangle}{\sqrt{\langle\psi|L_l^\dagger L_l|\psi\rangle}}$。接下来，再经过测量算子 $\{M_m\}$ 定义的测量，则得到结果 m 的可能性为 $P(m) = \langle\varphi|M_m^\dagger M_m|\varphi\rangle = \dfrac{\langle\psi|L_l^\dagger M_m^\dagger M_m L_l|\psi\rangle}{\langle\psi|L_l^\dagger L_l|\psi\rangle}$，则经过两次测量得到的概率 $P = P(l)P(m) = \langle\psi|L_l^\dagger M_m^\dagger M_m L_l|\psi\rangle$，测量后的状态

$$|\phi\rangle = \frac{M_m|\varphi\rangle}{\sqrt{\langle\varphi|M_m^\dagger M_m|\varphi\rangle}} = \frac{M_m\dfrac{L_l|\psi\rangle}{\sqrt{\langle\psi|L_l^\dagger L_l|\psi\rangle}}}{\sqrt{\dfrac{\langle\psi|L_l^\dagger M_m^\dagger M_m L_l|\psi\rangle}{\langle\psi|L_l^\dagger L_l|\psi\rangle}}} = \frac{M_m L_l|\psi\rangle}{\sqrt{\langle\psi|L_l^\dagger M_m^\dagger M_m L_l|\psi\rangle}}$$

由测量算子 $\{N_{lm}\}$ 定义的单次测量，$N_{lm} \equiv M_m L_l$，则 $P = \langle\psi|N_{lm}^\dagger N_{lm}|\psi\rangle = \langle\psi|L_l^\dagger M_m^\dagger M_m L_l|\psi\rangle$。

下面验证测量算子的完备性关系，由 $\sum\limits_l L_l^\dagger L_l = I$，$\sum\limits_m M_m^\dagger M_m = I$，则

$$\sum_{lm} N_{lm}^\dagger N_{lm} = \sum_{lm} L_l^\dagger M_m^\dagger M_m L_l = \sum_l L_l^\dagger \left(\sum_m M_m^\dagger M_m\right)L_l = \sum_l L_l^\dagger L_l = I.$$

1. 区分量子状态

假设 3 的一个重要应用是区分量子状态，在经典世界里，研究对象的不同状态至少原则上常常是可以区分的。例如，至少在理想情况下总可以知道硬币是正面还是反面向上，而在量子力学中，只有正交状态才能够可靠区分。

像量子计算与量子信息中许多其他概念一样，不可区分性通过一个包括 Alice 和 Bob 的双方游戏的类比来说明，这最容易理解。Alice 从两人都知道的某个固定状态集合中选择一个状态 $|\psi_i\rangle$（$1\leqslant I\leqslant n$），她把 $|\psi_i\rangle$ 交给 Bob，Bob 的任务是找出 Alice 给他状态的指标 i。

设状态集 $|\psi_i\rangle$ 是正交的，于是 Bob 可以通过下面的过程做一个量子测量，来区分这些状态。对每个指标 i 定义测量算子 $M_i \equiv |\psi_i\rangle\langle\psi_i|$，再定义一个测量算子 M_0 为半正定算子 $I - \sum\limits_{i\neq 0}|\psi_i\rangle\langle\psi_i|$ 的非负平方根。这些算子满足完备性关系，并且如果

状态是 $|\psi_i\rangle$，那么 $P(i)=\langle\psi_i|M_i|\psi_i\rangle=1$，测量结果肯定是 i。因此，可以可靠地区分正交状态集 $|\psi_i\rangle$。

与之对照，如果状态集 $|\psi_i\rangle$ 不是正交的，那么可以证明没有量子测量可以区分这些状态，思路是 Bob 做一个由测量算子 M_j 和输出 j 描述的测量。Bob 根据测量结果，用某些规则 $i=f(j)$ 来猜测指标 i，其中 $f(j)$ 表述猜测规则。Bob 不能区分非正交状态 $|\psi_1\rangle$ 和 $|\psi_2\rangle$ 的关键原因是，$|\psi_2\rangle$ 可以分解出一个平行于 $|\psi_1\rangle$ 的（非零）分量和一个正交于 $|\psi_1\rangle$ 的分量。设 j 是使 $f(j)=1$ 的测量结果，即当观察到 j 时，Bob 猜测状态是 $|\psi_1\rangle$，但由于 $|\psi_2\rangle$ 有分量平行于 $|\psi_1\rangle$，当状态是 $|\psi_2\rangle$ 时，Bob 就有不为零的概率得到 j，于是有时 Bob 会误判状态。

定理 4.1 非正交状态不能可靠区分。

假设可区分非正交状态 $|\psi_1\rangle$ 和 $|\psi_2\rangle$。如果状态是 $|\psi_1\rangle$（$|\psi_2\rangle$），那么测量到 j 使 $f(j)=1$（$f(j)=2$）的概率必为 1。定义 $E_i\equiv\sum\limits_{j:f(j)=i}M_j^\dagger M_j$，那么这些观察可以写作 $\langle\psi_1|E_1|\psi_1\rangle=1,\langle\psi_2|E_2|\psi_2\rangle=1$。由于 $\sum\limits_i E_i=I$，故 $\sum\limits_i\langle\psi_1|E_i|\psi_1\rangle=1$，而由于 $\langle\psi_1|E_1|\psi_1\rangle=1$，故必有 $\langle\psi_1|E_2|\psi_1\rangle=0$，于是 $\sqrt{E_2}|\psi_1\rangle=0$。

设有分解 $|\psi_2\rangle=\alpha|\psi_1\rangle+\beta|\varphi\rangle$，其中 $|\varphi\rangle$ 与 $|\psi_1\rangle$ 正交，$|\alpha|^2+|\beta|^2=1$，且 $|\beta|<1$，因为 $|\psi_1\rangle$ 和 $|\psi_2\rangle$ 非正交，于是 $\sqrt{E_2}|\psi_2\rangle=\beta\sqrt{E_2}|\varphi\rangle$。因为

$$\langle\psi_2|E_2|\psi_2\rangle=|\beta|^2\langle\varphi|E_2|\varphi\rangle\leqslant|\beta|^2<1$$

所以产生矛盾。原假设不成立，非正交状态不能可靠区分。

2. 投影测量

投影测量是假设 3 的一个重要特例。当增加了假设 2 中描述的幺正变换的能力后，投影测量实际上等价于一般测量假设。

投影测量由被观测系统状态空间上的一个可观测量厄米算子 M 描述。该可观测量具有谱分解

$$M=\sum_m mP_m \tag{4-17}$$

其中，P_m 是到特征值 m 的本征空间 M 上的投影。测量的可能结果对应于测量算子的特征值 m。测量状态 ψ 时，得到结果 m 的概率为 $P(m)=\langle\psi|P_m|\psi\rangle$，给定测量结果 m，测量后量子系统的状态立即为 $\dfrac{P_m|\psi\rangle}{\sqrt{P(m)}}$。

投影测量可以视为假设 3 的特殊情况。设假设 3 中的测量算子除了满足完备性关系 $\sum\limits_m M_m^\dagger M_m=I$，还满足 M_m 是正交投影算子的条件，即 M_m 是厄米的，且 $M_m M_{m'}=$

$\delta_{m,m'} M_m$,有了这些附加限制,假设 3 退化为刚刚定义的投影测量。

投影测量具有许多好的性质,特别地,很容易计算投影测量的平均值。由定义,测量的平均值是

$$E(M) = \sum_m mP(m) = \sum_m m\langle\psi|P_m|\psi\rangle = \left\langle\psi\left|\left(\sum_m mP_m\right)\right|\psi\right\rangle = \langle\psi|M|\psi\rangle$$

$$(4\text{-}18)$$

这是一个非常有用的公式,可以简化许多计算。可观测量 M 的平均值常写作

$$\langle M\rangle \equiv \langle\psi|M|\psi\rangle$$

从这个平均值公式可导出与观测 M 相联系的标准偏差的一个公式

$$[\Delta(M)]^2 = \langle(M-\langle M\rangle)^2\rangle = \langle M^2\rangle - \langle M\rangle^2 \qquad (4\text{-}19)$$

标准差是测量 M 的观测值典型分散程度的一个度量。特别地,如果进行大量状态为 $|\psi\rangle$ 观测的 M 实验,那么观测值的标准差 $[\Delta(M)]^2$ 由公式 $[\Delta(M)]^2 = \langle M^2\rangle - \langle M\rangle^2$ 决定。

例 4.8 设量子系统处在可观测量 M 的某个本征态 $|\psi\rangle$,相应的特征值为 m,求平均观测值和标准差。

由已知条件可知 $M|\psi\rangle = m|\psi\rangle$,平均观测值 $E(M) = \langle\psi|M|\psi\rangle = \langle\psi|m|\psi\rangle = m\langle\psi|\psi\rangle = m$。

因为 $\langle M^2\rangle = \langle\psi|M^2|\psi\rangle = \langle\psi|MM|\psi\rangle = m\langle\psi|M|\psi\rangle = m^2\langle\psi|\psi\rangle = m^2$,所以标准差 $[\Delta(M)] = \sqrt{\langle M^2\rangle - \langle M\rangle^2} = \sqrt{m^2 - m^2} = 0$。

通用的描述投影测量的方法有两种。一种是列出一组满足关系 $\sum_m P_m = I$ 和 $P_m P_{m'} = \delta_{mm'} P_m$ 的正交投影算子 P_m,这种做法的相应观测量为 $M = \sum_m mP_m$。另一种是广泛采用术语"在基 $|m\rangle$ 下测量",其中 $|m\rangle$ 构成标准正交基,就是指进行使用投影 $P_m = |m\rangle\langle m|$ 的投影测量。

一个单量子比特上投影测量的例子。首先是可观测量 Z 的测量,其特征值是 $+1$ 和 -1,相应的特征向量是 $|0\rangle$ 和 $|1\rangle$。于是,例如,测量 Z 对状态 $|\psi\rangle = (|0\rangle + |1\rangle)/\sqrt{2}$,得到结果 $+1$ 的概率为 $\langle\psi|0\rangle\langle0|\psi\rangle = 1/2$,类似地得到结果 -1 的概率为 $1/2$。更一般地,设 v 是任意 3 维实向量,则可以定义观测量

$$v \cdot \sigma \equiv v_1\sigma_1 + v_2\sigma_2 + v_3\sigma_3 \qquad (4\text{-}20)$$

这个观测量的测量由于历史原因有时称为对自旋沿 v 轴的测量。下面两个例子中将得到该测量的一些初等但很重要的性质。

例 4.9 设量子比特处于 $|0\rangle$ 态,且测量可观测量 X,求 X 的平均值和标准差。

由

$$X = \sum_m mP_m = |+\rangle\langle+| - |-\rangle\langle-|$$

$$= \frac{1}{2}(|0\rangle+|1\rangle)(\langle0|+\langle1|) - \frac{1}{2}(|0\rangle-|1\rangle)(\langle0|-\langle1|)$$

$$= \frac{1}{2}[(|0\rangle\langle0|+|1\rangle\langle0|+|0\rangle\langle1|+|1\rangle\langle1|) - (|0\rangle\langle0|-|1\rangle\langle0|-|0\rangle\langle1|+|1\rangle\langle1|)]$$

$$= |1\rangle\langle0|+|0\rangle\langle1|$$

计算可得平均值

$$\langle X\rangle = \langle0|(|+\rangle\langle+|-|-\rangle\langle-|)|0\rangle = \langle0|(|1\rangle\langle0|+|0\rangle\langle1|)|0\rangle$$

$$= \langle0|1\rangle\langle0|0\rangle + \langle0|0\rangle\langle1|0\rangle = \langle0|1\rangle + \langle1|0\rangle = 0$$

$$X^2 = XX = (|1\rangle\langle0|+|0\rangle\langle1|)(|1\rangle\langle0|+|0\rangle\langle1|)$$

$$= |1\rangle\langle0|1\rangle\langle0| + |0\rangle\langle1|1\rangle\langle0| + |1\rangle\langle0|0\rangle\langle1| + |0\rangle\langle1|0\rangle$$

$$= |0\rangle\langle0| + |1\rangle\langle1|$$

$$\langle X^2\rangle = \langle0|X^2|0\rangle = \langle0|(|0\rangle\langle0|+|1\rangle\langle1|)|0\rangle = \langle0|0\rangle\langle0|0\rangle + \langle0|1\rangle\langle1|0\rangle = 1$$

所以标准差 $[\Delta(X)] = \sqrt{\langle X^2\rangle - \langle X\rangle^2} = 1$。

例 4.10 证明 $\boldsymbol{v}\cdot\boldsymbol{\sigma}$ 的特征值是 ±1,且按相应本征空间的投影分别是 $P_\pm = (I \pm v\cdot\sigma)/2$。

已知 $\boldsymbol{v}\cdot\boldsymbol{\sigma} \equiv v_1\sigma_x + v_2\sigma_y + v_3\sigma_z$

$$= v_1\begin{pmatrix}0&1\\1&0\end{pmatrix} + v_2\begin{pmatrix}0&-i\\i&0\end{pmatrix} + v_3\begin{pmatrix}1&0\\0&-1\end{pmatrix} = \begin{pmatrix}v_3 & v_1-iv_2\\v_1+iv_2 & -v_3\end{pmatrix}$$

由 $|\boldsymbol{v}\cdot\boldsymbol{\sigma} - \lambda| = 0$ 可得,$\lambda^2 - (v_3{}^2 + v_2{}^2 + v_1{}^2) = 0$,那么 $\lambda = \pm\sqrt{v_3{}^2 + v_2{}^2 + v_1{}^2} = \pm1$,所以 $\boldsymbol{v}\cdot\boldsymbol{\sigma}$ 的特征值为 ±1。

由可观测量 $M = \sum_m mP_m$,$\boldsymbol{v}\cdot\boldsymbol{\sigma} = 1P_+ + (-1)P_-$,以及完备性关系:$P_+ + P_- = I$,所以 $P_+ = (I + \boldsymbol{v}\cdot\boldsymbol{\sigma})/2, P_- = (I - \boldsymbol{v}\cdot\boldsymbol{\sigma})/2$。

例 4.11 假设测量之前的状态是 $|0\rangle$,计算对测量算子 $\boldsymbol{v}\cdot\boldsymbol{\sigma}$ 得到 $+1$ 的概率,求得到 $+1$ 后的系统状态。

由例 4.10 结论可知 $\boldsymbol{v}\cdot\boldsymbol{\sigma} = 1P_+ + (-1)P_-$,其中 $P_+ = (I + \boldsymbol{v}\cdot\boldsymbol{\sigma})/2$,则

$$P(+1) = \langle0|P_+|0\rangle = \left\langle0\left|\frac{(I+\boldsymbol{v}\cdot\boldsymbol{\sigma})}{2}\right|0\right\rangle = \frac{1}{2}(\langle0|I|0\rangle + \langle0|\boldsymbol{v}\cdot\boldsymbol{\sigma}|0\rangle)$$

$$= \frac{1}{2}(\langle0|0\rangle + \langle0|v_1\sigma_x + v_2\sigma_y + v_3\sigma_z|0\rangle)$$

$$= \frac{1}{2}(\langle0|0\rangle + \langle0|v_1\sigma_x|0\rangle + \langle0|v_2\sigma_y|0\rangle + \langle0|v_3\sigma_z|0\rangle)$$

$$= \frac{1}{2}(\langle0|0\rangle + \langle0|v_1|1\rangle + i\langle0|v_2|1\rangle + \langle0|v_3|0\rangle)$$

$$= \frac{1}{2}(\langle0|0\rangle + v_1\langle0|1\rangle + iv_2\langle0|1\rangle + v_3\langle0|0\rangle) = \frac{1}{2}(1+v_3)$$

即得到 $+1$ 的概率为 $\frac{1}{2}(1+v_3)$。得到 $+1$ 后系统的状态为：

$$|\Phi\rangle = \frac{P_+|0\rangle}{\sqrt{p(+1)}} = \frac{\frac{(I+\boldsymbol{v}\cdot\boldsymbol{\sigma})}{2}|0\rangle}{\sqrt{\frac{1}{2}(1+v_3)}}$$

$$= \frac{\frac{1}{2}(|0\rangle + v_1|1\rangle + iv_2|1\rangle + v_3|0\rangle)}{\sqrt{\frac{1}{2}(1+v_3)}}$$

$$= \frac{(1+v_3)|0\rangle + (v_1+iv_2)|1\rangle}{\sqrt{2(1+v_3)}}$$

在一个量子力学系统中，一个粒子的位置和它的动量不可被同时确定。精确地知道其中一个变量的同时，必定会更不精确地知道另外一个变量。时间和能量之间，也存在类似的关系。测不准原理突破了经典物理学关于所有物理量原则上可以同时确定的观念。下面具体介绍著名的海森堡测不准原理。

海森堡(Heisenberger)测不准原理 设 A 和 B 是两个厄米算子，而 $|\psi\rangle$ 是一个量子状态，设 $\langle\psi|AB|\psi\rangle = x+iy$，其中 x 和 y 是实数。则

$$|\langle\psi|[A,B]|\psi\rangle|^2 \leqslant 4\langle\psi|A^2|\psi\rangle\langle\psi|B^2|\psi\rangle \tag{4-21}$$

注意 $\langle\psi|[A,B]|\psi\rangle = 2iy$ 和 $\langle\psi|\{A,B\}|\psi\rangle = 2x$，这蕴含

$$|\langle\psi|[A,B]|\psi\rangle|^2 + |\langle\psi|\{A,B\}|\psi\rangle|^2 = 4|\langle\psi|AB|\psi\rangle|^2 \tag{4-22}$$

由 Cauchy-Schwarz 不等式 $|\langle\psi|AB|\psi\rangle|^2 \leqslant \langle\psi|A^2|\psi\rangle\langle\psi|B^2|\psi\rangle$，结合式(3-22)并去掉非负项，给出

$$|\langle\psi|[A,B]|\psi\rangle|^2 \leqslant 4\langle\psi|A^2|\psi\rangle\langle\psi|B^2|\psi\rangle \tag{4-23}$$

设 C 和 D 是两个可观测量，以 $A=C-\langle C\rangle$ 和 $B=D-\langle D\rangle$ 代入式(4-23)，得到 Heisenberger 测不准原理的常见形式如下：

$$\Delta(C)\Delta(D) \geqslant \frac{|\langle\psi|[C,D]|\psi\rangle|}{2} \tag{4-24}$$

对于测不准原理的一种常见的误解，即认为观测 C 精确到 $\Delta(C)$，会引起 D 的值受到大小为 $\Delta(D)$ 的干扰，$\Delta(D)$ 满足类似于式(4-24)的某种关系。虽然量子力学中的测量会干扰被测系统，但这绝对不是测不准原理的含义。

测不准原理的正确解释是：如果制备大量具有相同状态 $|\psi\rangle$ 的量子系统，并对一部分系统测量 C，另一部分系统测量 D，那么 C 的结果的标准偏差 $\Delta(C)$ 乘以 D 的结果的标准偏差 $\Delta(D)$ 将满足不等式(4-24)。

例如，考虑采用测量算子 X 和 Y 对量子状态 $|0\rangle$ 下测量时的可观测量 X 和 Y，

可得

$$\Delta(X)\Delta(Y) \geqslant \left| \frac{\langle 0|[X,Y]|0\rangle}{2} \right| = \frac{|\langle 0|2iZ|0\rangle|}{2} = \langle 0|Z|0\rangle = 1 \qquad (4\text{-}25)$$

一个基本结论是如直接计算可以验证的,$\Delta(X)$ 和 $\Delta(Y)$ 一定都严格大于 0。

3. POVM 测量

量子测量假设,即假设 3,涉及两个要素。首先,它给出一个描述测量统计特性的规则,即分别得到不同测量结果的概率;其次,它给出描述测量后系统状态的规则。不过,对某些应用,系统测量后的状态几乎没有什么意义,主要关心的是系统得到不同结果的概率。例如,仅在结束阶段对系统进行一次测量的实验就是这种情况。称为 POVM 形式体系的数学工具特别适合于分析在这类情况的测量结果,该形式体系是测量假设 3 一般描述的简单结论,但 POVM 理论非常优美并且应用广泛,故值得在此特别讨论。

设测量算子 M 在状态为 $|\psi\rangle$ 的量子系统上进行测量,则得到结果 m 的概率由 $p(m) = \langle\psi|M_m^\dagger M_m|\psi\rangle$ 给出。如果定义

$$E_m \equiv M_m^\dagger M_m \qquad (4\text{-}26)$$

则根据假设 3 和初等线性代数可知,E_m 是满足 $\sum_m E_m = I$ 和 $p(m) = \langle\psi|E_m|\psi\rangle$ 的半正定算子,于是算子集合 E_m 足以确定不同测量结果的概率,算子 E_m 称为与测量相联系的 POVM 元,完整的集合 $\{E_m\}$ 称为一个 POVM。

由测量算子 P_m 描述的投影测量,其中 P_m 是满足 $P_m P_{m'} = \delta_{mm'} P_m$ 和 $\sum_m P_m = I$ 的投影算子,就是 POVM 的例子。在此例中(且仅对此例)所有的 POVM 元与测量算子本身相同,因为 $E_m \equiv P_m^\dagger P_m = P_m$。

例 4.12 证明测量算子和 POVM 元一致的任何测量都是投影测量。

设测量算子为 $\{M_k\}$,则 POVM 元 $E_k = M_k = M_k^\dagger M_k$ 且为半正定算子,那么 $E_k^\dagger = M_k^\dagger (M_k^\dagger)^\dagger = E_k^\dagger E_k$,可得 $E_k = E_k^\dagger$,因此 $E_k = M_k$ 为厄米算子。

又 $M_k = M_k^\dagger M_k = M_k^2$,谱分解为 $M_k = \sum_i \lambda_{ik}|i_k\rangle\langle i_k|$,$M_k^2 = \sum_i \lambda_{ik}^2|i_k\rangle\langle i_k|$,则 $\lambda_{ik} = \lambda_{ik}^2$,所以 $\lambda_{ik} = 1$ 或 0。

因为 $M_k = \sum_i |i_k\rangle\langle i_k|$,$M_{k'} = \sum_i |i_{k'}\rangle\langle i_{k'}|$,那么 $M_k M_{k'} = \sum_i |i_k\rangle\langle i_k| = \delta_{k'k} M_k$,得到测量 $\{M_k\}$ 为投影测量。

定义 $M_m \equiv \sqrt{E_m}$,则 $\sum_m M_m^\dagger M_m = \sum_m E_m = I$。故集合 M_m 描述了一个具有 POVM $\{E_m\}$ 的测量,出于这个原因,把 POVM 定义为任意满足如下条件的算子集合

$\{E_m\}$ 是方便的：①每个算子 E_m 是半正定的；②表达概率和为1的完备性 $\sum\limits_m E_m = I$ 成立。为完成POVM的描述，再次注意对给定的POVM $\{E_m\}$，得到结果 m 的概率由 $p(m) = \langle \psi | E_m | \psi \rangle$ 给出。

曾把投影测量看作POVM的例子，但因为没有从中获得新的东西，所以并不太令人兴奋。下面用更复杂的例子说明POVM形式体系在量子计算与量子信息中作为向导的作用。设 Alice 交给 Bob 处于 $| \psi_1 \rangle = | 0 \rangle$ 或 $| \psi_2 \rangle = (| 0 \rangle + | 1 \rangle)/\sqrt{2}$ 两状态之一的量子比特。如前文所述，Bob 不可能完全可靠地确定他得到的是 $| \psi_1 \rangle$ 还是 $| \psi_2 \rangle$，但他可以进行一项只在某些时候区分状态但永远不误判状态的测量。考虑由三个元素构成的POVM：

$$E_1 \equiv \frac{\sqrt{2}}{1+\sqrt{2}} | 1 \rangle \langle 1 |$$

$$E_2 \equiv \frac{\sqrt{2}}{1+\sqrt{2}} \frac{(| 0 \rangle - | 1 \rangle)(\langle 0 | - \langle 1 |)}{2}$$

$$E_3 \equiv I - E_1 - E_2 \tag{4-27}$$

首先，从数学上看，一般测量在某种意义下更简单，因为涉及测量算子的限制较少。例如，对一般测量，没有像对投影测量的 $P_i P_j = \delta_{ij} P_i$ 条件那样的限制，这个简化的结构也带给一般测量许多投影测量所不具备的有用性质。其次，量子计算与量子信息中存在的重要问题（如区分一组量子状态的最优方式）的答案涉及一般测量，而不是投影测量。

选择从假设3开始的第三个理由和投影测量的一个称为可重复性的性质有关。投影测量在如下意义下可以重复：若进行一次投影测量，得到结果 m，重复测量会再次得到 m 而不会改变状态。为明确这一点，设 $| \psi \rangle$ 为初态，第一次测量后的状态是 $| \psi_m \rangle = (P_m | \psi \rangle)/\sqrt{\langle \psi | P_m | \psi \rangle}$，应用 P_m 到 $| \psi_m \rangle$ 并不会改变它，于是有 $\langle \psi_m | P_m | \psi_m \rangle = 1$，故重复测量每次都得到 m，且不改变状态。可以直接验证这些半正定算子满足完备性关系 $\sum\limits_m E_m = I$，因此构成合格的POVM。

投影测量的可重复性提示，量子力学中的许多重要测量不是投影测量。例如，如果用涂有银的屏去测量光子的位置，就在测量过程中毁灭了光子，这当然使重复测量光子位置成为不可能！许多其他量子测量在与投影测量相同的意义下也是不可重复的，对这些测量就必须采用假设3的一般测量假设了。POVM处在什么样的理论位置？最好将POVM视为研究一般测量的统计特性提供最简单的方法，而不需要知道测量后状态的特殊测量，它有时可以为量子测量的研究提供额外的灵感的方便的数学工具。

设 Bob 收到的是状态 $|\psi_1\rangle = |0\rangle$,他进行 POVM$\{E_1, E_2, E_3\}$ 描述的测量。得到结果 E_1 的概率是 0,因为 E_1 使 $\langle\psi_1|E_1|\psi_1\rangle = 0$。于是,如果测量的结果是 E_1,那么 Bob 有把握得出,他收到的是 $|\psi_2\rangle$;同理,如果测量的结果是 E_2,那么 Bob 收到的必为 $|\psi_1\rangle$;有时 Bob 可能测得 E_3,他就不能对所收到的状态做出任何判断,不过关键在于 Bob 永远不会对所收到的状态作出误判,这个不错性是以有时 Bob 得不到判别状态的信息为代价的。

这个简单的例子说明在仅关心测量统计的情况下,POVM 形式体系是对量子测量的认识的简单直观途径。在本书后面的许多场合中,将只关心测量的统计,因此会用 POVM 测量而不是假设 3 的一般测量。

例 4.13 设测量由测量算子组 M_m 给出,证明存在幺正算子组 U_m,使得 $M_m = U_m\sqrt{E_m}$,其中 E_m 是与测量相联系的 POVM。

证明 根据极式分解定理,测量算子组 M_m 存在幺正算子 U_m 和半正定算子 J_m 使得 $M_m = U_m J_m$ 成立。设 $E_m = J_m^2 = J_m^\dagger J_m$,则 E_m 为半正定算子。

$U_m^\dagger M_m = U_m^\dagger U_m J_m = J_m$,$J_m = \sqrt{E_m} = U_m^\dagger M_m$,则 $M_m = U_m J_m = U_m\sqrt{E_m}$。

所以 $\sum_m E_m = \sum_m J_m^\dagger J_m = \sum_m M_m^\dagger U_m U_m^\dagger M_m = \sum_m M_m^\dagger M_m = I$。

例 4.14 设 Bob 收到一个从线性无关组 $|\psi_1\rangle, \cdots, |\psi_m\rangle$ 中选出的量子状态,构造一个 POVM$\{E_1, E_2, \cdots, E_{m+1}\}$,使得如果结果是 E_i,$1 \leqslant i \leqslant m$,则 Bob 可以确认他收到的是状态 $|\psi_i\rangle$(POVM 必须使对每个 i,$\langle\psi_i|E_i|\psi_i\rangle > 0$)。

构造一组 $\{E_i\}$,使得 $\langle\psi_i|E_i|\psi_i\rangle > 0$,且 $\langle\psi_j|E_i|\psi_j\rangle = 0$。构造过程如下:对于每个指标 i,取向量 $|\psi_i\rangle$ 补空间的一个向量 $|\varphi_i\rangle$,使得除去 $|\psi_i\rangle$ 以外,$|\varphi_i\rangle$ 与集合 $\{|\psi_1\rangle, \cdots, |\psi_m\rangle\}$ 中的每一个向量都正交。但 $\langle\varphi_i|\psi_i\rangle > 0$,则定义测量算子 $E_i = |\varphi_i\rangle\langle\varphi_i|$,$1 \leqslant i \leqslant m$。再定义一个测量算子 E_{m+1} 为半正定算子 $I - \sum_i |\varphi_i\rangle\langle\varphi_i|$ 的非负平方根,显然算子 $E_1, E_2, \cdots, E_{m+1}$ 中的每个算子 E_i 都是半正定的,且满足完备性关系。则对状态 $|\psi_i\rangle$,有 $P(i) = \langle\psi_i|E_i|\psi_i\rangle > 0$ 且 $P(i) = \langle\psi_j|E_i|\psi_j\rangle = 0$。

4. 相位

相位是量子力学中的常用术语,依据上下文具有几个不同的含义。下面概括一下这些含义。

(1) 全局相位

第一类相位称为全局相位。第 2 章介绍量子比特的时候,介绍了量子比特的一个表示为 $|\psi\rangle = e^{i\gamma}\left(\cos\dfrac{\theta}{2}|0\rangle + e^{i\varphi}\sin\dfrac{\theta}{2}|1\rangle\right)$,其中 θ, φ, γ 都是实数。在第 2 章也提

到括号外的 $e^{i\gamma}$ 可以略去,因为它不具有任何可观测的效应,因此给出量子比特更简洁的形式为 $|\psi\rangle = \cos\dfrac{\theta}{2}|0\rangle + e^{i\varphi}\sin\dfrac{\theta}{2}|1\rangle$。这里的 $e^{i\gamma}$ 就是全局相位因子。当时并未进一步证明和解释。

实际上,对于状态 $e^{i\gamma}|\psi\rangle$ 与 $|\psi\rangle$,其中 $|\psi\rangle$ 是状态向量,θ 是实数。无论选择怎样的测量算子 M_m,得到测量结果是 m 的概率分别为 $\langle\psi|M_m^\dagger M_m|\psi\rangle$ 和 $\langle\psi|e^{-i\gamma}M_m^\dagger M_m e^{i\gamma}|\psi\rangle$。容易计算 $\langle\psi|e^{-i\gamma}M_m^\dagger M_m e^{i\gamma}|\psi\rangle = \langle\psi|M_m^\dagger M_m|\psi\rangle$。

从观察的角度,这两个状态测量结果相同,得到相同结果的概率也是一样的。所以,这两个状态是等同的。因此,状态的测量结果与物理系统的可观测性质无关,可以忽略全局相位因子,因为除全局相位因子 $e^{i\gamma}$ 外,状态 $e^{i\gamma}|\psi\rangle$ 与 $|\psi\rangle$ 相等。

(2) 相对相位

第二类相位称为相对相位,考虑状态 $\dfrac{|0\rangle+|1\rangle}{\sqrt{2}}$ 和 $\dfrac{|0\rangle-|1\rangle}{\sqrt{2}}$。第一个状态中 $|1\rangle$ 的幅度是 $1/\sqrt{2}$,第二个状态中幅度是 $-1/\sqrt{2}$,两种情况的幅度的大小是一样的,但符号不同。更一般地,两个幅度 A 和 B,相差一个相对相位,如果存在实数 θ,使得 $a = \exp(i\theta)b$,如果在此基下的每个幅度都由一个相位因子联系,称两个状态在某一个基下,差一个相对相位。例如,上述两个状态除了一个相对相移之外是一致的,因为 $|0\rangle$ 的幅度一致(相对相位因子为 1),而 $|1\rangle$ 的幅度仅差一个相对相位因子 -1。因此,相对相位依赖基选择。在某一个基下,只有相对相位不同的状态具有物理可观测的统计差别。

例 4.15 在一个基下把状态 $\dfrac{1}{\sqrt{2}}(|0\rangle+|1\rangle)$ 和 $\dfrac{1}{\sqrt{2}}(|0\rangle-|1\rangle)$ 表示成精确到差一个相对相移。

因为 $\dfrac{1}{\sqrt{2}}(|0\rangle+|1\rangle) = |+\rangle = |+\rangle + 0|-\rangle$,$\dfrac{1}{\sqrt{2}}(|0\rangle-|1\rangle) = |-\rangle = 0|+\rangle + |-\rangle$,所以在基 $\{|+\rangle, |-\rangle\}$ 下,上述两个状态的幅度大小不同且相对相移不同,即 $a = \exp(i\theta)b$,此时 $\theta = \pi$。

4.1.4 假设 4:复合系统

假设 4 复合物理系统的状态空间是分物理系统状态空间的张量积,若将分系统编号为 1 到 n,系统 i 的状态被置为 $|\psi_i\rangle$,则整个系统的总体状态为 $|\psi_1\rangle \otimes \cdots \otimes |\psi_n\rangle$。

如果 $|x\rangle$ 和 $|y\rangle$ 是量子系统的两个状态,那么它们的任意叠加 $\alpha|0\rangle+\beta|1\rangle$ 也应该是量子系统的一个可能状态,其中 $|\alpha|^2+|\beta|^2=1$。对于复合系统,很自然认为如果 $|A\rangle$ 是系统 A 的一个状态,$|B\rangle$ 是系统 B 的一个状态,则相应地应该有某个状态,可以记作 $|A\rangle|B\rangle$,属于联合系统 AB。应用叠加原理到这种乘积形式的状态,就得到如上提出的张量积。

投影测量加上幺正动态就可以实现一般测量,这个命题的证明要用到复合量子系统,是假设 4 作用的很好体现。设有一个状态空间为 Q 的量子系统,希望在系统 Q 上进行由测量算子 M_m 定义的测量。为此,引入状态空间为 M 的辅助系统,该系统有一个与可能得到的测量结果——对应的标准正交归一基 $|m\rangle$。这个辅助系统可以认为仅仅是一个出现在结构中的一个数学装置,也可认为是为解决问题而引入的状态空间满足要求性质的附加量子系统。

令 $|0\rangle$ 是 M 的任一固定状态,在 Q 中状态 $|\psi\rangle$ 和状态 $|0\rangle$ 的积 $|\psi\rangle|0\rangle$ 上,定义一个幺正算子 U 如下:

$$U|\psi\rangle|0\rangle \equiv \sum_m M_m|\psi\rangle|m\rangle \tag{4-28}$$

利用状态集 $|m\rangle$ 的标准正交性和完备性 $\sum_m M_m^\dagger M_m = I$,可知 U 保持形如 $|\psi\rangle|0\rangle$ 状态之间的内积,即:

$$\langle\varphi|\langle 0|U^\dagger U|\psi\rangle|0\rangle = \sum_{m,m}\langle\varphi|M_m^\dagger M_m|\psi\rangle\rangle m|m'\rangle$$
$$= \sum_m \rangle\varphi|M_m^\dagger M_m|\psi\rangle = \langle\varphi|\psi\rangle$$

U 可以扩展为空间 $Q\otimes M$ 上的幺正算子,仍记为 U。

例 4.16 设 V 是 Hilbert 空间且 W 是其子空间,设 $U:W\rightarrow V$ 是一个保持内积的线性算子,即 W 中对任意 $|\omega_1\rangle$ 和 $|\omega_2\rangle$ 有:

$$\langle\omega_1|U^\dagger U|\omega_2\rangle = \langle\omega_1|\omega_2\rangle \tag{4-29}$$

证明存在扩张 U 的幺正算子 $U':V\rightarrow V$,即对所有 W 中的 $|\omega\rangle$ 成立 $U'|\omega\rangle=U|\omega\rangle$,但 U' 定义在整个空间 V 上,通常略去符号"'",仍用 U 表示其扩张。

设 V 空间有标准正交基 $|\varphi_i\rangle$,$i=1,\cdots,n$;W 定义为 $|\varphi_i\rangle$,$i=1,\cdots,m$,$m<n$。则 V 空间中的任意 $|v\rangle = \sum_{i=1}^{n} a_i|\varphi_i\rangle$。

$$U'|v\rangle = U'(\sum_{i=1}^{n} a_i|\varphi_i\rangle) = \sum_{i=1}^{m} a_i U|\varphi_i\rangle + \sum_{i=m+1}^{n} a_i I|\varphi_i\rangle$$

令 $|v_1\rangle = \sum_{i=1}^{n} a_i|\varphi_i\rangle$,$|v_2\rangle = \sum_{j=1}^{n} b_j|\varphi_j\rangle$,则

$$\langle v_1 | U'^\dagger U' | v_2 \rangle = \left(\sum_{i=1}^{n} a_i{}^* \langle \varphi_i | \right) U'^\dagger U' \left(\sum_{j=1}^{n} b_j | \varphi_j \rangle \right)$$

$$= \sum_{i=1}^{m} \sum_{j=1}^{m} b_j a_i{}^* \langle \varphi_i | U^\dagger U | \varphi_j \rangle + \sum_{i=1}^{m} \sum_{j=m+1}^{n} b_j a_i{}^* \langle \varphi_i | U^\dagger | \varphi_j \rangle +$$

$$\sum_{i=m+1}^{n} \sum_{j=1}^{m} b_j a_i{}^* \langle \varphi_i | U | \varphi_j \rangle + \sum_{i=m+1}^{n} \sum_{j=m+1}^{n} b_j a_i{}^* \langle \varphi_i | \varphi_j \rangle$$

$$= \sum_{i=1}^{n} \sum_{j=1}^{n} b_j a_i{}^* \langle \varphi_i | \varphi_j \rangle$$

$$= \sum_{i=1}^{n} \sum_{j=1}^{n} a_i{}^* \langle \varphi_i | b_j | \varphi_j \rangle$$

$$\langle v_1 | v_2 \rangle = \left(\sum_{i=1}^{n} a_i | \varphi_i \rangle \right)^\dagger \left(\sum_{j=1}^{n} b_j | \varphi_j \rangle \right) = \sum_{i=1}^{n} a_i{}^* \left\langle \varphi_i \Big| \sum_{j=1}^{n} b_j \Big| \varphi_j \right\rangle$$

$$= \sum_{i=1}^{n} \sum_{j=1}^{n} a_i{}^* \langle \varphi_i | b_j | \varphi_j \rangle$$

所以 $\langle v_1 | U'^\dagger U' | v_2 \rangle = \langle v_1 | v_2 \rangle$。

令 U 作用于 $|\psi\rangle |0\rangle$ 后，设对两个系统进行由投影 $P_m \equiv I_Q \otimes |m\rangle\langle m|$ 描述的投影测量，结果 m 出现的概率是：

$$P(m) = \langle \psi | \langle 0 | U^\dagger P_m U | \psi \rangle | 0 \rangle$$

$$= \sum_{m', m''} \langle \psi | M_{m'}^\dagger \langle m' | (I_Q \otimes |m\rangle\langle m|) M_{m''} | \psi \rangle | m'' \rangle$$

$$= \langle \psi | M_m^\dagger M_m | \psi \rangle \tag{4-30}$$

正如假设 3 所给出的，测量后联合系统 QM 的状态依赖于测量结果 m，由下式给出：

$$\frac{P_m U | \psi \rangle | 0 \rangle}{\sqrt{\langle \psi | \rangle 0 | U^\dagger P_m U | \psi \rangle | 0 \rangle}} = \frac{M_m | \psi \rangle | m \rangle}{\sqrt{\langle \psi | M_m^\dagger M_m | \psi \rangle}} \tag{4-31}$$

系统 M 的测后状态为 $|m\rangle$，而系统 Q 的状态为：

$$\frac{M_m | \psi \rangle}{\sqrt{\langle \psi | M_m^\dagger M_m | \psi \rangle}} \tag{4-32}$$

这正如假设 3 所述。因此幺正动态、投影测量和引入辅助系统的能力结合在一起可实现假设 3 描述的任意形式的测量。

考虑双量子比特状态

$$| \psi \rangle = \frac{|00\rangle + |11\rangle}{\sqrt{2}} \tag{4-33}$$

不存在单个量子比特的状态 $|a\rangle$ 和 $|b\rangle$，使 $|\psi\rangle = |a\rangle |b\rangle$。

例 4.17 证明如式(4-28)所示的双量子比特系统的观测量 $X_1 Z_2$ 测量的平均值

为零。

$$E(X_1, Z_2) = \frac{1}{\sqrt{2}}(\langle 00| + \langle 11|)(X_1 Z_2)\frac{1}{\sqrt{2}}(|00\rangle + |11\rangle)$$

$$= \frac{1}{\sqrt{2}}(\langle 00| + \langle 11|)\frac{1}{\sqrt{2}}(X_1|0\rangle \otimes Z_2|0\rangle + X_1|1\rangle \otimes Z_2|1\rangle)$$

$$= \frac{1}{2}(\langle 00| + \langle 11|)(|10\rangle - |01\rangle)$$

$$= \frac{1}{2}(\langle 00|10\rangle + \langle 11|10\rangle - \langle 00|01\rangle - \langle 11|01\rangle) = 0$$

例 4.18 证明对任意单量子比特状态 $|a\rangle$ 和 $|b\rangle$，都有 $|\psi\rangle \neq |a\rangle|b\rangle$。

假设对任意单量子比特状态 $|a\rangle$ 和 $|b\rangle$，有 $|\psi\rangle = |a\rangle|b\rangle$ 成立。设 $|a\rangle = \alpha_1|0\rangle + \beta_1|1\rangle$，$|b\rangle = \alpha_2|0\rangle + \beta_2|1\rangle$，$\alpha_i, \beta_i$ 为复数。假设 $|\psi\rangle = |a\rangle|b\rangle = \alpha_1\alpha_2|00\rangle + \alpha_1\beta_2|01\rangle + \alpha_2\beta_1|10\rangle + \beta_1\beta_2|11\rangle$，

若使 $|\psi\rangle = \frac{1}{\sqrt{2}}(|00\rangle + |11\rangle) = |a\rangle|b\rangle$，则 $\alpha_1\alpha_2 = \beta_1\beta_2 = \frac{1}{\sqrt{2}}$，$\alpha_1\beta_2 = \alpha_2\beta_1 = 0$。

容易验证不存在同时满足该条件的 α_i, β_i。所以对任意单量子比特状态 $|a\rangle$ 和 $|b\rangle$，都有 $|\psi\rangle \neq |a\rangle|b\rangle$。

假设 4 能够定义纠缠。复合系统中不能被写作它的分系统状态的张量积的状态称为纠缠态。纠缠态在量子计算与量子信息中扮演关键角色。量子力学预言说，可以制备一种两粒子共同的量子态，其中每个粒子状态之间的关联关系不能被经典解释。这称为量子关联，这样的态被称为两粒子量子纠缠态。爱因斯坦的"相对论"指出：相互作用的传播速度是有限的，不大于光速。如果将处于纠缠态中的两个粒子分开很远，当完成对一个粒子的状态进行测量时，任何相互作用都来不及传递到另一个粒子上，另一个粒子因为没有收到扰动，这时状态不应该改变。但是这时另一个粒子的状态受到关联关系的制约，已经发生了变化。这一现象被爱因斯坦称为"诡异的互动性"。它似乎违反了爱因斯坦的"定域因果论"，因此量子纠缠态的关联被称为非定域的量子关联。量子纠缠指的就是两个或多个量子系统之间的非定域的量子关联。量子纠缠的非定域、非经典型已由大量的实验结果所证实。

从物理学角度讲，量子纠缠态指的是两个或多个量子系统之间的非定域的、非经典的关联，是量子系统内各子系统或各自由度之间关联的力学属性。从数学描述的角度讲，当量子比特的叠加状态无法用各个量子比特的张量积表示时，这种状态就称为量子纠缠态。例如，有一量子叠加状态：

$$\frac{1}{\sqrt{2}}(|00\rangle + |10\rangle) = \frac{1}{\sqrt{2}}(|0\rangle|0\rangle + |1\rangle|0\rangle) \tag{4-34}$$

由于其最后一位量子比特都是 $|0\rangle$,因此式(4-34)能够写成:

$$\frac{1}{\sqrt{2}}(|0\rangle+|1\rangle)\otimes|0\rangle \tag{4-35}$$

因此,它不是纠缠态。但是对于量子态:

$$\frac{1}{\sqrt{2}}(|01\rangle+|10\rangle) \tag{4-36}$$

无论采用什么方法都无法写成两个量子比特的直积,这个叠加状态就成为量子纠缠态。

再看下面的 3 个量子比特的叠加状态:

$$\frac{1}{2}(|010\rangle+|011\rangle+|100\rangle+|101\rangle) \tag{4-37}$$

能够将其写成以下乘积的形式:

$$\frac{1}{\sqrt{2}}(|01\rangle+|10\rangle)\otimes\frac{1}{\sqrt{2}}(|0\rangle+|1\rangle) \tag{4-38}$$

但乘积的左因子是 2 量子比特的纠缠态,所以这个叠加状态也是纠缠态。

纠缠态在量子信息中扮演着一个非常重要的角色。正是由于纠缠态具有很多奇特的物理性质,使得量子信息具有很多非经典的特性。其中纠缠粒子之间的关联性和非定域性就是一种完全的量子效应,在经典物理中没有能够和其对应的物理现象。在此,以极化双光子的纠缠为例讨论纠缠粒子之间的关联特性和非定域性。首先,假设光子 A 和光子 B 处于双光子纠缠态,其数学表达式如下:

$$|\varphi^{+}\rangle_{EPR}=\frac{1}{\sqrt{2}}(|H\rangle_{A}|V\rangle_{B}+|V\rangle_{A}|H\rangle_{B}) \tag{4-39}$$

其中,H 和 V 分别表示水平和垂直偏振的光子量子态,用矩阵的描述方式可以表述如下:

$$|H\rangle=\begin{pmatrix}1\\0\end{pmatrix}, \quad |V\rangle=\begin{pmatrix}0\\1\end{pmatrix} \tag{4-40}$$

纠缠粒子之间关联性和非定域性体现在对光子量子态的测量上。如果对 A 光子进行测量,A 光子将以 $1/2$ 的概率处于水平偏振态,以 $1/2$ 的概率处于垂直偏振态,但是此时的测量结果将是确定的。之后再对 B 光子进行测量,发现 B 光子所处的量子态将会依赖于 A 光子的测量结果。即如果 A 光子的测量结果为垂直偏振态,那么 B 光子的测量结果必为水平偏振态;如果 A 光子的测量结果为水平偏振态,那么 B 光子的测量结果必为垂直偏振态。这体现了纠缠粒子之间具有很好的关联特性。根据量子力学原理,这种关联性将不受空间限制,这是量子纠缠特性非定域性的体现。在量子光学实验中,纠缠粒子之间的关联性和非定域性得到了越来越多的实验证明和支持。

对于 2 量子位系统而言, 在量子信息中较为常见的最大纠缠态是 Bell 态或 EPR 对, 有 4 种状态统一用公式为:

$$|\beta_{xy}\rangle \equiv \frac{|0, y\rangle + (-1)^x |1, \bar{y}\rangle}{\sqrt{2}} \tag{4-41}$$

其中, $\bar{y}$ 是 y 的非。

对于 3 量子位系统而言, 在量子信息中较为常见的最大纠缠态是 GHZ (Greenberger-Horne-Zeilinger)态:

$$|GHZ\rangle_{ABC} = \frac{1}{\sqrt{2}} (|000\rangle_{ABC} + |111\rangle_{ABC})$$

$$= \frac{1}{\sqrt{2}} (|0\rangle_A |0\rangle_B |0\rangle_C + |1\rangle_A |1\rangle_B |1\rangle_C) \tag{4-42}$$

常见的 n 粒子 GHZ 态的一般表达形式为:

$$|GZH\rangle = \frac{1}{\sqrt{2}} (|00\cdots0\rangle + |11\cdots1\rangle) \tag{4-43}$$

除了 GHZ 态以外, W 态与 GHZ 态有很大的区别, 通过经典操作和局与通信无法完成它们之间的转换。W 态的一般表达形式为:

$$|W\rangle = \frac{1}{\sqrt{N}} (|10\cdots0\rangle + |01\cdots0\rangle + \cdots + |00\cdots1\rangle) \tag{4-44}$$

特别地, 当 $N=3$ 时,

$$|W\rangle_{ABC} = \frac{1}{\sqrt{3}} (|100\rangle_{ABC} + |010\rangle_{ABC} + |001\rangle_{ABC}) \tag{4-45}$$

GHZ 态之间的粒子纠缠相对而言较弱, 如果对三粒子 GHZ 态中的某一个粒子, 例如第三个粒子进行测量, 测量结果为 $|0\rangle$, 那么三粒子 GHZ 态所代表的态就会坍塌到

$$|00\rangle_{AB} = |0\rangle_A |0\rangle_B \tag{4-46}$$

此时, 另外两个粒子之间的纠缠消失了。而 W 态不一样, 如果对三粒子 W 态中的某一个粒子, 例如第三个粒子进行测量, 测量结果为 $|0\rangle$, 那么原始态会坍塌到

$$\frac{1}{\sqrt{2}} (|10\rangle_{AB} + |01\rangle_{AB}) \tag{4-47}$$

此时的两个粒子仍然处于纠缠态。

Cluster 态是一种多体纠缠态, 其一般形式可以表示为:

$$|Cluster\rangle_N = \frac{1}{2^{N/2}} \bigotimes_a (|0\rangle_a \sigma_z^{(a+1)} + |1\rangle_a) \tag{4-48}$$

其中，N 表示粒子数，$\sigma_z^{(a+1)} = |0\rangle_a \langle 0| - |1\rangle_a \langle 1|$ $(a=1,2,\cdots,N)$，$\sigma_z^{(N+1)} = 1$。当 $N=4$ 时，Cluster 态可表示为：

$$|\text{Cluster}\rangle = \frac{1}{2}(|0000\rangle + |0011\rangle + |1100\rangle - |1111\rangle) \tag{4-49}$$

Cluster 态同时具有 GHZ 态和 W 态的属性，且已经被证明比 GHZ 态有更强的抵御消相干的能力，同时 Cluster 也可作为一种强大的工具来执行非局域测试。

4.2 密度算子

4.1 节使用状态向量的语言描述了量子力学，这一节使用称为密度算子或密度矩阵的工具来描述。这种形式在数学上等价于状态向量方法，但它为量子力学某些最常见场合提供了方便得多的语言。

4.2.1 量子状态的系综

密度算子语言为描述状态不完全已知的量子系统提供了一条方便的途径。确切地，设量子系统以概率 P_i 处在一组状态 $|\psi_i\rangle$ 的某一个，其中 i 是一个指标，则称 $\{P_i,|\psi_i\rangle\}$ 为一个纯态的系综（Ensemble of Pure State）。系统的密度算子定义为：

$$\rho \equiv \sum_i P_i |\psi_i\rangle\langle\psi_i| \tag{4-50}$$

密度算子常被称作密度矩阵，将不区分这两个术语实际上量子力学的全部假设都可以以密度算子的语言重新描述，本节和下节的目的就是解释如何进行这一转换，并说明什么时候有用使用密度算子语言或状态向量语言是个人喜好问题，因为两者给出相同结果，不过有时用一种观点处理问题要比另一种观点容易得多。

例如，设封闭量子系统的演化由幺正算子 U 描述，如果系统初态为 $|\psi_i\rangle$ 的概率是 p_i，那么演化发生后，系统将以概率 P_i 进入状态 $U|\psi_i\rangle$，于是，密度算子的演化可以式（4-51）描述：

$$\rho = \sum_i P_i |\psi_i\rangle\langle\psi_i| \xrightarrow{U} \sum_i P_i U|\psi_i\rangle\langle\psi_i|U^\dagger = U\rho U^\dagger \tag{4-51}$$

用密度算子语言描述测量也很容易，设进行由测量算子 M_m 描述的测量，如果初态是 $|\psi_i\rangle$，那么得到结果 m 的概率是：

$$P(m|i) = \langle\psi_i|M_m^\dagger M_m|\psi_i\rangle = \text{tr}(M_m^\dagger M_m|\psi_i\rangle\langle\psi_i|) \tag{4-52}$$

由全概率公式，得到结果 m 的概率是：

$$P(m) = \sum_i P(m|i) P_i = \sum_i P_i \operatorname{tr}\left(M_m^\dagger M_m |\psi_i\rangle\langle\psi_i|\right)$$
$$= \operatorname{tr}\left(M_m^\dagger M_m \rho\right) \tag{4-53}$$

得到测量结果 m 以后的系统密度算子是什么？如果初态是 $|\psi_i\rangle$，那么得到结果 m 后的状态是：

$$|\psi_i^m\rangle = \frac{M_m|\psi_i\rangle}{\sqrt{\langle\psi_i|M_m^\dagger M_m|\psi_i\rangle}} \tag{4-54}$$

于是，经过一个得到结果 m 的测量，得到个别概率为 $P(i|m)$ 状态 $|\psi_i^m\rangle$ 的系综。相应的密度算子 ρ_m 是：

$$\rho_m = \sum_i P(i|m) |\psi_i^m\rangle\langle\psi_i^m| = \sum_i P(i|m) \tag{4-55}$$

但根据初等概率论，$p(i|m) = p(m,i)/p(m) = p(m|i) p_i/p(m)$，代入式(4-52)和式(4-54)得到：

$$\rho_m = \sum_i p_i \frac{M_m|\psi_i\rangle\langle\psi_i|M_m^\dagger}{\operatorname{tr}(M_m^\dagger M_m \rho)} = \frac{M_m \rho M_m^\dagger}{\operatorname{tr}(M_m^\dagger M_m \rho)} \tag{4-56}$$

上面的论述表明，与幺正演化和测量有关的量子力学基本假设可以用密度算子的语言重新描述。

具有精确已知状态的量子系统称为处于纯态(Pure State)。在这种情况下，密度算子就是 $\rho = |\psi\rangle\langle\psi|$，否则，$\rho$ 处于混合态(Mixed State)，称为是在 ρ 的系综中不同纯态的混合。判断状态是纯态还是混合态的一个简单判据：纯态满足 $\operatorname{tr}(\rho^2) = 1$，而混合态满足 $\operatorname{tr}(\rho^2) < 1$。

注意：有时人们用术语"混合态"统称纯态和混合量子态，这种用法的起源似乎蕴含作者不必要假设状态是纯的；另外，术语"纯态"常用于指一个状态向量 $|\psi\rangle$，以区别于密度算子 ρ。

设想量子系统以概率 P_i 处于状态 ρ_i，不难发现系统可以用密度矩阵 $\sum_i P_i \rho_i$ 来描述。这一点的证明如下。设 ρ_i 来自某个纯态的系综$\{P_{ij}, |\psi_{ij}\rangle\}$（注意 i 是固定的），于是开始处在状态 $|\psi_{ij}\rangle$ 的概率是 $P_i P_{ij}$，因此系统的密度矩阵是：

$$\rho = \sum_{ij} P_i P_{ij} |\psi_{ij}\rangle\langle\psi_{ij}| = \sum_i P_i \rho_i \tag{4-57}$$

其中，$\rho_i = \sum_{ij} P_{ij} |\psi_{ij}\rangle\langle\psi_{ij}|$，称 ρ 为具有概率 P_i 的状态 ρ_i 的混合。这个混合的概念在如量子噪声的分析问题中反复出现，噪声的影响使对量子状态的知识中引入了不确定性。上述测量过程提供了一个简单例子。想象一下，由于某种原因，测量结果 m 的记录丢失了，将以概率 $P(m)$ 处于 ρ_m，但不再知道 m 的实际值，这样，系统的状态就将由密度算子

$$\rho = \sum_m P(m) \rho_m P_i \frac{M_m |\psi_i\rangle\langle\psi_i| M_m^\dagger}{\mathrm{tr}(M_m^\dagger M_m \rho)}$$

$$= \sum_m \mathrm{tr}(M_m^\dagger M_m \rho) \frac{M_m \rho M_m^\dagger}{\mathrm{tr}(M_m^\dagger M_m \rho)}$$

$$= \sum_m M_m \rho M_m^\dagger \tag{4-58}$$

来描述。这是一个可以用于作为出发点,分析系统进一步操作的紧凑公式。

4.2.2 密度算子的一般性质

密度算子能够不以状态向量为基础来完成量子力学的描述,并给出密度算子的许多其他基本性质。

定理 4.2(密度算子的特征) 一个算子 ρ 是和某个系综 $\{p_i, |\psi_i\rangle\}$ 相关联的密度算子,当且仅当它满足如下条件:

(1)(迹条件)ρ 的迹等于 1;

(2)(半正定条件)ρ 是一半正定算子。

证明 设 $\rho = \sum_i P_i |\psi_i\rangle\langle\psi_i|$ 是一个密度算子,则

$$\mathrm{tr}(\rho) = \sum_i P_i \mathrm{tr}|\psi_i\rangle\langle\psi_i| = \sum_i P_i = 1 \tag{4-59}$$

满足迹条件。设 $|\varphi\rangle$ 是状态空间中任意一个向量,则

$$\langle\varphi|\rho|\varphi\rangle = \sum_i P_i \langle\varphi|\psi_i\rangle\langle\psi_i|\varphi\rangle = \sum_i P_i |\langle\varphi|\psi_i\rangle|^2 \geqslant |0 \tag{4-60}$$

满足半正定条件。

设 ρ 是满足迹和半正定条件的任意算子。由于 ρ 半正定,它必有谱分解,

$$\rho = \sum_j \lambda_j |j\rangle\langle j| \tag{4-61}$$

其中,向量组 $|j\rangle$ 是正交的,且 λ_j 是实数,是 ρ 的非负特征值。由迹条件可知 $\sum_j \lambda_j = 1$,于是,一个以概率 λ_j 处于状态 $|j\rangle$ 的系统将具有密度算子 ρ,即系综 $\{\lambda_j, |j\rangle\}$ 是产生密度算子 ρ 的状态组的一个系综。

定理 4.2 提供了密度算子的一个内在刻画:可以把密度算子定义为一个迹等于 1 的半正定算子。该定义可以重新在密度算子图像中描述量子力学假设。为便于参考,把新形式的假设全列在这里。

假设 1 任意孤立物理系统与称之为这系统的状态空间相关联,它是个带内积的复向量空间(即 Hilbert 空间)。系统由作用在状态空间上的密度算子完全描述,密度算子是一个半正定迹为 1 的算子 ρ。如果量子系统以概率 P_i 处于状态 ρ_i,那么

系统的密度算子为 $\sum_i P_i \rho_i$。

假设 2 封闭量子系统的演化由一个幺正变换描述,即系统在时刻 t_1 的状态 ρ 和在时刻 t_2 的状态 ρ' 由一个仅依赖于时间 t_1 和 t_2 的幺正算子 U 联系:

$$\rho' = U\rho U^\dagger \tag{4-62}$$

假设 3 量子测量是由一组测量算子 $\{M_m\}$ 描述,这些算子作用在所测量的状态空间上,指标 m 指实验中可能出现的测量结果。如果量子系统在测量前的最后状态是 ρ,那么得到结果 m 的概率由

$$P(m) = \mathrm{tr}\,(M_m^\dagger M_m \rho) \tag{4-63}$$

给出,且测量后的系统状态为:

$$\frac{M_m \rho M_m^\dagger}{\mathrm{tr}(M_m^\dagger M_m \rho)} \tag{4-64}$$

测量算子满足完备性方程

$$\sum_m M_m^\dagger M_m = I \tag{4-65}$$

假设 4 复合物理系统的状态空间是分物理系统状态空间的张量积,而且,如果有系统 1 到 n,其中系统 i 处于状态 ρ_i,那么全系统的共同状态是 $\rho_1 \otimes \rho_2 \otimes \cdots \otimes \rho_n$。

当然在数学上,这些密度算子形式描述的量子力学基本假设等价于用状态向量的描述,不过,作为一种认识量子力学的方式,密度算子方法在以下两方面的应用上作用突出:描述状态未知的量子系统和描述复合系统的子系统。这些内容将在下节讨论,本节余下篇幅将更详细地给出密度矩阵的性质。

假设密度矩阵的特征值和特征向量对密度矩阵所表示的量子状态系综有特殊重要性是一个迷惑人的(和让人吃惊的、普遍的)错误。例如,人们可能设想具有密度矩阵

$$\rho = \frac{3}{4}\,|0\rangle\langle 0| + \frac{1}{4}\,|1\rangle\langle 1| \tag{4-66}$$

的量子系统必然以 3/4 概率处于状态 $|0\rangle$,而以 1/4 概率处于状态 $|1\rangle$。然而不见得是这样。定义

$$|a\rangle \equiv \sqrt{\frac{3}{4}}\,|0\rangle + \sqrt{\frac{1}{4}}\,|1\rangle \tag{4-67}$$

$$|b\rangle \equiv \sqrt{\frac{3}{4}}\,|0\rangle - \sqrt{\frac{1}{4}}\,|1\rangle \tag{4-68}$$

并且使量子系统状态以 1/2 概率处于状态 $|a\rangle$,1/2 概率处于状态 $|b\rangle$,容易检验相应的密度矩阵为:

$$\rho = \frac{1}{2}|a\rangle\langle a| + \frac{1}{2}|b\rangle\langle b| = \frac{3}{4}|0\rangle\langle 0| + \frac{1}{4}|1\rangle\langle 1| \tag{4-69}$$

也就是说两个不同的量子状态系综可产生同一个密度矩阵。更一般地,密度矩阵的特征值和特征向量仅表示可能产生密度矩阵的许多系综中的一个,没有理由表明哪个系统是特殊的。

在上述讨论的启发下,一个自然的问题是,什么类型的系综产生一个特定的密度矩阵? 现在给出这个问题的解,它在量子计算与量子信息中有很多的惊人的应用,特别是在理解量子噪声和量子纠错中。

为了方便给出答案,使用未归一化到单位长度的向量 $|\tilde{\psi}_i\rangle$。设集合 $|\tilde{\psi}_i\rangle$ 生成算子 $\rho \equiv \sum_i |\tilde{\psi}_i\rangle\langle\tilde{\psi}_i|$,因此,与普通的密度算子系综的关联由式 $|\tilde{\psi}_i\rangle = \sqrt{p_i}|\psi_i\rangle$ 来描述。两组向量 $|\tilde{\psi}_i\rangle$ 和 $|\tilde{\varphi}_j\rangle$ 何时生成同一算子 ρ? 这个问题的答案可以回答什么样的系综产生给定密度矩阵的问题。

定理 4.3(密度矩阵系综中的幺正自由度) 当且仅当

$$|\tilde{\psi}_i\rangle = \sum_j u_{ij}|\tilde{\varphi}_j\rangle \tag{4-70}$$

两组向量 $|\tilde{\psi}_i\rangle$ 和 $|\tilde{\varphi}_j\rangle$ 生成相同的密度矩阵,其中 u_{ij} 是带指标 i 和 j 的复幺正阵。并且在向量集合 $|\tilde{\psi}_i\rangle$ 或 $|\tilde{\varphi}_j\rangle$ 中向量较少的一个中补充若干 0 向量,以使两个集合的向量个数相等。

作为定理 4.3 的一个结论,注意当且仅当

$$\sqrt{p_i}|\psi_i\rangle = \sum_j u_{ij}\sqrt{q_j}|\varphi_j\rangle \tag{4-71}$$

对某个幺正阵 u_{ij} 成立,$\rho = \sum_i p_i|\psi_i\rangle\langle\psi_i| = \sum_j q_j|\varphi_j\rangle\langle\varphi_j|$ 对归一化状态集 $|\psi_i\rangle$ 和 $|\varphi_j\rangle$ 和概率分布 p_i 和 q_j 成立,其中可能要向较小的系综添加零概率的项以使两个系综具有同样大小。因此,定理 4.3 刻画了产生一个给定密度矩阵 ρ 的系综 $\{p_i, |\psi_i\rangle\}$ 包含的自由度。其实,很容易验证,前面给出的一个密度矩阵具有两个不同分解的例子〔见式(4-66)〕,这是个一般结果的特殊情况。现在来证明这个定理。

证明 设 $|\tilde{\psi}_i\rangle = \sum_j u_{ij}|\tilde{\varphi}_j\rangle$ 对某幺正阵 u_{ij} 成立,则

$$\sum_i |\tilde{\psi}_i\rangle\langle\tilde{\psi}_i| = \sum_{ijk} u_{ij}u_{ik}^*|\tilde{\varphi}_j\rangle\langle\tilde{\varphi}_k| = \sum_{jk}\left(\sum_i u_{ki}^\dagger u_{ij}\right)|\tilde{\varphi}_j\rangle\langle\tilde{\varphi}_k|$$

$$= \sum_{jk}\delta_{kj}|\tilde{\varphi}_j\rangle\langle\tilde{\varphi}_k| = \sum_j|\tilde{\varphi}_j\rangle\langle\tilde{\varphi}_j| \tag{4-72}$$

表明 $|\tilde{\psi}_i\rangle$ 和 $|\tilde{\varphi}_j\rangle$ 生成相同的算子。

反过来,设

$$A = \sum_i |\tilde{\psi}_i\rangle\langle\tilde{\psi}_i| = \sum_j |\tilde{\varphi}_j\rangle\langle\tilde{\varphi}_j| \tag{4-73}$$

令 $A = \sum_k \lambda_k |k\rangle\langle k|$ 为 A 的一个分解,使状态 $|k\rangle$ 为标准正交,且 λ_k 为严格正。把状态集 $|\tilde{\psi}_i\rangle$ 和状态集 $|\tilde{k}\rangle \equiv \sqrt{\lambda_k}|k\rangle$ 联系起来,并把状态集 $|\tilde{\varphi}_j\rangle$ 和状态集 $|\tilde{k}\rangle$ 类似地联系起来,结合两个关系导出结果。令 $|\psi\rangle$ 为与 $|\tilde{k}\rangle$ 张成空间标准正交的任意向量,于是 $\langle\psi|\tilde{k}\rangle\langle\tilde{k}|\psi\rangle = 0$ 对所有 k 成立,则

$$0 = \langle\psi|A|\psi\rangle = \sum_i \langle\psi|\tilde{\psi}_i\rangle\langle\tilde{\psi}_i|\psi\rangle = \sum_i |\langle\psi|\tilde{\psi}_i\rangle|^2 \tag{4-74}$$

即对所有 i 和所有标准正交于 $|\tilde{k}\rangle$ 张成的空间的 $|\psi\rangle$ 成立 $\langle\psi|\tilde{\psi}_i\rangle = 0$。于是每个 $|\tilde{\psi}_i\rangle$ 可以表示成集 $|\tilde{k}\rangle$ 的一个线性组合,$|\tilde{\psi}_i\rangle = \sum_k c_{ik}|\tilde{k}\rangle$,又由于 $A = \sum_k |\tilde{k}\rangle\langle\tilde{k}| = \sum_i |\tilde{\psi}_i\rangle\langle\tilde{\psi}_i|$,看到

$$\sum_k |\tilde{k}\rangle\langle\tilde{k}| = \sum_{kl} \left(\sum_i c_{ik}c_{il}^*\right)|\tilde{k}\rangle\langle\tilde{l}| \tag{4-75}$$

易知算子组 $|\tilde{k}\rangle\langle\tilde{l}|$ 是线性无关的,因此必然成立 $\sum_i c_{ik}c_{il}^* = \delta_{kj}$,这保证了可以通过增加额外的列到 c,以得到一个幺正阵 v,使得 $|\tilde{\psi}_i\rangle = \sum_k v_{ik}|\tilde{k}\rangle$,其中已经在集 $|\tilde{k}\rangle$ 中添加了零向量。类似地,可找到幺正矩阵 ω,使得 $|\tilde{\varphi}_j\rangle = \sum_k \omega_{jk}|\tilde{k}\rangle$。因此 $|\tilde{\psi}_i\rangle = \sum_j u_{ij}|\tilde{\varphi}_j\rangle$,其中 $u = v\omega^\dagger$ 是幺正的。

例 4.19(混合态的 Bloch 球面) 单量子比特纯态的 Bloch 球面描述到混合态具有如下重要推广。

(1)证明任意混合态量子比特的密度矩阵可以写成:

$$\rho = \frac{I + r \cdot \sigma}{2} \tag{4-76}$$

其中,r 是实三维向量,满足 $\|r\| \leqslant 1$,这个向量称为状态 ρ 的 Bloch 向量。

(2)求状态 $\rho = I/2$ 的 Bloch 向量表示。

(3)证明当且仅当 $\|r\| = 1$ 状态 ρ 为纯态。

(4)证明基于 Bloch 向量的纯态描述如下:

$$\begin{cases} x = \sin\theta\cos\varphi \\ y = \sin\theta\sin\varphi \\ z = \cos\theta \end{cases} \tag{4-77}$$

(1)**证明** 根据题意,设混合态量子比特的密度矩阵为 $\rho = \begin{pmatrix} \alpha & \beta^* \\ \beta & 1-\alpha \end{pmatrix}$,则 $2\rho -$

$$I = \begin{pmatrix} 2\alpha-1 & 2\beta^* \\ 2\beta & 1-2\alpha \end{pmatrix}。$$

令 $r = (x, y, z)^{\mathrm{T}}$，则

$$\boldsymbol{r} \cdot \boldsymbol{\sigma} = x \begin{pmatrix} 0 & 1 \\ 1 & 0 \end{pmatrix} + y \begin{pmatrix} 0 & -i \\ i & 0 \end{pmatrix} + z \begin{pmatrix} 1 & 0 \\ 0 & -1 \end{pmatrix} = \begin{pmatrix} z & x-iy \\ x+iy & -z \end{pmatrix}$$

因为 $\rho = \dfrac{I + \boldsymbol{r} \cdot \boldsymbol{\sigma}}{2}$，所以 $2\rho - I = \boldsymbol{r} \cdot \sigma$，从而 $z = 2\alpha-1, x-iy = 2\beta^*, x+iy = 2\beta$。

显然，$\begin{cases} x = \beta + \beta^* \in R \\ y = i\beta - i\beta^* \in R，\text{其中 } x, y \text{ 是实数，因为 } \alpha \text{ 是厄米矩阵的对角元素，所以 } z \\ z = 2\alpha-1 \in R \end{cases}$

也是实数。则 $r = (x, y, z)^{\mathrm{T}}$ 是实三维向量。

ρ 有谱分解，另 $\rho = \lambda_1 |v_1\rangle\langle v_1| + \lambda_2 |v_2\rangle\langle v_2|$，其中 $\lambda_1 + \lambda_2 = 1$，又因为 ρ 半正定，因此 $\lambda_1 \geqslant |0, \lambda_2 \geqslant |0$，则 $2\rho - I = (2\lambda_1-1)|v_1\rangle\langle v_1| + (2\lambda_2-1)|v_2\rangle\langle v_2|$。

根据以上的等式关系和特征值的性质，有

$$\|r\|^2 = x^2 + y^2 + z^2 = -\det(\boldsymbol{r} \cdot \boldsymbol{\sigma}) = -\det(2\rho-I) = -(2\lambda_1-1)(2\lambda_2-1)$$
$$= -4\lambda_1\lambda_2 + 2(\lambda_1 + \lambda_2) - 1 = 1 - 4\lambda_1\lambda_2 \leqslant 1$$

所以 $\|r\|^2 \leqslant 1$。

(2) **解** 因为 $\rho = \dfrac{I + \boldsymbol{r} \cdot \boldsymbol{\sigma}}{2}$，$\boldsymbol{r} \cdot \boldsymbol{\sigma} = \begin{pmatrix} r_3 & r_1 + ir_2 \\ r_1 - ir_2 & -r_3 \end{pmatrix}$，则 $\rho^2 = \dfrac{1}{4}[I + 2\boldsymbol{r} \cdot \boldsymbol{\sigma} + (r_1 + r_2 + r_3)I]$。纯态满足 $\mathrm{tr}(\rho) = 1$，混合态满足 $\mathrm{tr}(\rho) \leqslant 1$，所以有 $\mathrm{tr}(\rho^2) \leqslant 1$。

又因为 $\mathrm{tr}(I) = 2, \mathrm{tr}(2\boldsymbol{r} \cdot \boldsymbol{\sigma}) = 0$，则

$$\mathrm{tr}(\rho^2) = \frac{1}{4}\{\mathrm{tr}(I) + \mathrm{tr}(2\boldsymbol{r} \cdot \boldsymbol{\sigma}) + \mathrm{tr}[(r_1^2 + r_2^2 + r_3^2)I]\}$$

$$= \frac{1}{4}\left\{2 + \mathrm{tr}\begin{pmatrix} z & x-iy \\ x+iy & -z \end{pmatrix} + (r_1^2 + r_2^2 + r_3^2)\mathrm{tr}(I)\right\}$$

$$= \frac{1}{4}[2 + 0 + 2(r_1^2 + r_2^2 + r_3^2)]$$

$$= \frac{1}{2} + \frac{1}{2}(r_1^2 + r_2^2 + r_3^2)$$

因为 $(r_1 + r_2 + r_3) \leqslant 1$，所以 $\mathrm{tr}(\rho^2) \leqslant 1$。所以有：

纯态，在 Bloch 球表面，$\|\boldsymbol{r}\|^2 = 1$；

混合态，在 Bloch 球内，$\|\boldsymbol{r}\|^2 \leqslant 1$；

完全混合态，在 Bloch 球中心点，$\|\boldsymbol{r}\|^2 = 0$。

因为 $\begin{cases} x=\beta+\beta^* \\ y=i\beta-i\beta^* \\ z=2\alpha-1 \end{cases}$，所以 $\rho=\dfrac{I}{2}$ 时，向量 $r_1+r_2+r_3=0$，即 Bloch 向量表示为 $r=(0,0,0)^\mathrm{T}$。

（3）**证明** 因为 $\mathrm{tr}(\rho^2)=\dfrac{I+r_1^2+r_2^2+r_3^2}{2}\leqslant 1$，且 ρ 有谱分解，令 $\rho=\lambda_1|v_1\rangle\langle v_1|+\lambda_2|v_2\rangle\langle v_2|$，其中 $\lambda_1+\lambda_2=1$，又因为 ρ 半正定，因此 $\lambda_1\geqslant|0\rangle,\lambda_2\geqslant|0\rangle$，且有 $\|r\|^2=x^2+y^2+z^2\leqslant 1$。

纯态时 $\mathrm{tr}(\rho)=1,\lambda_1\lambda_2=0$；混合态时 $\mathrm{tr}(\rho)\leqslant 1,\lambda_1\lambda_2>0$。

所以：ρ 为纯态 $\leftrightarrow\lambda_1,\lambda_2$ 一个为 0，另一个为 $1\leftrightarrow\lambda_1\lambda_2=0\leftrightarrow\|r\|^2=1$。

（4）**证明** 令 $|\psi\rangle=\cos\dfrac{\theta}{2}|0\rangle+\mathrm{e}^{i\varphi}\sin\dfrac{\theta}{2}|1\rangle$，则

$$\rho=\begin{pmatrix} \alpha & \beta^* \\ \beta & 1-\alpha \end{pmatrix}=\begin{pmatrix} \left(\cos\dfrac{\theta}{2}\right)^2 & \mathrm{e}^{-i\varphi}\sin\dfrac{\theta}{2}\cos\dfrac{\theta}{2} \\ \mathrm{e}^{i\varphi}\sin\dfrac{\theta}{2}\cos\dfrac{\theta}{2} & \left(\sin\dfrac{\theta}{2}\right)^2 \end{pmatrix}$$

$$\begin{cases} x=\mathrm{e}^{-i\varphi}\sin\dfrac{\theta}{2}\cos\dfrac{\theta}{2}+\mathrm{e}^{-i\varphi}\sin\dfrac{\theta}{2}\cos\dfrac{\theta}{2}=\sin\theta\cos\varphi \\ y=i\left(\mathrm{e}^{-i\varphi}\sin\dfrac{\theta}{2}\cos\dfrac{\theta}{2}-\mathrm{e}^{i\varphi}\sin\dfrac{\theta}{2}\cos\dfrac{\theta}{2}\right)=\sin\theta\sin\varphi \\ z=\left(\cos\dfrac{\theta}{2}\right)^2-\left(\sin\dfrac{\theta}{2}\right)^2=\cos\theta \end{cases}$$

因此基于 Bloch 向量的纯态描述如下：$\begin{cases} x=\sin\theta\cos\varphi \\ y=\sin\theta\sin\varphi \\ z=\cos\theta \end{cases}$

例 4.20 令 ρ 是密度算子，ρ 的一个最小系综（Minimal Ensemble）指包含等于 ρ 的秩数目的系综 $\{p_i,|\psi_i\rangle\}$。厄米算子 A 的支集是由 A 的非零特征值的特征向量张成的向量空间。令 $|\psi\rangle$ 为 ρ 支集中的任一状态，证明存在包含 $|\psi\rangle$ 的一个 ρ 的最小系综，并且在任何这样的系综中，$|\psi\rangle$ 必然以概率 $p_i=\dfrac{1}{\langle\psi_i|\rho^{-1}|\psi_i\rangle}$ 出现，其中 ρ^{-1} 定义为 ρ 的逆，而 ρ 视为仅作用在其支集上。

密度算子 ρ 可以谱分解 $\rho=\sum\limits_i\lambda_i|i\rangle\langle i|,\lambda_i>0$，则 $\rho^{-1}=\sum\limits_i\dfrac{1}{\lambda_i}|i\rangle\langle i|$。显然 $\{\sqrt{\lambda_i}|i\rangle\}$ 是 ρ 的一个最小系综（注：$\sqrt{\lambda_i}$ 的个数等于密度算子 ρ 的秩）。

设密度算子 ρ 的一个最小系综为 $\{p_i,|\psi_i\rangle\}$，令 $\{p_i=\lambda_i,|\psi_i\rangle\}$，因为有 $|\psi_i\rangle=$

$\sum\limits_{j} a_j |j\rangle$，所以 $a_j = \langle j | \psi_j \rangle$，根据密度算子假设 2，显然存在幺正算子 U 和概率 p_i 使得 $|\psi_i\rangle$ 以概率 $\sqrt{p_i}$ 进入状态 $U|\psi_i\rangle$，于是有 $|\tilde{\psi}_i\rangle = \sqrt{p_i} |\psi_i\rangle = \sqrt{p_i} \left(\sum\limits_{j} a_j |j\rangle \right) = \sum\limits_{j} u_{ij} |\tilde{j}\rangle = \sum\limits_{j} u_{ij} \sqrt{\lambda_j} |j\rangle$，则 $\sqrt{p_i} a_j = u_{ij} \sqrt{\lambda_j}$，等式两边取平方后 $|u_{ij}|^2 = p_i \dfrac{|a_j|^2}{\lambda_j}$，因为任意幺正矩阵的每一行或每一列元素的平方和都等于 1，即 $\sum\limits_{i} |u_{ij}|^2 = 1$，则

$$p_i \sum\limits_{j} \frac{|a_j|^2}{\lambda_j} = \sum\limits_{j} |u_{ij}|^2 = 1 \text{。}$$

又因为 $\rho^{-1} = \sum\limits_{i} \dfrac{1}{\lambda_i} |i\rangle\langle i|$，$\sum\limits_{j} \dfrac{|a_j|^2}{\lambda_j} = \langle \psi_i | \rho^{-1} | \psi_i \rangle$，所以 $p_i = \dfrac{1}{\sum\limits_{j} \dfrac{|a_j|^2}{\lambda_j}} = \dfrac{1}{\langle \psi_i | \rho^{-1} | \psi_i \rangle}$。

4.2.3 约化密度算子

密度算子最深刻的应用也许是作为描述复合系统子系统的工具，这个描述由本节的主题约化密度算子(Reduced Density Operator)提供。约化密度算子非常重要，事实上它是分析复合量子系统不可缺少的工具。

假设有物理系统 A 和 B，其状态由密度算子 ρ^{AB} 描述，针对系统 A 的约化密度算子定义为：

$$\rho^{A} \equiv \text{tr}_B(\rho^{AB}) \tag{4-78}$$

其中，tr_B 是一个算子映射，称为在系统 B 上的偏迹。偏迹定义为：

$$\text{tr}_B(|a_1\rangle\langle a_2| \otimes |b_1\rangle\langle b_2|) \equiv |a_1\rangle\langle a_2| \, \text{tr}(|b_1\rangle\langle b_2|) \tag{4-79}$$

其中，$|a_1\rangle$ 和 $|a_2\rangle$ 是状态空间 A 中的两个向量，$|b_1\rangle$ 和 $|b_2\rangle$ 是状态空间 B 中的两个向量。等式右边的迹运算是系统 B 上的普通迹运算，因此 $\text{tr}(|b_1\rangle\langle b_2|) = \langle b_2 | b_1 \rangle$。只是在 AB 的一类特殊算子上定义了偏迹，完成偏迹的定义，需要在式(4-79)上附加对输入为线性的要求。

系统 A 的约化密度算子是系统 A 状态的一个描述，这件事并不显然。物理上的证据是，约化密度算子为系统 A 上的测量提供了正确的测量统计。下面的简单算例也许有助于对约化密度算子的理解。首先，设量子系统处于 $\rho^{AB} = \rho \otimes \sigma$ 状态，其中 ρ 是系统 A 的一个密度算子，而 σ 是系统 B 的一个密度算子，则

$$\rho^{A} = \text{tr}_B(\rho \otimes \sigma) = \rho \, \text{tr}(\sigma) = \rho \tag{4-80}$$

类似地，对这个状态 $\rho^{B} = \sigma$。Bell 态 $(|00\rangle + |11\rangle)/\sqrt{2}$ 是一个更不平凡的例子，它具

有密度算子

$$\rho = \left(\frac{|00\rangle + |11\rangle}{\sqrt{2}} \right) \left(\frac{\langle 00| + \langle 11|}{\sqrt{2}} \right)$$

$$= \frac{|00\rangle\langle 00| + |11\rangle\langle 00| + |00\rangle\langle 11| + |11\rangle\langle 11|}{2} \tag{4-81}$$

对第二量子比特取迹,得到对第一量子比特的约化密度算子:

$$\rho^1 = \mathrm{tr}_2(\rho) = \frac{\mathrm{tr}_2(|00\rangle\langle 00|) + \mathrm{tr}_2(|11\rangle\langle 00|) + \mathrm{tr}_2(|00\rangle\langle 11|) + \mathrm{tr}_2(|11\rangle\langle 11|)}{2}$$

$$= \frac{|0\rangle\langle 0|\langle 0|0\rangle + |1\rangle\langle 0|\langle 0|1\rangle + |0\rangle\langle 1|\langle 1|0\rangle + |1\rangle\langle 1|\langle 1|1\rangle}{2}$$

$$= \frac{|0\rangle\langle 0| + |1\rangle\langle 1|}{2} = \frac{I}{2} \tag{4-82}$$

注意这个状态是一个混合态,因为 $\mathrm{tr}((I/2)^2) = 1/2 < 1$。这是一个非常引人瞩目的结果。双量子比特联合系统的状态是一个精确已知的纯态,不过,第一量子比特处于混合态,即不具备完全知识的一个状态。这个奇特性质,即系统的联合状态完全已知,而子系统却处于混合态,是量子纠缠现象的另一特点。

例 4.21 设复合系统 A 和 B 处于 $|a\rangle|b\rangle$ 状态,其中 $|a\rangle$ 是系统 A 的一个纯态,而 $|b\rangle$ 是系统 B 的一个纯态,证明系统 A 的约化密度算子是一个纯态。

证明 根据题意,复合系统 A 和 B 的密度算子 $\rho^{AB} = |a\rangle|b\rangle\langle a|\langle b|$,且纯态满足 $\mathrm{tr}_B(\rho^2) = 1$,则系统 A 的约化密度算子为 $\rho^A = \mathrm{tr}_B(\rho^{AB}) = |a\rangle\langle a| \, \mathrm{tr}(|b\rangle\langle b|) = (\langle b|b\rangle)|a\rangle\langle a| = |a\rangle\langle a|$。所以系统 A 是一个纯态。

例 4.22 对四个 Bell 态中的每一个,求针对每个量子比特的约化密度算子。

解 以求 $|\beta_{01}\rangle$ 为例针对每个量子比特的约化密度算子。

$$\rho_{01} = \left(\frac{|01\rangle + |10\rangle}{\sqrt{2}} \right) \left(\frac{\langle 01| + \langle 10|}{\sqrt{2}} \right)$$

$$= \frac{|01\rangle\langle 01| + |10\rangle\langle 01| + |01\rangle\langle 10| + |10\rangle\langle 10|}{2}$$

$$\rho_{01}^1 = \mathrm{tr}_2(\rho_{01})$$

$$= \frac{\mathrm{tr}_2(|01\rangle\langle 01|) + \mathrm{tr}_2(|10\rangle\langle 01|) + \mathrm{tr}_2(|01\rangle\langle 10|) + \mathrm{tr}_2(|10\rangle\langle 10|)}{2}$$

$$= \frac{|0\rangle\langle 0|\langle 1|1\rangle + |1\rangle\langle 0|\langle 0|1\rangle + |0\rangle\langle 1|\langle 1|0\rangle + |1\rangle\langle 1|\langle 0|0\rangle}{2}$$

$$= \frac{|0\rangle\langle 0| + |1\rangle\langle 1|}{2}$$

$$= \frac{I}{2}$$

$$\rho_{01}^2 = \mathrm{tr}_1(\rho_{01})$$

$$= \frac{\mathrm{tr}_1(|01\rangle\langle 01|) + \mathrm{tr}_1(|10\rangle\langle 01|) + \mathrm{tr}_1(|01\rangle\langle 10|) + \mathrm{tr}_1(|10\rangle\langle 10|)}{2}$$

$$= \frac{|1\rangle\langle 1|\langle 0|0\rangle + |0\rangle\langle 1|\langle 1|0\rangle + |1\rangle\langle 0|\langle 0|1\rangle + |0\rangle\langle 0|\langle 1|1\rangle}{2}$$

$$= \frac{|0\rangle\langle 0| + |1\rangle\langle 1|}{2} = \frac{I}{2}$$

约化密度算子的一个重要应用是分析量子隐形传态。量子隐形传态是一个过程，这个过程假设 Alice 和 Bob 共享一个 EPR 对和一条经典信道，并将量子信息从 Alice 传送到 Bob。

乍看起来隐形传态好像能够超光速通信，但按照相对论，这绝不可能发生。因为 Alice 需要将她的测量结果发送给 Bob，这阻止了超光速的通信。约化密度算子将这一点严格化。

在 Alice 进行测量之前，三个量子比特的量子状态是：

$$|\psi_2\rangle = \frac{1}{2}\big[|00\rangle(\alpha|0\rangle + \beta|1\rangle) + |01\rangle(\alpha|1\rangle + \beta|0\rangle)$$
$$+ |10\rangle(\alpha|0\rangle - \beta|1\rangle) + |11\rangle(\alpha|1\rangle - \beta|0\rangle)\big] \tag{4-83}$$

在 Alice 的计算基下进行测量，测后，系统状态分别以概率 1/4 取

$$|00\rangle[\alpha|0\rangle + \beta|1\rangle] \tag{4-84}$$

$$|01\rangle[\alpha|1\rangle + \beta|0\rangle] \tag{4-85}$$

$$|10\rangle[\alpha|0\rangle - \beta|1\rangle] \tag{4-86}$$

$$|11\rangle[\alpha|1\rangle - \beta|0\rangle] \tag{4-87}$$

系统的密度算子为：

$$\rho = \frac{1}{4}\big[|00\rangle\langle 00|(\alpha|0\rangle + \beta|1\rangle)(\alpha^*\langle 0| + \beta^*\langle 1|) +$$
$$|01\rangle\langle 01|(\alpha|1\rangle + \beta|0\rangle)(\alpha^*\langle 1| + \beta^*\langle 0|) +$$
$$|10\rangle\langle 10|(\alpha|0\rangle - \beta|1\rangle)(\alpha^*\langle 0| - \beta^*\langle 1|) +$$
$$|11\rangle\langle 11|(\alpha|1\rangle - \beta|0\rangle)(\alpha^*\langle 1| - \beta^*\langle 0|)\big] \tag{4-88}$$

对 Alice 的系统取迹，可得 Bob 系统的约化密度算子为：

$$\rho^B = \frac{1}{4}\big[(\alpha|0\rangle + \beta|1\rangle)(\alpha^*\langle 0| + \beta^*\langle 1|) + (\alpha|1\rangle + \beta|0\rangle)(\alpha^*\langle 1| + \beta^*\langle 0|) +$$
$$(\alpha|0\rangle - \beta|1\rangle)(\alpha^*\langle 0| - \beta^*\langle 1|) + (\alpha|1\rangle - \beta|0\rangle)(\alpha^*\langle 1| - \beta^*\langle 0|)\big]$$

$$= \frac{2(|\alpha|^2 + |\beta|^2)|0\rangle\langle 0| + 2(|\alpha|^2 + |\beta|^2)|1\rangle\langle 1|}{4}$$

$$= \frac{1}{2}|0\rangle\langle 0| + |1\rangle\langle 1| = \frac{I}{2} \tag{4-89}$$

其中，最后一行已经用了完备性，于是在 Alice 测量完成后，而 Bob 得到测量结果以

前,Bob 系统的状态是 $I/2$。这个状态不依赖于要隐形传态的状态 $|\psi\rangle$,因此 Bob 进行的任何测量都不包含关于 $|\psi\rangle$ 的信息,故阻止了 Alice 用隐形传态以超光速向 Bob 传送信息。

4.3 Schmidt 分解和纯化

密度算子和偏迹仅仅是研究复合量子系统的大量有用工具中最初步的内容,这些工具对量子计算与量子信息的研究起关键作用。Schmidt 分解和纯化(Purification)是另外两个很有价值的工具,本节就来介绍这两个工具并初步展示它们的作用。

定理 4.4(Schmidt 分解) 设 $|\psi\rangle$ 是复合系统 AB 的一个纯态,则存在系统 A 的标准正交基 $|i_A\rangle$ 和系统 B 的标准正交基 $|i_B\rangle$,使得

$$|\psi\rangle = \sum_i \lambda_i |i_A\rangle |i_B\rangle \tag{4-90}$$

其中,λ_i 是满足 $\sum_i \lambda_i^2 = 1$ 的非负实数,称为 Schmidt 系数。

这个结果非常有用。为了解其用途,考虑下面的结论:令 $|\psi\rangle$ 是复合系统 AB 的一个纯态,则由 Schmidt 分解,得 $\rho^A = \sum_i \lambda_i^2 |i_A\rangle\langle i_A|$ 和 $\rho^B = \sum_i \lambda_i^2 |i_B\rangle\langle i_B|$,于是两个密度算子 ρ^A 和 ρ^B 的特征值相同,均为 λ_i^2。量子系统的许多重要性质完全取决于系统约化密度算子的特征值,因此对复合系统的纯态而言,两个系统的这些性质将相同。例如,考虑双量子比特的状态 $(|00\rangle + |01\rangle + |11\rangle)/\sqrt{3}$,它没有明显的对称性,但如果计算 $\mathrm{tr}((\rho^A)^2)$ 和 $\mathrm{tr}((\rho^B)^2)$,会发现它们的值相等,都是 $7/9$。这只是 Schmidt 分解的一个小小的结论。

证明 证明系统 A 和 B 具有相同状态空间维数的情形,一般情况的证明略。令 $|j\rangle$ 和 $|k\rangle$ 分别为系统 A 和 B 的固定的标准正交基,则 $|\psi\rangle$ 对某个具有复数元素 a_{jk} 的矩阵 a 可写成:

$$|\psi\rangle = \sum_{jk} a_{jk} |j\rangle |k\rangle \tag{4-91}$$

由奇异值分解,$a = udv$,其中 d 是具有非负元素的对角阵,u 和 v 是幺正矩阵。于是,

$$|\psi\rangle = \sum_{ijk} u_{ji} d_{ii} v_{ik} |j\rangle |k\rangle \tag{4-92}$$

定义 $|i_A\rangle \equiv \sum_i u_{ji}|j\rangle$,$|i_B\rangle \equiv \sum_k v_{ik}|k\rangle$ 和 $\lambda_i \equiv d_{ii}$,可给出:

$$|\psi\rangle = \sum_i \lambda_i |i_A\rangle |i_B\rangle \tag{4-93}$$

从 u 的幺正性和 $|j\rangle$ 的标准正交性,容易验证 $|i_A\rangle$ 构成一个标准正交集,同理 $|i_B\rangle$ 也

构成一个标准正交集。

基 $|i_A\rangle$ 和 $|i_B\rangle$ 分别称为 A 和 B 的 Schmidt 基,且非零 λ_i 的个数称为状态 $|\psi\rangle$ 的 Schmidt 数。Schmidt 数是复合量子系统的重要属性,在某种意义下是量化系统 A 和 B 之间纠缠的"量"。为了解这个概念,考虑下面明显而重要的性质:Schmidt 数在系统 A 或 B 的单独幺正变换下保持不变。为看清这一点,注意如果 $\sum_i \lambda_i |i_A\rangle |i_B\rangle$ 是对 $|\psi\rangle$ 的 Schmidt 分解,那么 $\sum_i \lambda_i (U |i_A\rangle) |i_B\rangle$ 是 $U|\psi\rangle$ 的 Schmidt 分解,其中 U 是只作用在系统 A 上的幺正算子。这种代数不变性使 Schmidt 数成为非常有用的工具。

与量子计算与量子信息有关的另一技术是纯化(Purification)。给定量子系统 A 的状态 ρ^A,可以引入另一个系统,记作 R,并为联合系统 AR 定义纯态 $|AR\rangle$,使得 $\rho^A = \mathrm{tr}_R(|AR\rangle\langle AR|)$。也就是说,当只看系统 A 时,纯态 AR 退化为 ρ^A。这是一个纯粹的数学过程,称为纯化,把纯态和混合态联系起来。为此称 R 为参考系统:它是一个假想的系统,没有直接的物理意义。

为证明纯化可以对任意状态进行,来说明如何为 ρ^A 构造系统 R 和纯化 $|AR\rangle$。设 ρ^A 有标准正交分解 $\rho^A = \sum_i p_i |i^A\rangle\langle i^A|$,为对 ρ^A 进行纯化而引入系统 R,它与 A 具有相同的状态空间,标准正交基为 $|i^R\rangle$。复合系定义纯态

$$|AR\rangle \equiv \sum_i \sqrt{p_i} |i^A\rangle |i^R\rangle \tag{4-94}$$

现在计算系统 A 对应于状态 $|AR\rangle$ 的约化密度算子

$$\begin{aligned}
\mathrm{tr}_R(|AR\rangle\langle AR|) &= \sum_{ij} \sqrt{p_i p_j} |i^A\rangle\langle j^A| \, \mathrm{tr}(|i^R\rangle\langle j^R|) \\
&= \sum_{ij} \sqrt{p_i p_j} |i^A\rangle\langle j^A| \delta_{ij} \\
&= \sum_{ij} p_i |i^A\rangle\langle i^A| = \rho^A
\end{aligned} \tag{4-95}$$

于是 $|AR\rangle$ 是 ρ^A 的纯化。

注意 Schmidt 分解和纯化有密切的关系:用于纯化一个系统 A 混合态的过程是定义一个纯态。该纯态相对系统 A 的 Schmidt 基恰好将混合态对角化,并且 Schmidt 系数是被纯化的密度算子的特征值的平方根。

4.4 结　　论

从经典的眼光看,量子力学的独特之处在于不能直接观察状态向量。经典物理学描述一个对象的基本属性,如能量、位置和速率,这些都是可以通过观察得到的。

在量子力学中,这些量不再是基本的,被不能直接观察的状态向量取代。量子力学中好像存在一个只能间接和不完全访问的隐藏的世界。只观察一个经典系统不一定引起系统状态的改变,但按照假设 3,观察量子系统是一个破坏性的过程,通常要改变系统的状态。

量子力学的上述 4 个假设是彼此相关,不可分割的整体,它们共同建构了量子力学的理论框架。从这些假设出发推导出的一些重要结论,解释并预测了许多微观领域的现象。量子力学发展至今已近一百多年,大量的实验事实证明了作为量子力学理论基础的这些假设的正确性,并且就它们的形式结构而言,也并非令人难以理解。

例 4.23 验证 Bell 基构成双量子比特空间的一个标准正交基。

验证 已知 $|\beta_{00}\rangle = \frac{1}{\sqrt{2}}(|00\rangle + |11\rangle)$, $|\beta_{01}\rangle = \frac{1}{\sqrt{2}}(|00\rangle - |11\rangle)$, $|\beta_{10}\rangle = \frac{1}{\sqrt{2}}(|10\rangle + |01\rangle)$, $|\beta_{11}\rangle = \frac{1}{\sqrt{2}}(|01\rangle - |10\rangle)$,那么

$$\langle\beta_{00}|\beta_{00}\rangle = \frac{1}{\sqrt{2}}(\langle00| + \langle11|)\frac{1}{\sqrt{2}}(|00\rangle + |11\rangle)$$

$$= \frac{1}{2}(\langle00|00\rangle + \langle00|11\rangle + \langle11|00\rangle + \langle11|11\rangle)$$

$$= \frac{1}{2}(\langle00|00\rangle + \langle11|11\rangle) = 1$$

$$\langle\beta_{00}|\beta_{01}\rangle = \frac{1}{\sqrt{2}}(\langle00| + \langle11|)\frac{1}{\sqrt{2}}(|00\rangle - |11\rangle)$$

$$= \frac{1}{2}(\langle00|00\rangle - \langle00|11\rangle + \langle11|00\rangle - \langle11|11\rangle)$$

$$= \frac{1}{2}(\langle00|00\rangle - \langle11|11\rangle) = 0$$

同理得 $\langle\beta_{ij}|\beta_{ij}\rangle = 1, i, j \in \{0,1\}$, $\langle\beta_{ji}|\beta_{ij}\rangle = 0, i, j \in \{0,1\}$ $i \neq j$,所以 Bell 基构成双量子比特空间的一个标准正交基。

例 4.24 设 E 是作用在 Alice 的量子比特上的任意半正定算子,证明当 $|\psi\rangle$ 是四个 Bell 态之一时,$\langle\psi|E\rangle I|\psi\rangle$ 取相同的值。设某个怀有恶意的第三方(Eve)在超密编码协议中发送给 Bob 的途中截获了 Alice 的量子比特,Eve 可能推断出 Alice 试图发送的是四个比特串 $\{00,01,10,11\}$ 中的哪一个码? 如果是这样,如何推断? 如果不是这样,为什么?

分析 Eve 无法推断出 Alice 发送的比特串是四个比特串集合 $\{00,01,10,11\}$ 中的哪一个。因为 $|\beta_{xy}\rangle = \frac{1}{\sqrt{2}}|0,y\rangle + (-1)^x|1,\bar{y}\rangle)$,可得

$$\langle\beta_{xy}|E\otimes I|\beta_{xy}\rangle=\frac{1}{2}\left[\langle 0,y|E\otimes I|0,y\rangle+(-1)^{2x}\langle 1,\bar{y}|E\otimes I|1,\bar{y}\rangle\right]$$

$$=\frac{1}{2}(\langle 0|E|0\rangle\otimes\langle y|I|y\rangle+\langle 1|E|1\rangle\otimes\langle\bar{y}|I|\bar{y}\rangle)$$

$$=\frac{1}{2}(\langle 0|E|0\rangle+\langle 1|E|1\rangle)$$

其中，$\langle y|I|y\rangle=\langle\bar{y}|I|\bar{y}\rangle=1$。显然，无论选择集合 $\{00,01,10,11\}$ 中的哪一个 $\langle\psi|E\otimes I|\psi\rangle$ 都取相同的值，即 $|\beta_{xy}\rangle$ 都与 x,y 无关，所以 Eve 不可能推断出 Alice 试图发送的比特串。

第 5 章

量 子 计 算

1982 年物理学家费曼提出用容易操控的标准量子系统对复杂量子系统进行模拟的方法,将量子力学和计算问题结合在一起,解决了经典计算机无法解决的量子问题,如多体系统希尔伯特空间随系统大小呈指数增长的问题。虽然当时并不存在这样一台量子模拟器,但费曼这一思想直接影响了量子计算的后续发展。1985 年 Deutsch 提出了量子图灵机的概念,它类似于经典图灵机在经典计算机中的角色。量子图灵机在理论上告诉人们存在普适的基于量子力学的模型来实现计算功能,即经典计算机能够实现的计算功能也可以在量子模型下实现。1992 年 Deutsch 和 Jozsa 给出了第一个量子算法,即 Deutsch-Jozsa 算法,在他们提出的这个问题中,量子计算相对于经典计算具有指数加速。1993 年 Bernstein 和 Vazirani 以及 Simon 均提出了以他们名字命名的量子算法,这些算法都表明相对于经典计算机,在解决某些特定问题时,量子计算机更具有优势。

5.1 量子计算模型

量子图灵机为人们提供了量子计算的原始模型,可以解决一系列经典算法无法有效解决的计算问题。通常的量子计算采用量子线路模型,它是对经典计算线路模型的一种扩展。

5.1.1 量子线路模型

量子计算的基本模型是量子线路模型,任何量子计算都可由一小组通用门表示。量子线路模型是和经典线路并行的模型,无论是使用的语言还是构造方法都和经典计算相似,只需要将经典的逻辑门换成量子的逻辑门即可。一般来说,一个量子计算的过程,可以表示成整体系统的幺正变换。可以证明,任意系统的幺正变换都可以表示成两比特受控非门(CNOT)和单比特旋转门生成的组合,这个组合过程就是量子线路。所以,从量子线路的角度来看,只要能实现完美的两比特受控非门和任意的单比特旋转,就可以实现普适的量子计算。不同的量子算法,对应于不同的量子线路,量子线路模型的优点是可以借鉴经典计算线路的思想、概念和经验来设计新的量子算法。

1. 单量子比特门

量子计算的发展从单量子比特上的运算开始,尽管单量子比特运算很简单,但单量子比特运算为建造各种例子和技术提供了丰富的空间。一个单量子比特是一个向量 $|\psi\rangle = a|0\rangle + b|1\rangle$,其中 a,b 为复数,且满足 $|a|^2 + |b|^2 = 1$。量子比特上的运算必须保持算子范数,一般由 2×2 幺正矩阵给出。

常见的 Pauli 矩阵如式(5-1):

$$X \equiv \begin{pmatrix} 0 & 1 \\ 1 & 0 \end{pmatrix}, \quad Y \equiv \begin{pmatrix} 0 & i \\ -i & 0 \end{pmatrix}, \quad Z \equiv \begin{pmatrix} 1 & 0 \\ 0 & -1 \end{pmatrix} \tag{5-1}$$

另外,常见的三个量子门分别是哈达玛门(Hadamard,H)、相位门(Phase Gate,记作 S)和 π/8 门(记作 T),如式(5-2)所示。

$$H = \frac{1}{\sqrt{2}} \begin{pmatrix} 1 & 1 \\ 1 & -1 \end{pmatrix}, \quad S = \begin{pmatrix} 1 & 0 \\ 0 & i \end{pmatrix}, \quad T = \begin{pmatrix} 1 & 0 \\ 0 & \exp(i\pi/4) \end{pmatrix} \tag{5-2}$$

特别地,

$$H = \frac{X+Z}{\sqrt{2}}$$

$$S = T^2$$

注意:T 门,也称为 π/8 门,而定义中出现的却是 π/4。这是因为除了一个不重要的全局相位外,T 等同于一个在对角线上是 $\exp(\pm i\pi/8)$ 的门。

$$T = \exp(i\pi/8) \begin{pmatrix} \exp(-i\pi/8) & 0 \\ 0 & \exp(i\pi/8) \end{pmatrix} \tag{5-3}$$

一个处于状态 $a|0\rangle + b|1\rangle$ 的单量子比特可显示为单位球面上的点 (θ, φ),其中 $a = \cos(\theta/2)$,$b = e^{i\varphi}\sin(\theta/2)$。因为状态的全局相位是不可观测的,$a$ 可以取为实数。向量 $(\cos\varphi\sin\theta, \sin\varphi\sin\theta, \cos\theta)$ 称为 Bloch 向量。

$R_z(\theta)$ 也称为相移门,提出一个全局相位后,$R_z(\theta)$ 可以表达为:

$$R_z(\theta) = \begin{pmatrix} 1 & 0 \\ 0 & e^{i\theta} \end{pmatrix} \tag{5-4}$$

相移门 $R_z(\theta)$ 把 $|0\rangle$ 变成 $|0\rangle$，把 $|1\rangle$ 变成 $e^{i\theta}|1\rangle$。因为整体相位没有任何物理意义，计算基态所对应的态 $|0\rangle$ 和 $|1\rangle$ 并没有改变。相移门 $R_z(\delta)$ 作用于一个一般的单量子比特 $|\psi\rangle = \cos\frac{\theta}{2}|0\rangle + e^{i\varphi}\sin\frac{\theta}{2}|1\rangle$，可以给出：

$$R_z(\delta)|\psi\rangle = \begin{pmatrix} 1 & 0 \\ 0 & e^{i\delta} \end{pmatrix}\begin{pmatrix} \cos\dfrac{\theta}{2} \\ e^{i\varphi}\sin\dfrac{\theta}{2} \end{pmatrix} = \begin{pmatrix} \cos\dfrac{\theta}{2} \\ e^{i(\varphi+\delta)}\sin\dfrac{\theta}{2} \end{pmatrix} \tag{5-5}$$

容易看出，相移门 $R_z(\delta)$ 的效果是在 Bloch 球面上绕 z 轴逆时针旋转角度 δ。

任何作用于单量子比特的幺正运算，都可以利用 Hadamard 门和相移门实现。事实上，一个幺正变换对于一个量子比特的态的作用，是将 Bloch 球面上的一点移动到另外一点，而这一移动完全可以利用这两个量子门来实现。一个一般的态都可以从 $|0\rangle$ 出发通过以下方式得到：

$$R_z\left(\frac{\pi}{2}+\varphi\right)HR_z(\theta)H|0\rangle = e^{i\frac{\theta}{2}}\left(\cos\frac{\theta}{2}|0\rangle + e^{i\varphi}\sin\frac{\theta}{2}|1\rangle\right) \tag{5-6}$$

更一般地，在 Bloch 球上把量子态从 (θ_1,φ_1) 移动到 (θ_2,φ_2) 的幺正运算是：

$$R_z\left(\frac{\pi}{2}+\varphi_2\right)HR_z(\theta_2-\theta_1)HR_z\left(-\frac{\pi}{2}-\varphi_1\right) \tag{5-7}$$

下面考虑轴旋转的幺正变换。由 Pauli 矩阵导出三类有用的幺正矩阵，称为关于 $\hat{x}, \hat{y}$ 和 $\hat{z}$ 轴的旋转算子，定义如下：

$$R_x(\theta) \equiv e^{i\theta X/2} = \cos\frac{\theta}{2}I - i\sin\frac{\theta}{2}X = \begin{pmatrix} \cos\dfrac{\theta}{2} & -i\sin\dfrac{\theta}{2} \\ -i\sin\dfrac{\theta}{2} & \cos\dfrac{\theta}{2} \end{pmatrix} \tag{5-8}$$

$$R_y(\theta) \equiv e^{i\theta Y/2} = \cos\frac{\theta}{2}I - i\sin\frac{\theta}{2}Y = \begin{pmatrix} \cos\dfrac{\theta}{2} & -\sin\dfrac{\theta}{2} \\ \sin\dfrac{\theta}{2} & \cos\dfrac{\theta}{2} \end{pmatrix} \tag{5-9}$$

$$R_z(\theta) \equiv e^{i\theta Z/2} = \cos\frac{\theta}{2}I - i\sin\frac{\theta}{2}Z = \begin{pmatrix} e^{-i\theta/2} & 0 \\ 0 & e^{i\theta/2} \end{pmatrix} \tag{5-10}$$

其中，$R_z(\theta)$ 和前面定义的相移门只是相差一个全局向量。

令 x 为任意实数，A 为幺正矩阵，即满足 $A^2=I$，那么

$$\exp(iAx) = \cos(x)I + i\sin(x)A \tag{5-11}$$

这是因为

$$\exp(iAx) = I + iAx - \frac{1}{2!}Ix^2 - \frac{1}{3!}iAx^3 + \frac{1}{4!}Ix^4 + \cdots$$

$$= \left(1 - \frac{1}{2!}x^2 + \frac{1}{4!}x^4 + \cdots\right)I + i\left(x - \frac{1}{3!}x^3 + \frac{1}{5!}x^5 + \cdots\right)A$$

$$= \cos(x)I + i\sin(x)A \tag{5-12}$$

在上述量子门中，Hadamard 门是最常用而又最重要的量子门，其作用可通过图 5-1 所示的 Bloch 球面加以说明。在该图中，Hadamard 门的作用恰好是先使 φ 绕 y 轴旋转 $90°$，再绕 x 轴旋转 $180°$，即对应球面上的旋转和反射。

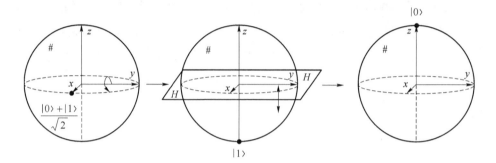

图 5-1　作用于 $|0\rangle + |1\rangle/\sqrt{2}$ 上的 Hadamard 门在 Bloch 球面上的显示

那么 Hadamard 门可以表示为：

$$H = \exp\left(i\frac{\pi}{2}\right)R_x(\pi)R_y\left(\frac{\pi}{2}\right) \tag{5-13}$$

则

$$H|0\rangle = \exp\left(i\frac{\pi}{2}\right)R_x(\pi)R_y\left(\frac{\pi}{2}\right)|0\rangle$$

$$= \exp\left(i\frac{\pi}{2}\right)\begin{pmatrix} 0 & -i \\ -i & 0 \end{pmatrix}\begin{pmatrix} \frac{\sqrt{2}}{2} & -\frac{\sqrt{2}}{2} \\ \frac{\sqrt{2}}{2} & \frac{\sqrt{2}}{2} \end{pmatrix}\begin{pmatrix} 1 \\ 0 \end{pmatrix}$$

$$= \exp\left(i\frac{\pi}{2}\right)\begin{pmatrix} -\frac{\sqrt{2}}{2}i \\ -\frac{\sqrt{2}}{2}i \end{pmatrix} = \begin{pmatrix} \frac{\sqrt{2}}{2} \\ \frac{\sqrt{2}}{2} \end{pmatrix}$$

$$= \frac{1}{\sqrt{2}}(|0\rangle + |1\rangle)$$

当然对于 Hadamard 门也可以表示为：

$$H = \exp\left(i\frac{\pi}{4}\right)R_x\left(\frac{\pi}{2}\right)R_z\left(\frac{\pi}{2}\right) \tag{5-14}$$

单量子比特上的任意的幺正算子可以写成很多种形式,如旋转的组合,再加上一个该量子比特上的全局相移。定理 5.1 提供了一种表达任意单量子比特旋转的方法,它在后面受控算子的应用中特别有用。

定理 5.1(单量子比特的 z-y 分解) 设 U 是单量子比特上的幺正算子,则存在实数 α,β,γ 和 δ,使得

$$U = \mathrm{e}^{i\alpha} R_z(\beta) R_y(\gamma) R_z(\delta) \tag{5-15}$$

证明 由于 U 是幺正的,U 的行和列是正交的,于是可知存在实数 α,β,γ 和 δ,使得

$$U = \begin{pmatrix} \mathrm{e}^{i(\alpha-\beta/2-\delta/2)} \cos\dfrac{\gamma}{2} & -\mathrm{e}^{i(\alpha-\beta/2+\delta/2)} \sin\dfrac{\gamma}{2} \\ \mathrm{e}^{i(\alpha+\beta/2-\delta/2)} \sin\dfrac{\gamma}{2} & \mathrm{e}^{i(\alpha+\beta/2+\delta/2)} \cos\dfrac{\gamma}{2} \end{pmatrix} \tag{5-16}$$

从旋转矩阵和矩阵相乘的定义,立即可以得到式(5-16)。

任意的单量子比特除了 z-y 分解,类似地还得到旋转的 x-y 分解、x-z 分解。

推论 5.2 设 U 是单量子比特上的幺正门,则存在单量子比特上的幺正算子 A、B、C,使得 $ABC = I$ 且 $U = \mathrm{e}^{i\alpha} AXBXC$,其中 α 为某个全局相位因子。

证明 令

$$A \equiv R_z(\beta) R_y(\gamma/2), \quad B \equiv R_y(-\gamma/2) R_z(-(\delta+\beta)/2), \quad C \equiv R_z((\delta-\beta)/2)$$

注意:

$$ABC = R_z(\beta) R_y\left(\frac{\gamma}{2}\right) R_z\left(-\frac{\delta+\beta}{2}\right) R_z\left(\frac{\delta+\beta}{2}\right) = I \tag{5-17}$$

由于 $X^2 = I$,可得:

$$XBX = XR_y\left(-\frac{\gamma}{2}\right) XX R_z\left(-\frac{\delta+\beta}{2}\right) X = R_y\left(\frac{\gamma}{2}\right) R_z\left(\frac{\delta+\beta}{2}\right) \tag{5-18}$$

于是,

$$AXBXC = R_z(\beta) R_y\left(\frac{\gamma}{2}\right) R_y\left(\frac{\gamma}{2}\right) R_z\left(\frac{\delta+\beta}{2}\right) R_z\left(\frac{\delta-\beta}{2}\right) \tag{5-19}$$

$$= R_z(\beta) R_y(\gamma) R_z(\delta) \tag{5-20}$$

因此,$U = \mathrm{e}^{i\alpha} AXBXC$ 且 $ABC = I$。

对于 Hadamard 门,

$$H = \exp\left(\frac{i\pi}{2}\right) \left[R_z(0) R_y\left(\frac{\pi}{4}\right) \right] X \left[R_y\left(-\frac{\pi}{4}\right) R_z\left(-\frac{\pi}{2}\right) \right] X \left[R_z\left(\frac{\pi}{2}\right) \right] \tag{5-21}$$

表 5-1 给出常用单量子比特门的符号。回忆量子线路的基本性质:时间前进自左向右,连线代表量子比特,而"/"用于指示量子比特束。

表 5-1　常用单量子比特的名称、符号和幺正矩阵

名称	符号	矩阵表示
Hadamard 门	H	$\dfrac{1}{\sqrt{2}}\begin{pmatrix} 1 & 1 \\ 1 & -1 \end{pmatrix}$
Pauli-X 门	X	$\begin{pmatrix} 0 & 1 \\ 1 & 0 \end{pmatrix}$
Pauli-Y 门	Y	$\begin{pmatrix} 0 & -i \\ i & 0 \end{pmatrix}$
Pauli-Z 门	Z	$\begin{pmatrix} 1 & 0 \\ 0 & -1 \end{pmatrix}$
相位门	S	$\begin{pmatrix} 1 & 0 \\ 0 & i \end{pmatrix}$
$\pi/8$ 门	T	$\begin{pmatrix} 1 & 0 \\ 0 & e^{i\pi/4} \end{pmatrix}$
量子旋转门		$\begin{pmatrix} \cos\theta & -\sin\theta \\ \sin\theta & \cos\theta \end{pmatrix}$

2. 受控量子门

"若 A 为真,则 B 亦为真",不管是经典还是量子计算,这类受控运算(Controlled Operation)都是计算中最有用的运算之一。

(1) 受控非门

输入 A、B,通过受控非门(Controlled Not Gate,C-NOT)输出 A'、B' 为:

$$A'=A;\quad B'=A\oplus B \tag{5-22}$$

也就是说,对于输入 A',$A'=A$ 原封不动地输出;对于 B',当 $A=0$ 时,$B'=B$,原封不动地输出;当 $A=1$ 时,$B'\rightarrow\bar{B}$ 输出。其中"—"表示反转,即 $\bar{0}=1,\bar{1}=0$。如果只看输出,很像 A 和 B 的 XOR 门,因此,电路图可以描绘成图 5-2,其真值表和电路图如图 5-3(a)与(b)所示。

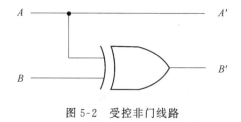

图 5-2　受控非门线路

A	B	A'	B'
0	0	0	0
0	1	0	1
1	0	1	1
1	1	1	0

（a）真值表

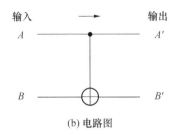

（b）电路图

图 5-3 受控非门的真值表和电路图

多比特量子体系的态向量可以用子体系态向量的直积表示。例如,对 2 量子比特体系,假定每个子体系的自由度均为 2。其输入和输出状态均为 $2 \times 2 = 4$ 维矢量。如果用 $|q_A\rangle$,$|q_B\rangle$ 分别表示力学量 A、B 的本征态,$|q_A\rangle$,$|q_B\rangle$ 均可取 $|0\rangle$ 或 $|1\rangle$,且将体系的状态用 $|q_A\rangle \otimes |q_B\rangle$ 或简写成 $|q_A q_B\rangle$ 的形式表示,则按 $|00\rangle$,$|01\rangle$,$|10\rangle$,$|11\rangle$ 顺序排列的基态,可用 4 维 Hilbert 空间中的列向量表示：

$$|00\rangle = \begin{pmatrix} 1 \\ 0 \\ 0 \\ 0 \end{pmatrix}, \quad |01\rangle = \begin{pmatrix} 0 \\ 1 \\ 0 \\ 0 \end{pmatrix}, \quad |10\rangle = \begin{pmatrix} 0 \\ 0 \\ 1 \\ 0 \end{pmatrix}, \quad |11\rangle = \begin{pmatrix} 0 \\ 0 \\ 0 \\ 1 \end{pmatrix} \tag{5-23}$$

如果用 U 表示受控非门,则 U 的作用使 4 个基态为：

$$U|00\rangle = |00\rangle \tag{5-24}$$

$$U|01\rangle = |01\rangle \tag{5-25}$$

$$U|10\rangle = |11\rangle \tag{5-26}$$

$$U|11\rangle = |10\rangle \tag{5-27}$$

由此可以得到受控非门的矩阵表示为：

$$U = \begin{pmatrix} 1 & 0 & 0 & 0 \\ 0 & 1 & 0 & 0 \\ 0 & 0 & 0 & 1 \\ 0 & 0 & 1 & 0 \end{pmatrix} \tag{5-28}$$

如果考虑一般的 n 个量子比特体系,则输入和输出状态可用 2^n 维向量表示。

将单比特幺正变换进行推广,2 比特体系的受控量子门可以定义如下:

① $A=0$ 时,$A'=A=0$,且 $B'=B$;

② $A=1$ 时,$A'=A=1$,但 B 经幺正变换,$B' \neq B$。

幺正变换的矩阵形式是

$$\begin{pmatrix} 1 & 0 & 0 & 0 \\ 0 & 1 & 0 & 0 \\ 0 & 0 & \langle 0|U|0 \rangle & \langle 0|U|1 \rangle \\ 0 & 0 & \langle 1|U|0 \rangle & \langle 1|U|1 \rangle \end{pmatrix} \tag{5-29}$$

电路图如图 5-4 所示。

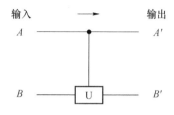

图 5-4　受控逻辑门

特别是当 $U=U(\phi)$ 时,上述矩阵称为控制相位门。它是常用在量子 Fourier 变换等实现量子算法的最重要量子门之一,其幺正矩阵表示为:

$$U(\phi) = \begin{pmatrix} 1 & 0 & 0 & 0 \\ 0 & 1 & 0 & 0 \\ 0 & 0 & 1 & 0 \\ 0 & 0 & 0 & e^{i\phi} \end{pmatrix} \tag{5-30}$$

(2) 交换门

交换门,指交换 2 量子比特态向量的逻辑门。它的幺正变换的矩阵形式为:

$$\begin{pmatrix} 1 & 0 & 0 & 0 \\ 0 & 0 & 1 & 0 \\ 0 & 1 & 0 & 0 \\ 0 & 0 & 0 & 1 \end{pmatrix}$$

其电路图如图 5-5 所示。在经典计算机电路中,由于电路的输入和输出是分开的,输出连到其他器件,因此交换只不过是线路变换问题。但在量子计算机里,由于在多数情况下要跟踪一个量子态随时间的演化,交换也是很重要的逻辑门。

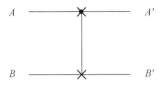

图 5-5　交换门

（3）Fredkin 门

Fredkin 门也称为受控交换门，它是一种 3 比特逻辑门，它的作用是：

$$A' = A \tag{5-31}$$

$$B' = (\bar{A} \cdot B) + (A \cdot C) \tag{5-32}$$

$$C' = (\bar{A} \cdot C) + (A \cdot B) \tag{5-33}$$

也就是说，输出 A' 就等于输入 A，而对 B'，C'，当 $A = 0$ 时，$B' = B$，$C' = C$；当 $A = 1$ 时，$B' = C$，$C' = B$。

Fredkin 门的真值表和电路图如图 5-6 所示。

A	B	C	A'	B'	C'
0	0	0	0	0	0
0	0	1	0	0	1
0	1	0	0	1	0
0	1	1	0	1	1
1	0	0	1	0	0
1	0	1	1	1	0
1	1	0	1	0	1
1	1	1	1	1	1

（a）真值表

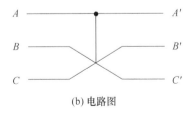

（b）电路图

图 5-6　Fredkin 门的真值表和电路图

输出 B' 在 $A = 0$ 时，$B' = B$；在 $A = 1$ 时，$B' = C$。这就相当于将 A 作为目标（地址），在 B 或 C 当中任选一个的多路选择器（Multiplexer）。利用固定输入当中的一部分的方法，还可以实现各种基本量子门。举例如下。

基于 Fredkin 门的 AND 门:固定输入 $C=0$,则 $C'=AB$,得到 AND 门。

基于 Fredkin 门的 NOT 门:固定输入 $B=0,C=1$,则 $C'=\bar{A}$,得到 NOT 门。

(4) Toffoli 门

Toffoli 门也称为受控-受控非门(Contrilled-Controlled Not Gate),定义如下:

$$A'=A \tag{5-34}$$

$$B'=B \tag{5-35}$$

$$C'=C\oplus(A \cdot B) \tag{5-36}$$

其真值表和电路图如图 5-7 所示。

A	B	C	A'	B'	C'
0	0	0	0	0	0
0	0	1	0	0	1
0	1	0	0	1	0
0	1	1	0	1	1
1	0	0	1	0	0
1	0	1	1	0	1
1	1	0	1	1	1
1	1	1	1	1	0

(a) 真值表

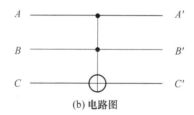

(b) 电路图

图 5-7 Toffoli 门的真值表和电路图

由于 Toffoli 门是 3 比特门,输入、输出态矢量均为 8 维,Toffoli 门是 8×8 矩阵:

$$
\begin{pmatrix}
1 & 0 & 0 & 0 & 0 & 0 & 0 & 0 \\
0 & 1 & 0 & 0 & 0 & 0 & 0 & 0 \\
0 & 0 & 1 & 0 & 0 & 0 & 0 & 0 \\
0 & 0 & 0 & 1 & 0 & 0 & 0 & 0 \\
0 & 0 & 0 & 0 & 1 & 0 & 0 & 0 \\
0 & 0 & 0 & 0 & 0 & 1 & 0 & 0 \\
0 & 0 & 0 & 0 & 0 & 1 & 0 & 1 \\
0 & 0 & 0 & 0 & 0 & 0 & 1 & 0
\end{pmatrix}
$$

对 Toffoli 门,当取 $A=1$ 时,$C'=B\oplus C$,变成受控非门。如果取 $C=0$,则 $C'=A\cdot B$,因此得到与门。

3. 通用量子门

基本逻辑门的逻辑符号包括与(AND)、或(OR)、异或(XOR)(互斥或)、与非(NAND)和或非(NOR)门。比特上的任意函数可以仅用与非门的复合来计算,因而与非门称为一个通用门。

考虑一个作用在 d 维 Hilbert 空间上的幺正矩阵 U,若存在两级幺正矩阵 U_1,$U_2,\cdots,U_n$,使得 $U_n\cdots U_1 U=I$,则 $U=U_1^\dagger U_2^\dagger\cdots U_n^\dagger$,这说明 d 维 Hilbert 空间上的任意幺正矩阵可以写成两级幺正矩阵的乘积形式,从而表明两级幺正门具有通用性。设 U 具有的形式为:

$$U=\begin{pmatrix} a & d & g \\ b & e & h \\ c & f & j \end{pmatrix} \tag{5-37}$$

下面说明如何将 U 分解为两级幺正矩阵的乘积。首先,用下述过程构造 U_1。

若 $b=0$,则取

$$U_1=\begin{pmatrix} 1 & 0 & 0 \\ 0 & 1 & 0 \\ 0 & 0 & 1 \end{pmatrix} \tag{5-38}$$

若 $b\neq 0$,则取

$$U_1=\begin{pmatrix} \dfrac{a^*}{\sqrt{|a|^2+|b|^2}} & \dfrac{b^*}{\sqrt{|a|^2+|b|^2}} & 0 \\ \dfrac{b}{\sqrt{|a|^2+|b|^2}} & \dfrac{-a}{\sqrt{|a|^2+|b|^2}} & 0 \\ 0 & 0 & 1 \end{pmatrix} \tag{5-39}$$

在上述两种情况下,U_1 均为一个两级幺正矩阵。将 U_1 与 U 作乘法得到:

$$U_1 U=\begin{pmatrix} a' & d' & g' \\ 0 & e' & h' \\ c' & f' & j' \end{pmatrix} \tag{5-40}$$

上述取法的目的在于保证 $U_1 U$ 的结果中左数第 1 列的中间项为 0,矩阵的其他项用加上撇号的符号表示,其实际值并不重要。类似地,找出一个两级幺正矩阵 U_2,使得 $U_2 U_1 U$ 左下角元素为 0,即 $c'=0$,取

$$U_2 = \begin{pmatrix} a'^* & 0 & 1 \\ 0 & 1 & 0 \\ 0 & 0 & 1 \end{pmatrix} \tag{5-41}$$

若 $c' \neq 0$，取

$$U_2 = \begin{pmatrix} \dfrac{a'^*}{\sqrt{|a'|^2 + |c'|^2}} & 0 & \dfrac{c'^*}{\sqrt{|a'|^2 + |c'|^2}} \\ 0 & 1 & 0 \\ \dfrac{c'}{\sqrt{|a'|^2 + |c'|^2}} & 0 & \dfrac{-a'}{\sqrt{|a'|^2 + |c'|^2}} \end{pmatrix} \tag{5-42}$$

在上述两种情况下，作矩阵乘法均得到：

$$U_2 U_1 U = \begin{pmatrix} 1 & d'' & g'' \\ 0 & e'' & h'' \\ 0 & f'' & j'' \end{pmatrix} \tag{5-43}$$

由于 U、U_1、U_2 是幺正的，所以 $U_2 U_1 U$ 也是幺正的，又因为 $U_2 U_1 U$ 第一行的模必须为 1，所以 $d'' = g'' = 0$，最后取

$$U_3 = \begin{pmatrix} 1 & 0 & 0 \\ 0 & e''^* & f''^* \\ 0 & h''^* & 1 \end{pmatrix} \tag{5-44}$$

容易验证 $U_3 U_2 U_1 U = I$，于是 $U = U_1^\dagger U_2^\dagger U_3^\dagger$ 是 U 的两级幺正分解。

更一般地，设 U 作用在 d 维空间上，则类似于 3×3 的情况，可以找到两级幺正矩阵 $U_1, U_2, \cdots, U_{d-1}$ 使得 $U_{d-1} U_{d-2} \cdots U_1 U$ 左上角元素为 1，而第 2 行和第 2 列的其他元素为 0。接着对 $U_{d-1} U_{d-2} \cdots U_1 U$ 右下角的 $(d-1) \times (d-1)$ 子幺正矩阵重复这个过程，依此类推，最终可把 $d \times d$ 幺正矩阵写为：

$$U = V_1 V_2 \cdots V_k \tag{5-45}$$

其中，矩阵 V_i 是两级幺正矩阵，且

$$k \leqslant (d-1) + (d-2) + \cdots + 1 = d(d-1)/2$$

例如，通过组合 Toffoli 门和受控非门，设计出半加法器和全加法器。

解 对输入 X、Y，半加法器输出 $S = X \oplus Y$，因此可以用受控非门来完成。因进位是 $C = X \cdot Y$，只要在受控-受控非门中最后的输入取 0 就可以，如图 5-8(a)所示。

对输入 X、Y、Z，半加法器输出 $S = X \oplus Y \oplus Z$，因此利用两次受控非门就可以完成。因进位是 $C = X \cdot Y + Y \cdot Z + Z \cdot X$，可以用如图 5-8(b)所示的方法完成。

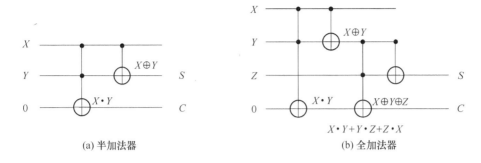

图 5-8　组合可逆逻辑线路的加法器

5.1.2　其他量子计算模型

量子计算机除了和经典计算机有相似的量子线路模型以外,还有自身的一些新的计算模型,如绝热量子计算模型、量子随机行走模型和拓扑量子计算模型等。这些不同的量子计算模型的计算能力一致,可以相互转换。根据具体问题可以选择不同的量子计算模型。

1. 绝热量子计算模型

绝热量子计算模型是量子计算特有的模型。传统量子计算是一种用量子位作为量子信息载体,以一系列有序量子门(幺正矩阵)的作用来完成量子演化的"数字式"计算方式;与传统量子计算相比,绝热量子计算是一种不依赖量子门而依赖于自由时间演化和量子绝热理论的"模拟式"计算模式,它们在对问题的建模、求解和解的读出方面都存在明显的差异。

绝热量子计算模型基于量子绝热定理。量子绝热定理表明:如果量子系统初始处于该系统的基态,足够缓慢地变化系统的哈密顿量,系统如果有能隙保护将一直处于基态。哈密顿量变化的速度将受限于能隙的大小。事实上,很多问题都可以映射到求解某个哈密顿量的基态问题上,特别是一些求极值的组合学问题可以非常方便地得到相应的哈密顿量。然而这样的哈密顿量的基态通常都非常难于直接获得。量子绝热算法给出了一套获得一般哈密顿量的基态的方法。

利用绝热量子演化原理进行计算的过程称为绝热量子计算,其核心思想为:①描述待求解问题的连续哈密顿量过于复杂或难以模拟,但其基态描述了问题的解;②另一个具有简单哈密顿量的系统可被初始化为待求解问题哈密顿量的基态;③具有简单哈密顿量的系统可以绝热演化到①中具备复杂哈密顿量的系统。当上述三点满足时,根据绝热量子演化原理,系统将保持在基态进行绝热演化,其演化的终态也就是基态,描述了待求问题的解。

绝热量子计算基于量子绝热定理,利用量子绝热演化完成量子计算。整个计算过程就是使量子系统绝热演化的过程,该过程可以分为以下几个步骤。

(1) 将要解决的问题的可能答案设为某一系统哈密顿量(记为 H_T)对应量子状态的基态 $|\psi(T)\rangle$,$|\psi(T)\rangle$ 为系统绝热演化的末态,T 表示绝热演化总时间。一般直接求解某一哈密顿量对应的基态都是非常困难的。为了获得想要的量子状态,可以先构造另一个量子系统对应的哈密顿量(记为 H_0),而 H_0 对应初始状态的基态 $|\psi(0)\rangle$ 是比较容易构造的。通过绝热演化的方式,使量子系统从 H_0 缓慢演化到 H_T。绝热演化完毕,系统所处的状态便是所需的 H_T 的基态,即所求的可能答案。

(2) 构造系统的初态和末态哈密顿量分别为:

$$H_0 = I - |\psi(0)\rangle\langle\psi(0)| \tag{5-46}$$

$$H_T = I - |\psi(T)\rangle\langle\psi(T)| \tag{5-47}$$

初态和末态哈密顿量构造可以保证它们的基态分别是所需的 $|\psi(0)\rangle$ 和 $|\psi(T)\rangle$。

(3) 构造量子系统的绝热演化路径。在绝热演化过程中,需要在初态哈密顿量 H_0 和末态哈密顿量 H_T 之间插入一系列随时间变化的哈密顿量,构成系统的绝热演化路径。适当的绝热演化路径对提高绝热量子算法的性能有非常重要的作用。一般地,插入到初态和末态哈密顿量之间含时哈密顿量可取如下形式:

$$H(t) = f(t)H_0 + g(t)H_T \tag{5-48}$$

其中,$f(t)$ 和 $g(t)$ 一般为时间 t 的单调函数,满足如下边界条件:

$$f(0) = 1, f(T) = 0; g(0) = 0, g(T) = 1 \tag{5-49}$$

使得 $H(0) = H_0, H(T) = H_T$。

对线性变化情况,一般可取

$$f(t) = 1 - t/T; g(t) = t/T \tag{5-50}$$

(4) 使系统从 $|\psi(0)\rangle$ 态开始,按薛定谔方程

$$i\hbar\frac{\partial|\psi(t)\rangle}{\partial t} = H(t)|\psi(t)\rangle \tag{5-51}$$

缓慢地演化系统状态。其中,$H(t)$ 为含时哈密顿量,为方便起见,这里取 $\hbar=1$。如果是绝热演化,那么要求系统演化期间必须满足绝热条件。绝热定理要求 $H(t)$ 的演化满足绝热条件:

$$D_{\max}g_{\min}^{-2} \leqslant \varepsilon \tag{5-52}$$

其中,$D_{\max}$ 表示 t 时刻基态和第一激发态之间矩阵元 dH/dt 的最大值,

$$D_{\max} = \max_{0 \leqslant t \leqslant T}\left|\left\langle\psi_1(t)\left|\frac{dH}{dt}\right|\psi_0(t)\right\rangle\right| \tag{5-53}$$

下标 0 和 1 分别表示 t 时刻的系统基态和第一激发态。$g_{\min}$ 表示最小能隙,取值为系统第一激发态和基态的本征能量之差:

$$g_{\min} = \min_{0 \leqslant t \leqslant T} [E_1(t) - E_0(t)] \tag{5-54}$$

ε 为给定的任意小常数,$0 < \varepsilon \ll 1$。

系统在初始时刻($t=0$)处于基态 $|\psi_0(t)\rangle$,在 $H(t)$ 下绝热演化到 T 时刻。根据绝热定理,对给定的任意小 $\varepsilon(0 < \varepsilon \ll 1)$,若满足绝热条件,则任意时刻系统的状态都处于该时刻 $H(t)$ 的瞬时基态。演化结束时,系统末态将以至少 $1-\varepsilon^2$ 的概率处于 $H(T)$ 的基态 $|\psi_0(t)\rangle$,即:

$$|\langle \psi_0(T)|\psi(T)\rangle| \geqslant |1-\varepsilon^2 \tag{5-55}$$

(5)绝热演化结束后,采用适当的测量方法对系统末态进行测量,即可以较高概率得到所要的答案。

在绝热量子计算模型下,只要将 T 选择得足够大,系统初态的基态 $|\psi(0)\rangle$ 将映射到函数的全局极小值。这样,在演化开始后,$H(t)$ 根据绝热理论随着系统的演化缓慢地变化并最终达到终态,绝热演化终态的基态接近于问题的解。

在量子绝热模型中,系统初始哈密顿量的基态非常容易获得,将系统哈密顿量缓慢地从初始哈密顿量变到待求的哈密顿量,根据量子绝热定理,如果初始系统处于基态并且哈密顿量变化足够缓慢,那么末态就是要求的基态。由于计算时间由哈密顿量的变化快慢决定,而变化快慢由整个过程中的哈密顿量的最小能隙决定,因此绝热量子计算的核心问题就变成了估计哈密顿量的能隙。实际问题对应的哈密顿量一般不具有平移对称性,相互作用也不是局域的,哈密顿量的复杂性使得估计其能量间隙成为非常困难的任务。

D-wave 公司推出的超导系统量子计算装置就是基于绝热量子计算模型的。这一模型将一个量子计算的问题转化成了一个量子多体问题。对于量子多体问题,已有一些研究结果可以借鉴参考。反过来,也可以利用这样的量子计算机来研究一些复杂的多体物理问题。

2. 图态量子计算模型

2001 年,Raussendorf 和 Briegel 等人提出了一种完全不同于量子线路模型的新方法,用来实现普适的量子计算,这种模型称为一次性量子计算。要实现一次性量子计算,首先要制备一种特殊的多粒子纠缠态即图态,然后对图态进行一系列单比特测量,最后从剩下的粒子中读出计算结果。

图态指的不是某个具体的量子态,而是一类量子态。对于任意一个有 n 个节点的图 G,都可以定义一个与之对应的 n 粒子图态。首先,给每个节点指派一个对应的粒子。然后,对这些粒子实施一个对应图 G 的操作。如图 5-9 所示,对应着一个六粒子图态。

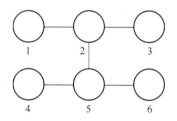

图 5-9　六粒子图态

图态与图的对应规则如下,首先将 n 个粒子都制备到 $|+\rangle = \frac{1}{\sqrt{2}}(|0\rangle + |1\rangle)$ 上。然后,对每一对节点相连的粒子进行一个可控相位操作(C-Phase)。因为这些可控相位操作相互之间都是对易的,所以不需要指定它们的实施顺序。在图态制备好后,就可以对图态进行一系列测量了。这些测量有两个性质:①它们都是单比特测量;②测量的基态量选择可能依赖于早先的测量结果。

图态是和数学上的图联系在一起的多组分量子态,可以利用数学中图的语言来定义和描述。数学上,图定义为:

$$G = (V, E) \tag{5-56}$$

其中,$V = \{1, 2, \cdots, N\}$ 是顶点的集合,$E \in [V]^2$ 是边的集合。考虑简单图,即没有从一个顶点到自身的边,两个顶点之间最多只有一条边。两个简单图 $G_1 = (V_1, E_1)$ 和 $G_2 = (V_2, E_2)$,如果存在一一对应的映射 $f: V_1 \rightarrow V_2$,使得

$$\{a, b\} \in E_1 \Leftrightarrow \{f(a), f(b)\} \in E_2 \tag{5-57}$$

那么 $G_1 = (V_1, E_1)$ 和 $G_2 = (V_2, E_2)$ 称为同形(isomorphisms)的图。非同形图的数目是随着项目数目 $N = [V]$ 指数增长的。

如果定点 a 和 b 是同一条边的端点,那么称 a 和 b 相邻(adjacent)。根据图 G 中顶点之间的相邻关系,可以定义邻接矩阵,它是对称的 $N \times N$ 矩阵,其矩阵元素为:

$$\Gamma_{ab} = \begin{cases} 1, & \{a, b\} \in E \\ 0, & \{a, b\} \notin E \end{cases} \tag{5-58}$$

给定顶点 a,定义所有和 a 相邻的定点组成的集合为 a 的邻点:

$$N_a := \{b \in V \mid \{a, b\} \in E\} \tag{5-59}$$

相邻顶点的数目称为 a 的度。连接 a 和 b 的路径是由一系列顶点构成的有序表:

$$a = a_1, a_2, \cdots, a_{n-1}, a_n = b \tag{5-60}$$

其中,对所有的 i,顶点 a_i 和 a_{i+1} 都是相邻的。如果图 G 中的任意两个顶点 $a,b \in V$ 都存在连通的路径,那么 G 是连通图,否则是不连通图,不连通图可以看作若干个独立连通图的组合。

给定一个顶点的子集 $S \subset V$,由 S 生成的子图定义为 $G[S] = (S, E[S])$,其中 $E[S] \in E$,对每条边当且仅当 $\{a, b\} \in S, \{a, b\} \in E$。

在图定义的基础上,每个顶点对应一个量子比特,图态就是对应的 Hilbert 空间中 $H = (C^2)^{\otimes N}$ 的 N 量子比特的纯态。下面给出图态的两种等价定义。

定义 1 给定一个图 $G = (V, E)$,对应于 G 的图态 $|G\rangle$ 是如下定义的纯态:

$$|G\rangle = \prod_{\Gamma_{ab}=1} U_{ab} \ |+\rangle_x^V = \frac{1}{\sqrt{2^n}} \sum_{\mu=0}^1 (-1)^{\frac{1}{2}\mu\Gamma\mu^{\mathrm{T}}} \ |\mu\rangle_z \tag{5-61}$$

其中,$|\mu\rangle_z$ 是 Pauli 算子 $Z_a (a \in V)$ 的联合本征态,其本征值为 $(-1)^{\mu_a}$,$|+\rangle_x^V$ 是 Pauli 算子 $X_a (a \in V)$ 本征值为 ± 1 的联合本征态。U_{ab} 是作用在量子比特 a 和 b 上的控制相位门 U_{15},

$$U_{ab} = \begin{pmatrix} 1 & 0 & 0 & 0 \\ 0 & 1 & 0 & 0 \\ 0 & 0 & 1 & 0 \\ 0 & 0 & 0 & -1 \end{pmatrix} \tag{5-62}$$

从定义 1 看出,制备图态 $|G\rangle$ 的步骤为:

① 把所有的量子比特都制备到 X 的 $+1$ 本征态;

② 边表示所有在 G 中相邻的顶点 a 和 b 对应的量子比特控制相位门 U_{ab}。

由于不同量子比特对之间的相位门是相互对易的,所以在第②步中相位门的操作顺序不影响最后生成的图态 $|G\rangle$,制备图态的过程如图 5-10 所示。

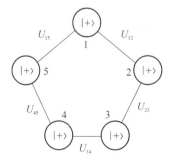

图 5-10 环图制备图态

定义 2 给定一个图 $G = (V, E)$,定义 $H = (C^2)^{\otimes n}$ 中 N 个独立的相互对易的算符

$$K_a = X_a \prod_{b \in N_a} Z^b \tag{5-63}$$

对应的图态 $|G\rangle$ 是所有算符 K_a 的本征值为 $+1$ 的共同本征向量,即:

$$K_a |G\rangle = |G\rangle \tag{5-64}$$

图 5-11 给出了 5 环图制备图态的过程。由定义 2 中的算符 $\{K_a | a \in V\}$ 生成的群是局域 Pauli 群 $P_N = \langle \{\pm 1, \pm i\} \times \{I, X^1, Z^1, \cdots, X^N, Z^N\}\rangle$ 的 Abel 子群,称为图态 $|G\rangle$ 的稳定子。所以图态是更广泛的一类多组分量子纠缠态——稳定子态中的一种。稳定子态在量子编码理论中,有着重要的意义。

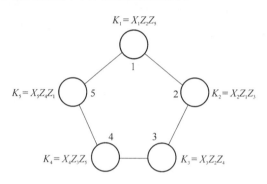

图 5-11　五环图制备图态

对应 n 个顶点图的图态又可以表示为 $|G_{k_1 k_2 \cdots k_n}\rangle$,具有 n 个二进制的下标 $(k_1, k_2, \cdots, k_n)$,其中 $k_i = 0, 1$。对于给定的算符集合,它们有一个共同的本征态,即图态的基,下面介绍图态基的定义。

定义 3　给定一个图态 $|G\rangle$,则态

$$|G_{k_1 k_2 \cdots k_n}\rangle = \prod_{a \in V} Z_a^{k_a} |G\rangle, k_a = 0, 1 \tag{5-65}$$

的集合是图态 $|G\rangle$ 的基, $|G_{k_1 k_2 \cdots k_n}\rangle$ 态是算符 k_a 对应不同的本征值 $(-1)^{k_a}$ 的本征态,

$$K_a |G_{k_1 k_2 \cdots k_n}\rangle = (-1)^{k_a} |G_{k_1 k_2 \cdots k_n}\rangle \tag{5-66}$$

这些图态基具有相同的纠缠值,因此只需要确定图态的纠缠,图态纠缠确定后图态基的纠缠也就确定了。

下面介绍一个用图态实现量子计算的具体例子。如图 5-12 所示,有标记的粒子要被测量处理,没有标记的粒子测量后作为计算结果,粒子上的标记由两部分组成,一个正整数 n 和一个单比特幺正算符 U,这里 $U = HZ_{\pm\alpha_j}$,$HZ_{\pm\beta_j}$。n 用来表示测量的先后顺序,数字相同表示测量不分先后。这里的先后顺序很重要,因为它决定了哪些测量结果用来前馈控制接下来的测量基态。U 用来标识粒子在什么基态下被测量,即先对粒子进行一个 U 的幺正变换,然后在计算基态下测量,等效地,就是进行一个在 $\{U^\dagger |0\rangle, U^\dagger |1\rangle\}$ 基态下的单比特测量。$HZ_{\pm\alpha_j}$ 和 $HZ_{\pm\beta_j}$ 正负号的选择是由

前面的测量结果决定的。

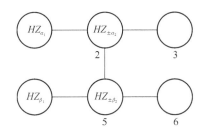

图 5-12　图态实现量子计算的具体例子

3. 量子行走计算模型

量子行走(Quantum Random Walk),也称为量子游走,是经典随机行走在量子机制下的对应。经典随机行走的运作方法可以用如下方式来表示:

假设存在一个连通图 $G=(V,E)$,其中 V 是节点集合,E 是边集合。一个行走者 P(如一个粒子 Particle),概率转移矩阵 M。P 从任意点 $v \in V$ 出发,按照 M,以一定的概率沿着节点 v 的某条边 $e_{vi} \in E$,走到节点 i。这个过程称为随机行走的一步。当走了 N 步以后,P 将会以不同的概率处于各个节点上。其中一步的过程可以用如下公式表示:

$$v \xrightarrow{M} \sum_{e_{vi} \in E} a_i \cdot i \qquad (5-67)$$

其中,a_i 是到达 i 点的概率。现在观察一个最简单的经典随机行走:在一条直线上行走。对于处于节点 n 的行走者 P 来说,共有 3 种移动的可能性:向左走,向右走和原地不动,如图 5-13 所示。

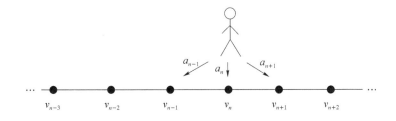

图 5-13　随机行走

如图 5-13 所示的经典一维随机行走的一步也可以用式(5-61)表示:

$$v_n \xrightarrow{M} a_{n-1} \cdot v_{n-1} + a_n \cdot v_n + a_{n+1} \cdot v_{n+1} \qquad (5-68)$$

其中,$a_{n-1}, a_n, a_{n+1} \in R^+$,且 $a_{n-1} + a_n + a_{n+1} = 1$。

量子环境下的随机行走,称为量子行走。量子行走的定义不止一种,这里只讨

论量子散射行走。在行走的过程中,粒子驻留在边上,并在通过一个顶点发生散射。假设一条边由顶点 v_1 和 v_2 连接而成。这条边存在两个量子态,且这两个量子态是正交的。这条边上驻留的粒子对应的量子态 $|v_1 v_2\rangle$ 代表粒子从顶点 v_1 行走到顶点 v_2,量子态 $|v_2 v_1\rangle$ 代表粒子从顶点 v_2 行走到顶点 v_1。所有的边对应的量子态的集合形成了一组在行走粒子 Hilbert 空间中的标准正交基。

考虑一个顶点 v,令 w_v 是粒子游走到顶点 v 时边量子态集合的线性组合,Ω_v 是粒子离开顶点时边量子态集合的线性组合。因为连接顶点 v 的每条边都有两个量子态,即进入顶点 v 对应的量子态和离开顶点 v 对应的量子态,所以 w_v 和 Ω_v 的维度相同。局域性幺正操作 U_v 在点 v 将 w_v 映射到 Ω_v。

假设存在 n 条和顶点 v 相连的边。粒子行走到顶点 v 时被反射的概率幅为 $-r$,通过顶点行走至不同边的概率为 t。如果定义和 v 相连的顶点为 $1, 2, \cdots, n$,且粒子从顶点 j 进入顶点 v,则有

$$U_v|j,v\rangle = -r|v,j\rangle + t \sum_{k=1,k\neq j}^{n} |v,k\rangle \tag{5-69}$$

由量子态满足归一化,以及正交输入态和输出态也是正交的,满足:

$$|r|^2 + (n-1)|t|^2 = 1$$

且

$$-r^* t - r t^* + (n-2)|t|^2 = 0 \tag{5-70}$$

为方便起见,令 $r,t \in R$,得到

$$r = \frac{n-2}{n} \qquad t = \frac{2}{n} \tag{5-71}$$

注意到此时有 $r+t=1$,使得行走每前进一步对应的幺正算子 U 是所有顶点对应的算子 U_v 的结合。

星图中的量子行走,其原理如图 5-14 所示。星图由一个中心顶点和 N 条与之相连的边以及和这些边对应的 N 个外顶点组成。中心点标记为 0,其他外顶点标记为 $1, 2, \cdots, N$。中心顶点对应的局域幺正操作算子用 U_v 表示,其中 $r = (N-2)/N$,$t = 2/N$。外顶点中只有一个顶点反射所有粒子,假设这个顶点标记为 1,它将粒子进行相位和方向翻转。该顶点由于被标记,因此不同于其他顶点,即所求目标顶点。因此,对于 $j \geq 2, U|0,j\rangle = |j,0\rangle$ 且 $U|0,1\rangle = -|1,0\rangle$,以如下量子态开始行走

$$|\psi_{\text{init}}\rangle = \frac{1}{\sqrt{N}} \sum_{j=1}^{N} |0,j\rangle \tag{5-72}$$

量子态只在完备 Hilbert 空间中的某个低维子空间内行走。特别地,定义

$$|\psi_1\rangle = -|1,0\rangle \tag{5-73}$$

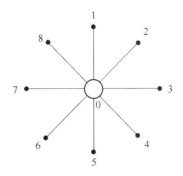

图 5-14　一个中心顶点 0 和 8 个外顶点组成的星图

$$|\psi_2\rangle = |1,0\rangle \tag{5-74}$$

$$|\psi_3\rangle = \frac{1}{\sqrt{N-1}} \sum_{j=2}^{N} |0,j\rangle \tag{5-75}$$

$$|\psi_4\rangle = \frac{1}{\sqrt{N-1}} \sum_{j=2}^{N} |j,0\rangle \tag{5-76}$$

则在这些量子态上的 U 操作可以写成：

$$U|\psi_1\rangle = -|\psi_2\rangle \tag{5-77}$$

$$U|\psi_2\rangle = -r|\psi_1\rangle + t\sqrt{N-1}|\psi_3\rangle \tag{5-78}$$

$$U|\psi_3\rangle = |\psi_4\rangle \tag{5-79}$$

$$U|\psi_4\rangle = r|\psi_3\rangle + t\sqrt{N-1}|\psi_1\rangle \tag{5-80}$$

由式(5-67)可以发现，一个由上述向量张成的四维子空间在 U 变换下是可逆的。初始态可表示为：

$$|\psi_{\text{init}}\rangle = \frac{1}{\sqrt{N}}|\psi_1\rangle + \sqrt{\frac{N-1}{N}}|\psi_3\rangle \tag{5-81}$$

同样存在于该子空间当中，且整个量子行走将在此四维可逆子空间当中进行，这在很大程度上简化了在量子行走 n 步后求出目标量子态的过程。

假设增加一条外顶点之间的边，这条边在顶点 1 和顶点 2 之间，如图 5-15 所示。这意味着除了量子态 $|0,j\rangle$ 和 $|j,0\rangle$ 之外，还增加了量子态 $|1,2\rangle$ 和 $|2,1\rangle$。为简单起见，假设顶点 1 和顶点 2 只传输粒子。当 $j>2$ 时，存在幺正变换 $U|0,j\rangle = |j,0\rangle$，且

$$U|0,1\rangle = |1,2\rangle \quad U|0,2\rangle = |2,1\rangle \tag{5-82}$$

$$U|1,2\rangle = |2,0\rangle \quad U|2,1\rangle = |1,0\rangle \tag{5-83}$$

该幺正算子在量子态 $|j,0\rangle$ 上的操作与之前一样。定义量子态

$$|\psi_1\rangle = \frac{1}{\sqrt{2}}(|1,0\rangle + |0,2\rangle) \tag{5-84}$$

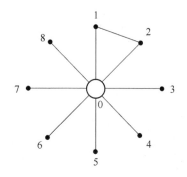

图 5-15　一条由两个外顶点相连而成的边所组成的星图

$$|\psi_2\rangle = \frac{1}{\sqrt{2}}(|1,0\rangle + |2,0\rangle) \tag{5-85}$$

$$|\psi_3\rangle = \frac{1}{\sqrt{N-2}}\sum_{j=3}^{N}|0,j\rangle \tag{5-86}$$

$$|\psi_4\rangle = \frac{1}{\sqrt{N-3}}\sum_{j=3}^{N}|j,0\rangle \tag{5-87}$$

$$|\psi_5\rangle = \frac{1}{\sqrt{2}}(|1,2\rangle + |2,1\rangle) \tag{5-88}$$

这些量子态张成一个五维空间称为 S。其幺正变换 U 使得量子比特向前游走一步，作用在上述量子态的情况如下：

$$U|\psi_1\rangle = |\psi_5\rangle \tag{5-89}$$

$$U|\psi_2\rangle = -(r-t)|\psi_1\rangle + 2\sqrt{rt}\,|\psi_3\rangle \tag{5-90}$$

$$U|\psi_3\rangle = |\psi_4\rangle \tag{5-91}$$

$$U|\psi_4\rangle = (r-t)|\psi_3\rangle + 2\sqrt{rt}\,|\psi_1\rangle \tag{5-92}$$

$$U|\psi_5\rangle = |\psi_2\rangle \tag{5-93}$$

选择初始态

$$|\psi_{\text{init}}\rangle = \frac{1}{\sqrt{2N}}\,|\psi_1\rangle + \sum_{j=1}^{N}(|0,j\rangle - |j,0\rangle)$$

$$= \frac{1}{\sqrt{N}}(|\psi_1\rangle - |\psi_2\rangle) + \sqrt{\frac{N-2}{2N}}(|\psi_3\rangle - |\psi_4\rangle) \tag{5-94}$$

它们位于 S 当中。因为初始态在 S 中，且 S 是 U 的一个可逆子空间，整个行走过程都在 S 中完整保留，且此时的情况与之前的分析类似，此时搜索对初始态的要求更严格。

4. 拓扑量子计算模型

发展量子计算技术面临的最大挑战是如何解决退相干带来的误差。与其他技术路线相比,拓扑量子计算被认为可在原理层面上解决这一问题。

理论上只需少数几个(甚至 1 个)拓扑量子比特即可构建 1 个逻辑比特;一旦实现拓扑量子比特,即可进入集成逻辑比特的时代,这将是量子计算发展的飞跃式进步。以微软公司为代表,众多研究团队投身其中,试图实现拓扑量子比特。

目前,用于探索拓扑量子计算的体系包括强自旋轨道耦合材料和 s 波超导体近邻体系、拓扑绝缘体和 s 波超导体近邻体系、铁基超导体、本征拓扑超导体。拓扑量子计算的关键技术有量子材料生长、拓扑量子器件制备、拓扑态的量子输运测量等,相关研究是实现应用突破的关键。

零偏压电导峰曾经被作为判断是否存在马约拉纳量子态的依据,但当前的共识是这一依据并不可靠;如何实现满足非阿贝尔统计的编织操作也是本方向亟待解决的核心问题。从整体来看,拓扑量子计算尚处于基础研究阶段。

5.2 构造量子计算的技术

5.2.1 量子傅里叶变换

对于 q 个数据 $u_0, u_1, \cdots, u_{q-1}$,可以定义带权和

$$f_c = \frac{1}{\sqrt{q}} \sum_{a=0}^{q-1} u_a \mathrm{e}^{\frac{2\pi iac}{q}} \quad (c = 0, 1, \cdots, q-1) \tag{5-95}$$

将求和得来的 q 个值 $f_0, f_1, \cdots, f_{q-1}$ 称为数据 $u_0, u_1, \cdots, u_{q-1}$ 的离散傅里叶变换。反过来,如果知道傅里叶变换的值,则通过逆变换

$$u_a = \frac{1}{\sqrt{q}} \sum_{a=0}^{q-1} f_c \mathrm{e}^{-\frac{2\pi iac}{q}} \quad (a = 0, 1, \cdots, q-1) \tag{5-96}$$

就可以求出原来的数据 $u_0, u_1, \cdots, u_{q-1}$。根据式(5-96),$f_c$ 是将 u_a 用

$$\mathrm{e}^{-\frac{2\pi iac}{q}} = \cos\left(\frac{2\pi c}{q}a\right) - \mathrm{i}\sin\left(\frac{2\pi c}{q}a\right) \tag{5-97}$$

展开的系数,因此,$\omega_c = \dfrac{2\pi c}{q}$ 可以看作圆频率的一个分量。

傅里叶变换在量子逻辑电路中的实现称为量子傅里叶变换(Quantum Fourier Transformation,QFT)。需要寻找能够使 q 个正交、归一的状态矢量 $|0\rangle, |1\rangle, \cdots,$ $|q-1\rangle$ 中的任意矢量 $|a\rangle$ 变成($0 \leqslant a \leqslant q-1$)

$$\frac{1}{\sqrt{q}} \sum_{c=0}^{q-1} \mathrm{e}^{\frac{2\pi i a c}{q}} |c\rangle \tag{5-98}$$

的幺正变换 U。根据式(5-98)，幺正变换 U 将基态 $|a\rangle$ 的分量为 $u_0, u_1, \cdots, u_{q-1}$ 的态矢量变换成分量为 $f_0, f_1, \cdots, f_{q-1}$ 的态矢量。这是因为，如果设原来的态矢量为

$$|A\rangle = \sum_a u_a |a\rangle \tag{5-99}$$

则基态 $|a\rangle$ 按式(5-98)将变换成

$$|B\rangle = U|A\rangle = \sum_a u_a \left(\frac{1}{\sqrt{q}} \sum_c \mathrm{e}^{\frac{2\pi i a c}{q}} |c\rangle \right)$$

$$= \sum_c \left(\frac{1}{\sqrt{q}} \sum_a u_a \mathrm{e}^{\frac{2\pi i a c}{q}} |c\rangle \right) \tag{5-100}$$

其中，$|c\rangle$ 分量就是在式(5-95)中所定义的 f_c。

作为式(5-100)的一个具体例子，考虑 $q = 2^3 = 8$ 时的傅里叶变换。3 量子比特体系的状态用 $|q_2 q_1 q_0\rangle$ 表示，设整数 a 的二进制表示 $a_2 a_1 a_0$ 的各个位对应于量子比特，也就是说，如果设整数 $a = 2^0 a_0 + 2^1 a_1 + 2^2 a_2$，变换以后的整数 $c = 2^0 c_0 + 2^1 c_1 + 2^2 c_2$，那么考虑到 $\mathrm{e}^{2\pi i n} = 1$（$n$ 代表整数），

$$|a_2 a_1 a_0\rangle \rightarrow \frac{1}{\sqrt{8}} \sum_{c_2=0}^{1} \sum_{c_1=0}^{1} \sum_{c_0=0}^{1} \mathrm{e}^{2\pi i (a_0 + 2a_1 + 4a_2)(c_0 + 2c_1 + 4c_2)/8} |c_2 c_1 c_0\rangle$$

$$= \left(\frac{1}{\sqrt{2}} \sum_{c_2=0}^{1} \mathrm{e}^{\frac{2\pi i (4c_2)(a_0 + 2a_1 + 4a_2)}{8}} |c_2\rangle_2 \right) \otimes \left(\frac{1}{\sqrt{2}} \sum_{c_1=0}^{1} \mathrm{e}^{\frac{2\pi i (2c_1)(a_0 + 2a_1 + 4a_2)}{8}} |c_1\rangle_1 \right) \otimes$$

$$\left(\frac{1}{\sqrt{2}} \sum_{c_2=0}^{1} \mathrm{e}^{\frac{2\pi i c_0 (a_0 + 2a_1 + 4a_2)}{8}} |c_0\rangle_0 \right)$$

$$= \frac{1}{\sqrt{2^3}} (|0\rangle_2 + \mathrm{e}^{\frac{2\pi i a_0}{2}} |1\rangle_2) \otimes (|0\rangle_1 + \mathrm{e}^{2\pi i \left(\frac{a_1}{2} + \frac{a_0}{4} \right)} |1\rangle_1) \otimes$$

$$(|0\rangle_0 + \mathrm{e}^{2\pi i \left(\frac{a_2}{2} + \frac{a_1}{4} + \frac{a_0}{8} \right)} |1\rangle_0) \tag{5-101}$$

下面考虑式(5-101)的电路图。首先，对于等式右边的第一行

(1) 在 $a_0 = 0$ 时，为 $\frac{1}{\sqrt{2}} (|0\rangle + |1\rangle)$；

(2) 在 $a_0 = 1$ 时，为 $\frac{1}{\sqrt{2}} (|0\rangle - |1\rangle)$。

因此，相当于将 Hadamard 门作用到 $|a_0\rangle$，可用图 5-16 表示。

对于第二行，依赖于 a_1 的部分同样可以利用 $|a_1\rangle$ 的 Hadamard 门变换，而对依赖于 a_0 的部分，考虑到

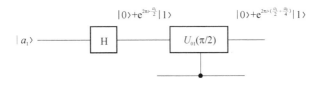

图 5-16 对 $|a_0\rangle$ 的电路

（1）在 $a_0=0$ 时，为 $e^{2\pi i \cdot a_0/4}=1$；

（2）在 $a_0=1$ 时，为 $e^{2\pi i \cdot a_0/4}=e^{\frac{i\pi}{2}}(=i)$。

因此，利用相位控制门 $U\left(\phi=\dfrac{\pi}{2}\right)$，设计如图 5-17 所示的电路就可以得到 c_1。

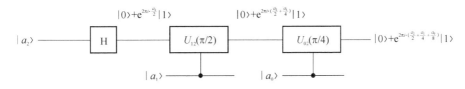

图 5-17 对 $|a_1\rangle$ 的电路

用同样的方法，最后一行的 c_0 可以通过如图 5-18 所示的电路得到。

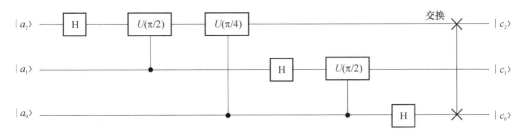

图 5-18 对 $|a_2\rangle$ 的电路

总结以上结果，可以得到如图 5-19 所示的 3 量子比特 $(q=8)$ 体系态矢量的傅里叶变换电路图。

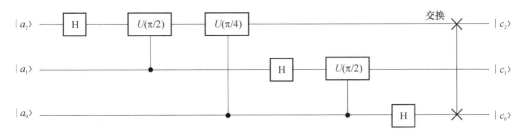

图 5-19 3 量子比特傅里叶变换电路图

以上的讨论很容易推广到 n 量子比特 $(q=2^n,n\geqslant 4)$ 的情况，为方便起见，用以下方式标记二进制数 j：

$$j=j_{n-1}j_{n-2}\cdots j_0=j_{n-1}2^{n-1}+j_{n-2}2^{n-2}+\cdots+j_0 2^0 \tag{5-102}$$

以及二进制分数

$$0. j_l j_{l+1} \cdots j_m = \frac{1}{2} j_l + \frac{1}{4} j_{l+1} + \cdots + \frac{1}{2^{m-l+1}} j_m \tag{5-103}$$

那么傅里叶变换的乘积表示为:

$$
\begin{aligned}
F(|j\rangle) &= \frac{1}{2^{n/2}} \sum_{k=0}^{2^n-1} \exp\left(\frac{2\pi ijk}{2^n}\right) |k\rangle \\
&= \frac{1}{2^{n/2}} \sum_{k_1=0}^{1} \cdots \sum_{k_n=0}^{1} \exp\left(2\pi ij \left(\sum_{l=1}^{n} k_l 2^{-l}\right)\right) |k_1 k_2 \cdots k_n\rangle \\
&= \frac{1}{2^{n/2}} \sum_{k_1=0}^{1} \cdots \sum_{k_n=0}^{1} \otimes_{l=1}^{n} \left[\exp(2\pi ijk_l 2^{-l}) |k_l\rangle\right] \\
&= \frac{1}{2^{n/2}} \otimes_{l=1}^{n} \sum_{k_l=0}^{1} \left[\exp(2\pi ijk_l 2^{-l}) |k_l\rangle\right] \\
&= \frac{1}{2^{n/2}} \otimes_{l=1}^{n} \sum_{k_l=0}^{1} \left[|0\rangle + \exp(2\pi ij 2^{-l}) |1\rangle\right] \\
&= \frac{1}{2^{n/2}} (|0\rangle + \exp(2\pi i 0. j_n) |1\rangle)(|0\rangle + \exp(2\pi i 0. j_{n-1} j_n) |1\rangle) \cdots (|0\rangle + \\
&\quad \exp(2\pi i 0. j_1 j_2 \cdots j_n) |1\rangle)
\end{aligned}
\tag{5-104}
$$

图 5-19 给出一个这样的线路,门 R_k 表示幺正变换

$$R_k \equiv \begin{pmatrix} 1 & 0 \\ 0 & \exp(2\pi i/2^k) \end{pmatrix} \tag{5-105}$$

这个线路从第一量子比特上的 Hadamdard 门和 $n-1$ 个条件旋转开始,共 n 个门,接着第二个比特上一个 Hadamdard 门和 $n-2$ 个条件旋转,依次类推,完成该线路需

$$n + (n-1) + \cdots + 1 = \frac{n(n+1)}{2} \tag{5-106}$$

个门,再加上交换涉及的门,至多需要 $n/2$ 交换,且每个交换可以用 3 个受控非门完成。因此,该线路提供了进行量子傅里叶变换的一个 $\Theta(n^2)$ 算法。

5.2.2 对偶量子计算

清华大学龙桂鲁教授于 2002 年提出的对偶量子算法不同于传统的幺正演化的计算模式,可以使用幺正算符线性叠加的形式进行信息的处理,从而以一定的概率实现非幺正演化,扩展了构造量子算法的方式方法。对偶量子计算是利用量子力学的波粒二象性,通过对不同狭缝的波函数进行平行操作实现非幺正演化处理。在对偶计算机中,计算机的波函数被分成若干个子波并使其通过不同的路径,在不同路

径上进行不同的量子计算门操作,而后这些子波重新合并产生干涉,给出计算结果。对偶量子计算可以通过广义量子门实现任意幺正算符的线性组合。事实上 Gudder 定理证明,所有的线性有界算符都可以由广义量子门实现,幺正算符只是广义量子门集的极值点。形象地说,对偶计算机是一台通过 d 个狭缝的运动着的量子计算机,在不同的狭缝进行不同的量子操作,最后通过在不同狭缝上的探测测量得到运算结果,整个运算过程如图 5-20 所示。目前的对偶量子计算已建立起严格的数学理论。

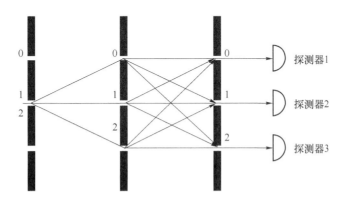

图 5-20　对偶量子计算过程

对偶量子计算机有两种新的操作,即量子分波(QWD)操作和量子合波(QWC)操作。分波操作将波函数分为许多振幅减小的相同的部分波函数,数学上就是进行 Hilbert 空间的扩展。这个操作的物理图是简单而自然的:量子系统通过 d 个狭缝,其波函数被分为 d 个子波,各子波具有相同的波函数,不同之处在于质心运动的位置。相反,合波操作把所有的子波叠加成一个波函数。应该注意的是将同一量子系统的波函数分为多个子波并不违反量子不可克隆定理。然而在现实之中移动的量子计算机设备难以实现。幸运的是,已经证明由 n 比特的普通量子计算机与 d 能级的辅助系统可以完美地模拟通过 d 狭缝的 n 比特的移动量子计算机。这也意味着可以在普通的量子计算机中进行对偶量子计算。以下讨论都是在以普通量子计算机和辅助系统组成的对偶量子计算模式下进行的。

n 比特的普通量子计算机可以由 n 个工作比特表示,辅助系统可以由 d 能级的辅助比特表示。分波操作对应幺正算符 V,合波操作对应幺正算符 W。以上两种操作作用在辅助系统上,而辅助系统控制的受控操作作用在 n 个工作比特上。整个对偶计算的线路图如图 5-21 所示。为了更加清晰地阐述对偶量子计算,以下将整个过程分为 4 个步骤。考虑一个由工作系统 $|\Psi\rangle$ 和辅助系统 $|0\rangle$ 构成的对偶量子计算系统。

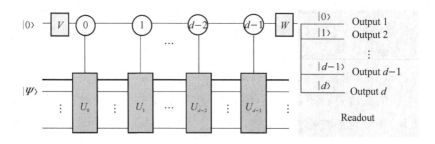

图 5-21　对偶计算的线路图

步骤 1　首先,将量子系统初始化为 $|\Psi\rangle|0\rangle$。作用分波算符 V 在辅助系统 $|0\rangle$ 上,此时系统由初态变为:

$$|\Psi\rangle|0\rangle \rightarrow |\Psi\rangle V|0\rangle = |\Psi\rangle IV|0\rangle = |\Psi\rangle\left(\sum_{i=0}^{d-1}|i\rangle\langle i|\right)V$$

$$= |\Psi\rangle\sum_{i=0}^{d-1}|i\rangle\langle i|V|0\rangle$$

$$= \sum_{i=0}^{d-1}V_{i0}|\Psi\rangle|i\rangle \tag{5-107}$$

其中,$V_{i0}=p_i$ 是复数,满足归一化条件 $\sum_{i=0}^{d-1}|V_{i0}|^2=1$,$|V_{i0}|\leqslant 1$。$V_{i0}$ 是幺正矩阵 V 的第 1 列元素,代表分波结构。以上推导中用到了完备条件 $\sum_{i=0}^{d-1}|i\rangle\langle i|=I$。$|\Psi\rangle|i\rangle$ 代表第 i 个狭缝处的末态。

步骤 2　在初态为 $|\Psi\rangle$ 的工作比特上进行辅助系统控制的 $U_0,U_1,\cdots,U_{d-1}$ 幺正操作,这个步骤将系统的量子态演化为

$$\sum_{i=0}^{d-1}V_{i0}U_i|\Psi\rangle|i\rangle \tag{5-108}$$

对应的物理图像是同时在不同的狭缝上进行不同的幺正操作。

步骤 3　作用合波算符 W 在辅助系统 $|i\rangle$ 上,得到如下的量子态:

$$\sum_{i=0}^{d-1}V_{i0}U_i|\Psi\rangle W|i\rangle = \sum_{i=0}^{d-1}V_{i0}U_i|\Psi\rangle IW|i\rangle$$

$$= \sum_{i=0}^{d-1}V_{i0}U_i|\Psi\rangle\sum_{k=0}^{d-1}|k\rangle\langle k|W|i\rangle$$

$$= \sum_i\sum_k W_{k_i}V_{i0}U_i|\Psi\rangle|k\rangle$$

$$= \sum_k L_k|\Psi\rangle|k\rangle \tag{5-109}$$

其中,$L_k=\sum_i W_{k_i}V_{i0}U_i$ 就是对偶量子门。在通常情况下,对于闭合系统的动力学

演化,只需要用到 L_0 这一个量子门。当讨论开放量子体系时,需要考虑 k 个对偶量子门。

步骤 4 在步骤 3 后,辅助比特处于叠加态。在经过测量后,不同的辅助比特的状态对应不同的系统输出态。对于辅助比特处于不同的 $|j\rangle$ 态,工作比特对应 j 个末态。

对偶量子计算门定义如下:

$$L_c = \sum_{k=0}^{d-1} c_i U_i \tag{5-110}$$

其中,U_i 是幺正的,c_i 是复数系数并满足:

$$\sum_{k=0}^{d-1} |c_i| \leqslant 1 \tag{5-111}$$

当 c_i 被限定为实数时,将 c_i 记作 r_i,r_i 满足限制条件:

$$\sum_{k=0}^{d-1} r_i \leqslant 1 \tag{5-112}$$

在这种情况下,对偶量子门被称为实数对偶门,记作 L_r。L_r 可被表述为:

$$L_r = \sum_{k=0}^{d-1} r_i U_i \tag{5-113}$$

对应的物理图像是对偶量子系统有 d 个不同的狭缝,r_i 是量子计算机穿过第 i 个狭缝的概率。因为幺正算符在加减运算下不闭合,对偶量子门通常是非幺正的。在有限的 Hilbert 空间下任意线性有界算符都可以表示为对偶量子门。

需要指出的是,当用到 L_0 这个量子门进行闭合系统的动力学演化时,算法是一个概率性算法。算法成功的概率 P_s 对应于辅助系统处于 $|0\rangle$ 态的概率。计算易得

$$P_s = \langle \Psi | \left(\sum_{i_1} W_{0i_1} V_{i_1 0} U_{i_1} \right)^\dagger \left(\sum_{i_2} W_{0i_2} V_{i_2 0} U_{i_2} \right) | \Psi \rangle \tag{5-114}$$

其失败的概率为

$$P_f = \sum_{j=0}^{d-1} \langle \Psi | \left(\sum_{i_1} W_{ji_1} V_{i_1 j} U_{i_1} \right)^\dagger \left(\sum_{i_2} W_{ji_2} V_{i_2 j} U_{i_2} \right) | \Psi \rangle \tag{5-115}$$

在这种具有一定成功率的情况下,可以直接进行测量。如果测得辅助系统为 $|0\rangle$,那么算法成功,否则失败,从步骤 1 开始进行下一次运算直到得到 $|0\rangle$ 为止。n 次重复后成功的概率为 $1-(P_f)^n$,这个概率在 n 比较大时逐渐趋近于 1。在测量之前,也可以通过 Grover 等搜索算法进行振幅放大,从而提高算法成功率。

5.3 量子算法

目前,量子计算包括两大类量子算法。第一类算法是基于 Grover 的量子搜索算法,它可以比经典计算机更快地提取无序数据集中最小元统计量,也可用于对 NP 类中的某些问题进行加速。第二类算法是基于量子傅里叶变换的量子算法。量子傅里叶变换算法将量子态转换为频域表示,是许多其他量子算法的关键步骤,如 Shor 因式分解算法。

5.3.1 Grover 量子搜索算法

1996 年,针对无序数据库搜索问题,Grover 提出时间复杂度为 $O(\sqrt{N})$ 的量子搜索算法。假定有一个数据规模为 N 的无序数据库,需要从其中搜索一个特定的数据。对于经典计算机,通常采用在数据库依次寻找,直到找到目标数据。这种遍历方法平均需要 $N/2$ 次搜索,时间复杂度为 $O(N)$。量子搜索算法通过一系列量子门操作,将特定数据的几率逐步放大,直到目标信息的几率几近为 1,然后对量子数据库进行测量,得到数据。询问次数的复杂度为 $O(\sqrt{N})$,平方根量级地加快了无序数据库的搜索速度。

考虑包含 n 个量子比特的无序数据库,共有 $N = 2n$ 个量子态 $|i\rangle$,$(i=1,2,\cdots,\tau,\cdots,N)$,其中的 $|\tau\rangle$ 是目标态,满足查询函数 $Q(\tau)=1(Q(i)=0,i\neq\tau)$。量子搜索算法的目的就是以尽可能大的概率搜索得到目标态 τ。Grover 搜索算法的过程可以归纳为以下步骤。

首先,进行数据初始化。通过 Hadamard 操作 $H^{\otimes n}$ 作用在处于 $|0\rangle$ 态的 n 个量子比特的寄存器上,就可以得到满足数据库要求的均匀线性叠加量子态:

$$|\psi_0\rangle = H^{\otimes n}|0\rangle = \sqrt{\frac{1}{N}}\sum_i |i\rangle = \cos\beta|c\rangle + \sin\beta|\tau\rangle \tag{5-116}$$

其中,

$$|c\rangle = \sqrt{\frac{1}{N-1}}\sum_{i\neq\tau} |i\rangle \tag{5-117}$$

$$\beta = \arcsin\left(\sqrt{\frac{1}{N}}\right) \tag{5-118}$$

然后,进行 Grover 量子算法的搜索迭代。其迭代过程包括 4 个步骤。

步骤1 保持其他态不变,反转目标态 $|\tau\rangle$ 的相位,相应的操作可以表示为:

$$I_\tau = I - 2|\tau\rangle\langle\tau| \tag{5-119}$$

其中,目标态 $|\tau\rangle$ 的相位反转是通过查询函数 $Q(\tau)=1$ 完成的。

步骤2 对 n 比特系统作用 $H^{\otimes n}$ 变换。

步骤3 其他基向态的相位不变,反转 $|0\rangle$ 态,可表述为 $I_0 = I - 2|0\rangle\langle0|$。

步骤4 再次进行 n 比特系统的 $H^{\otimes n}$ 变换。

Grover 迭代过程可以用一个整体的 G 操作实现:

$$G = WI_0 WI_\tau = (2|\psi\rangle\langle\psi| - I)(I - 2|\tau\rangle\langle\tau|) \tag{5-120}$$

从几何化的角度来看,上述操作相当于在以 $|\tau\rangle$ 和 $|c\rangle$ 张开的二维 Hilbert 空间中的如下操作:

$$G = \begin{pmatrix} \cos 2\beta & \sin 2\beta \\ -\sin 2\beta & \cos \beta \end{pmatrix} \tag{5-121}$$

由此可以清晰地看出,Grover 搜索迭代的几何图像,即每次 Grover 迭代可以看作是在二维 Hilbert 空间沿逆时针方向旋转 2β。整个过程如图 5-22 所示。在连续 k 次迭代后,数据库的量子态演化为:

$$|\psi_k\rangle = [\cos(2k+1)\beta] |c\rangle + \sin[(2k+1)\beta] |\tau\rangle \tag{5-122}$$

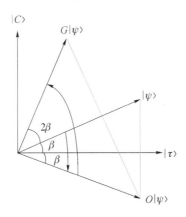

图 5-22　Grover 搜索算法

在进行 $O(\sqrt{N})$ 次 Grover 迭代后,量子系统几乎能以 100% 的几率得到目标量子态 $|\tau\rangle$。由于对于搜索问题的数据库不一定满足 $\sin[(2k+1)\beta]=1$,所以 Grover 算法的搜索成功概率不一定是 100%,而是一个以迭代步数为周期的函数,只有在一个有四个数据的数据库中找一个标记态(四中找一)时成功率才是 100%。这导致 Grover 算法在小数据样本和在大数据库时满足搜索条件的数据较多时(目标态数量较大),Grover 搜索的成功率变低。这就限制了 Grover 算法的应用。例如,在对结

构性数据进行搜索时,比如对一个字符串的每一个字符进行搜索,那么对整个字符串进行搜索的成功概率是每一个搜索成功概率的乘积,这样就会导致成功概率迅速下降,限制了字符串长度。

5.3.2　相位估计与阶计算

一个幺正算符 U,它的本征态为 $|u\rangle$,相应的本征值为 $\mathrm{e}^{i\varphi}(0\leqslant\varphi<2\pi)$。假设能够制备态 $|u\rangle$,而且有一个黑匣子程序实施受控 U^{2^j} 操作($C-U^{2^j}$),其中 j 是非负整数。下面希望得到对于相位 φ 的最佳 n 比特估计。

如图 5-23 所示,第一寄存器包含 n 个量子比特,n 的值依赖于对 φ 的精度的要求。第二寄存器包含足以存储 $|u\rangle$ 的 m 个量子比特,逻辑门 $C-U^{2^j}$ 对态 $\dfrac{1}{\sqrt{2}}(|0\rangle+|1\rangle)$ 的作用如下:

$$
\begin{aligned}
C-U^{2^j}\frac{1}{\sqrt{2}}(|0\rangle+|1\rangle)|u\rangle &= \frac{1}{\sqrt{2}}(|0\rangle|u\rangle+|1\rangle U^{2^j}|u\rangle) \\
&= \frac{1}{\sqrt{2}}(|0\rangle|u\rangle+|1\rangle\mathrm{e}^{i2^j\varphi}|u\rangle) \\
&= \frac{1}{\sqrt{2}}(|0\rangle+|1\rangle\mathrm{e}^{i2^j\varphi})|u\rangle \quad (5\text{-}123)
\end{aligned}
$$

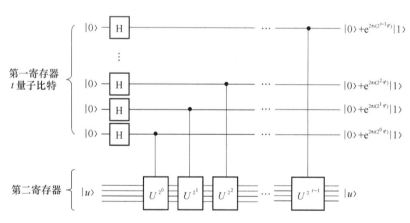

图 5-23　相位估计的第一阶段(右边略去了归一化因子 $1/\sqrt{2}$)

相位估计分为两个阶段。首先应用图 5-23 所示的线路,该线路从第一寄存器应用 Hadamard 门开始,接着应用受控 U 门到第二寄存器,U 以 2 的幂次自乘,那么第一寄存器的最终状态是

$$\frac{1}{2^{t/2}}(|0\rangle + e^{2\pi i 2^{t-1}\varphi}|1\rangle)(|0\rangle + e^{2\pi i 2^{t-2}\varphi}|1\rangle)\cdots(|0\rangle + e^{2\pi i 2^0\varphi}|1\rangle)$$

$$=\frac{1}{2^{t/2}}\sum_{k=0}^{2^{t-1}} e^{2\pi i k}|k\rangle \tag{5-124}$$

假设 φ 恰好可以表为 t 比特，即 $\varphi = 0.\varphi_1\varphi_2\cdots\varphi_t$。则相位估计第一阶段的结果可以改写为：

$$\frac{1}{2^{t/2}}(|0\rangle + e^{2\pi i 0.\varphi_t}|1\rangle)(|0\rangle + e^{2\pi i 0.\varphi_{t-1}\varphi_t}|1\rangle)\cdots(|0\rangle + e^{2\pi i 0.\varphi_1\varphi_2\cdots\varphi_t}|1\rangle) \tag{5-125}$$

相位估计的第二阶段是应用逆傅里叶变换，结果是积状态 $|\varphi_1\varphi_2\cdots\varphi_t\rangle$。将积状态在计算基下测量，就能够精确给出 φ。

总之，给定相应的特征向量 $|u\rangle$，相位估计算法能估计么正算子 U 的要给特征值的相位 φ。这个过程核心的一个本质特点是进行傅里叶逆变换

$$\frac{1}{2^{t/2}}\sum_{k=0}^{2^{t-1}} e^{2\pi i k}|k\rangle|u\rangle \rightarrow |\widetilde{\varphi}\rangle|u\rangle \tag{5-126}$$

的能力，其中 $|\widetilde{\varphi}\rangle$ 表示测量时，可作为 φ 的好的估计器的一个状态。

令 b 是 $0\sim 2^t-1$ 内的一个整数，它使得 $b/2^t = 0.b_1b_2\cdots b_t$ 成为在小于 φ 的数中 φ 的 t 比特最佳近似。即：φ 和 $b/2^t$ 之间的差 $\delta \equiv \varphi - b/2^t$ 满足 $0 \leqslant \delta \leqslant 2^{-t}$。

应用傅里叶变换到状态(5-125)上，产生状态

$$\frac{1}{2^t}\sum_{k,l=0}^{2^{t-1}} e^{\frac{-2\pi i k l}{2^t}} e^{2\pi i \varphi k}|l\rangle \tag{5-127}$$

令 a_l 为 $|(b+l)(\mathrm{mod}\, 2^t)|$ 的幅度

$$a_l = \frac{1}{2^t}\sum_{k,l=0}^{2^{t-1}}(e^{2\pi i(\varphi-(b+l)/2^t)})^k = \frac{1}{2^t}\left(\frac{1-e^{2\pi i(2^t\varphi-(b+l))}}{1-e^{2\pi i(\varphi-(b+l)/2^t)}}\right)$$

$$=\frac{1}{2^t}\left(\frac{1-e^{2\pi i(2^t\delta-l)}}{1-e^{2\pi i(\delta-l/2^t)}}\right) \tag{5-128}$$

设最终输出的结果为 m，容错率为 e，那么满足 $|m-b|>e$ 的概率 P，经过不等式变换后，可以得到如下结论：

$$P(|m-b|>e) = \sum_{-2^{t-1}<l\leqslant-(e+1)}|\alpha_l|^2 + \sum_{(e+1)\leqslant l\leqslant 2^{t-1}}|\alpha_l|^2 < \frac{1}{2(e-1)} \tag{5-129}$$

因此，以至少 $1-\varepsilon$ 的成功概率精确到 n 比特，要得到精度为 2^{-n} 的 φ，选择

$$t = n + \left\lceil \lg\left(2+\frac{1}{2\varepsilon}\right)\right\rceil \tag{5-130}$$

相位估计解决了如何估计一个么正算子相应于给定特征向量的特征值。相位

估计算法总结如下。

算法　相位估计

输入

1) 对整数 j 进行受控 U^j 运算的黑箱;

2) U 的具有特征值 $e^{2\pi i\varphi_u}$ 的本征态 $|u\rangle$;

3) 初始化为 $|0\rangle$ 的 $t=n+\left\lceil \lg\left(2+\dfrac{1}{2\varepsilon}\right)\right\rceil$ 个量子比特。

输出

对 φ_u 的 n 比特近似 $\widetilde{\varphi}_u$。

运行时间 $O(t^2)$ 个操作和一个受控 U^j 门的黑箱,成功概率至少为 $1-\varepsilon$。

过程

1) $|0\rangle|u\rangle$ // 初态

2) $\rightarrow \dfrac{1}{\sqrt{2^t}}\displaystyle\sum_{j=0}^{2^t-1}|j\rangle|u\rangle$ // 产生叠加

3) $\rightarrow \dfrac{1}{\sqrt{2^t}}\displaystyle\sum_{j=0}^{2^t-1}|j\rangle U^j|u\rangle = \dfrac{1}{\sqrt{2^t}}\displaystyle\sum_{j=0}^{2^t-1}e^{2\pi ij\varphi_u}|j\rangle|u\rangle$ // 应用黑箱

4) $\rightarrow |\widetilde{\varphi}_u\rangle|u\rangle$ // 应用傅里叶逆变换

5) $\rightarrow |\widetilde{\varphi}_u\rangle$ // 测量第一个寄存器

用量子计算机进行素数分解的重要算法之一是同余式阶数搜索。经典计算机迄今为止还没有有效的算法。这里介绍一种利用相位估计得到阶的有效量子算法。

设 $N>1, a$ 是满足 $(a,N)=1$ 的整数,则必有一个 $r(1\leqslant r\leqslant N-1)$ 使得 $a^r\equiv 1(\mathrm{mod}\ N)$。满足 $a^r\equiv 1(\mathrm{mod}\ N)$ 的最小整数 r,称为 a 模 N 的阶。

假定阶 r 是已知的。考虑一个进行傅里叶变换后的量子态

$$|\phi_s\rangle = \frac{1}{\sqrt{r}}\sum_{k=0}^{r-1}\exp\left(-\frac{2\pi isk}{r}\right)|x^k\,\mathrm{mod}\ N\rangle \tag{5-131}$$

其中,s 表示满足条件 $0\leqslant s\leqslant r-1$ 的整数。$|\phi_s\rangle$ 的傅里叶逆变换是

$$\sum_{s=0}^{r-1}\frac{1}{\sqrt{r}}\exp\left(\frac{2\pi isk'}{r}\right)|\phi_s\rangle = |x^{k'}\,\mathrm{mod}\ N\rangle \tag{5-132}$$

注意这里有恒等式

$$\sum_{s=0}^{r-1}\frac{1}{\sqrt{r}}\exp\left(\frac{2\pi is(k'-k)}{r}\right) = \delta_{k',k} \quad (|k'-k|<r) \tag{5-133}$$

当 $k'=0$ 时,

$$\sum_{s=0}^{r-1} \frac{1}{\sqrt{r}} |\phi_s\rangle = |1\rangle \tag{5-134}$$

在 n 比特电路中定义一个幺正操作 U_x，满足：

$$U_x|y\rangle = |xy \bmod N\rangle \tag{5-135}$$

其中，整数 $y \in \{0,1\}^L, 0 \leqslant y \leqslant N-1, N < 2^n$，且 $\gcd(x,N)=1$。将幺正操作 U_x 作用于量子态 $|\phi_s\rangle$，得

$$U_x|\phi_s\rangle = \frac{1}{\sqrt{r}} \sum_{k=0}^{r-1} \exp\left(-\frac{2\pi i s k}{r}\right) |x^{k+1} \bmod N\rangle \tag{5-136}$$

令 $k'=k+1$，则

$$U_x|\phi_s\rangle = \frac{1}{\sqrt{r}} \sum_{k'=1}^{r} \exp\left(-\frac{2\pi i s k'}{r} + \frac{2\pi i s}{r}\right) |x^{k'} \bmod N\rangle$$

$$= \frac{1}{\sqrt{r}} \exp\left(\frac{2\pi i s}{r}\right) \sum_{k'=1}^{r} \exp\left(-\frac{2\pi i s k'}{r}\right) |x^{k'} \bmod N\rangle \tag{5-137}$$

因为

$$\exp\left(-\frac{2\pi i s r}{r}\right) |x^r \bmod N\rangle = |x^r \bmod N\rangle = |1\rangle = |x^0 \bmod N\rangle \tag{5-138}$$

则

$$U_x|\phi_s\rangle = \frac{1}{\sqrt{r}} \exp\left(\frac{2\pi i s}{r}\right) \sum_{k'=0}^{r-1} \exp\left(-\frac{2\pi i s k'}{r}\right) |x^{k'} \bmod N\rangle$$

$$= \exp\left(\frac{2\pi i s}{r}\right) |\phi_s\rangle \tag{5-139}$$

因此 $|\phi_s\rangle$ 是算符 U_x 的本征值为 $\exp\left(\frac{2\pi i s}{r}\right)$ 的本征态。

算法 U_x 的 a 次方 U_x^a 是将状态 $|y\rangle$ 映射到状态 $|x^a y\rangle$ 的算符，将算符 U_x^a 推广到作用于两个寄存器体系的状态，并定义状态 $U_{x,a}$：

$$U_{x,a}|a\rangle|y\rangle \equiv |a\rangle U_x^a|y\rangle = |a\rangle |x^a y \bmod N\rangle \tag{5-140}$$

利用相位估计，可以以高精度得到相应的特征值 $\exp\left(\frac{2\pi i s}{r}\right)$，进而容易得到阶 r。

算法　阶计算

步骤 1　对某一整数 N 和 $x(x < N)$，求出满足同余式

$$x^r \equiv 1 (\bmod N)$$

的阶 r。作为初始状态，第一寄存器制备 $n = 2L+1$ 比特的量子态 $|0\rangle^{\otimes n}$，第二寄存器制备 L 比特量子态

$$|\psi_1\rangle = |0\rangle^{\otimes n} |1\rangle$$

其中,$L = \langle \ln N \rangle$。

步骤 2 通过 Hadamard 门 $H^{\otimes n}$ 的作用,在第一寄存器上制备从量子态 $|0\rangle$ 到 $|q-1\rangle$ 的 $q = 2^n$ 个态的叠加态

$$|\psi_2\rangle = \frac{1}{\sqrt{2^n}} \sum_{a=0}^{q-1} |a\rangle |1\rangle$$

步骤 3 将 $U_{x,a}$ 作用到 $|\psi_2\rangle$ 得到

$$|\psi_3\rangle = U_{x,a} |\psi_2\rangle = \frac{1}{\sqrt{2^n}} \sum_{a=0}^{q-1} |a\rangle U_x^a |1\rangle$$

$$= \frac{1}{\sqrt{2^n}} \sum_{a=0}^{q-1} |a\rangle U_x^a \left(\sum_{s=0}^{q-1} \frac{1}{\sqrt{r}} |\phi_s\rangle \right)$$

$$= \frac{1}{\sqrt{2^n r}} \sum_{a=0}^{q-1} \sum_{s=0}^{r-1} e^{2\pi i s a / r} |a\rangle |\phi_s\rangle$$

步骤 4 对第一寄存器进行傅里叶逆变换得到

$$|\psi_4\rangle = \mathrm{QFT}^\dagger |\psi_3\rangle = \frac{1}{\sqrt{2^n}} \sum_{a,c=0}^{q-1} \frac{1}{\sqrt{r}} \sum_{s=0}^{r-1} e^{-2\pi i c a / q} e^{2\pi i s a / r} |c\rangle |\phi_s\rangle$$

$$= \frac{1}{\sqrt{r}} \sum_{s=0}^{r-1} \frac{1}{q} \sum_{a,c=0}^{q-1} e^{2\pi i (s - cr/q) a / r} |c\rangle |\phi_s\rangle$$

$$= \frac{1}{\sqrt{r}} \sum_{s=0}^{r-1} \frac{1}{q} \sum_{a,c=0}^{q-1} \delta_{s, cr/q} |c\rangle |\phi_s\rangle$$

$$= \frac{1}{\sqrt{r}} \sum_{s=0}^{r-1} \frac{1}{q} \sum_{a,c=0}^{q-1} \delta_{sq/r, c} |c\rangle |\phi_s\rangle$$

$$= \frac{1}{\sqrt{r}} \sum_{s=0}^{r-1} \left| s\frac{\tilde{q}}{r} \right\rangle |\phi_s\rangle$$

其中,$\left| s\dfrac{\tilde{q}}{r} \right\rangle$ 包括 q 被 r 除尽和除不尽两种情况。

步骤 5 从第一寄存器既可以观测到几率具有 $\dfrac{r}{s}$ 的周期,从而可搜索到阶 r。

值得注意的是,通过第一寄存器观测值的周期性可以寻找阶数 r,虽然引入一个假想状态并寄存于第二寄存器,但不需观测第二寄存器就可以进行阶搜索。

如果 q 被 r 整除,那么

$$|\psi_4\rangle = \frac{1}{\sqrt{r}} \sum_{s=0}^{r-1} \left| s\frac{q}{r} \right\rangle |\phi_s\rangle \tag{5-141}$$

如果 q 不被 r 整除,假定 r 已知,并设 $\phi(s)=s/r$,那么设 $\delta=\phi(s)-c/q$,满足

$$|\delta| \leqslant \frac{1}{2q}$$

的 c 必存在于 $c \in (0,1,\cdots,q-1)$ 中。设满足该条件的 c 值为 k,则对于该 k 值,有

$$\left| \phi(s) - \frac{k}{q} \right| \leqslant \frac{1}{2q} \tag{5-142}$$

根据连分式定理,k/q 近似等于 $\phi(s)$ 的连分数。满足式(5-142)的状态 $|k\rangle$ 出现的几率

$$P(k) = \frac{1}{r} \frac{1}{q^2} \left| \sum_{a=0}^{q} e^{2\pi i a [\phi(s)-k/q]} \right|^2 \tag{5-143}$$

当 $0 \leqslant \phi(s) - \dfrac{k}{q} \leqslant \dfrac{1}{2q}$ 时,

$$0 \leqslant 2\pi i a [\phi(s)-k/q] \leqslant \pi i \frac{a}{q} < \pi i \tag{5-144}$$

当 $-\dfrac{1}{2q} \leqslant \phi(s) - \dfrac{k}{q} < 0$ 时,

$$-\pi i < -\pi i \frac{a}{q} \leqslant 2\pi i a [\varphi(s)-k/q] \leqslant 0 \tag{5-145}$$

可见,相位集中在复平面的上平面或下平面,对 a 的求和导致相位的叠加(正的干涉),但如果不满足式(5-144),那么对 a 的求和会导致相位互相抵消,其大小几乎可以忽略不计。通过以上讨论可知,在 q 不被 r 整除的情况下也可以以较大的几率搜索出阶 r。

5.3.3 Shor 因式分解算法

Shor 算法将质因数分解问题简化为有序(或周期)查找问题。根据数论的结果,当 x 是一个与 N 互质的整数时,函数

$$f(r)=x^r \bmod N \tag{5-146}$$

是一个周期函数。Shor 算法视图找到 x^a 模 N 的周期 r,其中 N 是要因式分解的数。

整数 x 模 N 的阶数是使下式成立的最小正整数 r,

$$x^r=1 \bmod N \tag{5-147}$$

例如,对于数字序列

$$2,4,8,16,32,64,128,521,1\,024,\cdots$$

如果对上述每一个数字模 15,就会生成一个新的数字序列,该序列由上述数字除以 15 的余数组成:

$$2,4,8,1,\cdots$$

如上所示,对 2 的幂模 15,会得到一个周期为 4 的序列。Shor 算法的核心思想就是基于数论的这一结果,具体步骤如下。

(1)选择一个等于 2 的幂的整数 q,并定义它的取值范围为:

$$N^2 \leqslant q \leqslant 2N^2$$

(2)选择一个与 N 互质的随机整数 x。如果 x 与 N 的最大公约数为 1,即 $\mathrm{GCD}(x,N)=1$,那么称这两个数互质。

(3)创建一个量子寄存器 R,并将其划分为两个独立的寄存器:寄存器 R1 和寄存器 R2。寄存器 R1 称为输入寄存器,它必须有足够的量子位来表示任何 $q-1$ 以内的整数。寄存器 R2 称为输出寄存器,它必须有足够的量子位来表示任何 $N-1$ 以内的整数。寄存器 R1 和寄存器 R2 必须相互纠缠,以便输入寄存器的坍塌能够致使输出寄存器也坍塌。

(4)对寄存器 R1 的每个量子位进行 Hadamard 变换,使所有整数 a(从 0 到 $q-1$)的等权叠加来初始化寄存器 R1,也会将 R2 初始化为全 0。初始化完成之后,量子内存寄存器的组合状态将为:

$$\frac{1}{\sqrt{q}} \sum_{a=0}^{q-1} |a,0\rangle \tag{5-148}$$

(5)为存储在寄存器 R1 中的每个数计算 x^a 模 N,并将计算结果存储在寄存器 R2 中。由于量子并行性,x^a 模 N 的计算可以在量子计算机上一步完成。量子存储寄存器的状态为:

$$\frac{1}{\sqrt{q}} \sum_{a=0}^{q-1} |a, x^a \bmod N\rangle \tag{5-149}$$

(6)测量输出寄存器,得到坍塌后的输出 $|c\rangle$。由于输出寄存器坍塌为 c,因此输入寄存器也坍塌为 0 和 $q-1$ 间的各个 a 的等权叠加,生成坍塌输出 $|c\rangle$

$$x^a \bmod N = c \tag{5-150}$$

执行后,量子存储寄存器的状态为:

$$\frac{1}{\sqrt{\|A\|}} \sum_{a' \in A} |a',0\rangle \tag{5-151}$$

其中,A 是所有满足 $x^a \bmod N = c$ 的 a' 的集合,$\|A\|$ 是集合 A 中的元素个数。

(7)对寄存器 R1 应用量子傅里叶变换,该状态变换为:

$$|a\rangle = \frac{1}{\sqrt{q}} \sum_{c=0}^{q-1} e^{2\pi iac/q} |c\rangle \tag{5-152}$$

这个变换可在量子计算机上一步完成。执行后,量子存储寄存器的状态变为:

$$\frac{1}{\sqrt{q}}\sum_{a=0}^{q-1}|a\rangle|x^a\bmod N\rangle = \frac{1}{\sqrt{q}}\sum_{a=0}^{q-1}\frac{1}{\sqrt{q}}\sum_{c=0}^{q-1}e^{2\pi iac/q}|c\rangle|x^a\bmod N\rangle$$

$$= \frac{1}{q}\sum_{a=0}^{q-1}\sum_{c=0}^{q-1}e^{2\pi iac/q}|c\rangle|x^a\bmod N\rangle \quad (5\text{-}153)$$

（8）测量输入寄存器的状态。整数 c 很可能是 q/r 的倍数，r 就是期望得到的周期。量子傅里叶变换增加了 x^a 模 N 生成的所有值的概率振幅，而寄存器中的其他值不受影响。这一步可在经典计算机上执行。

（9）可在经典计算机上使用连续分式展开，基于 c 和 q 的知识推导出 r 的值。检查 r 是否为偶数，以及 $x^{r/2}$ 模 N 是否不等于 -1。如果这两个条件都成立，那么可以通过对 $x^{r/2}+1$ 和 $x^{r/2}-1$ 取 N 得最大公约数来确定 N 的因数。

具体地，考虑 $N=21$ 的因式分解。选择满足算法第（2）步中 $N^2\leqslant 2^p\leqslant 2N^2$ 条件的整数 p，例如 $p=9$。这是满足 2^p 在 N^2 和 $2N^2$ 区间的 p 的最小值。选择一个满足 $\mathrm{GCD}(x,21)=1$ 的随机整数 x，假定 $x=11$。

假设长度为 $l(=s+p)$ 的量子寄存器（由 R1 和 R2 组成）的初始状态为：

$$|\psi_1\rangle = |0\rangle|0\rangle \quad (5\text{-}154)$$

其中，第一个寄存器 x 有 9 个量子位，第二个寄存器 p 有 5 个量子位。此时，输入寄存器 R1 与输出寄存器 R2 的组合波函数为：

$$|\psi_1\rangle = \frac{1}{\sqrt{512}}\sum_{a=0}^{511}|a\rangle|0\rangle \quad (5\text{-}155)$$

用所有状态 x^a 模 N 的叠加态初始化寄存器 R2：

$$|\psi_1\rangle = \frac{1}{\sqrt{512}}\sum_{a=0}^{511}|a\rangle|11^a\bmod 21\rangle \quad (5\text{-}156)$$

在输出寄存器 R2 上计算函数 $f(a)=11^a\bmod 21$，得到

$$|\psi_2\rangle = \frac{1}{\sqrt{512}}\sum_{a=0}^{511}|a\rangle|f(a)\rangle = \frac{1}{\sqrt{512}}\sum_{a=0}^{511}|a\rangle|11^a\bmod 21\rangle$$

$$= \frac{1}{\sqrt{512}}(|0\rangle|1\rangle+|1\rangle|11\rangle+|2\rangle|16\rangle+|3\rangle|8\rangle+|4\rangle|4\rangle+|5\rangle|2\rangle+$$

$$|6\rangle|1\rangle+|7\rangle|11\rangle+|8\rangle|16\rangle+|9\rangle|8\rangle+|10\rangle|4\rangle+|11\rangle|2\rangle+\cdots)$$

$$= \frac{1}{\sqrt{512}}[(|0\rangle+|6\rangle+\cdots+|510\rangle)|1\rangle+(|1\rangle+|7\rangle+\cdots+|511\rangle)|2\rangle+$$

$$(|4\rangle+|10\rangle+\cdots)|16\rangle+(|3\rangle+|9\rangle+\cdots)|8\rangle+(|2\rangle+|8\rangle+\cdots)|4\rangle+$$

$$(|5\rangle+|11\rangle+\cdots)|11\rangle] \quad (5\text{-}157)$$

从式（5-135）可以看出，R2 的阶数为 6，并且将处于以下 6 种状态的叠加态：

$$(|1\rangle,|2\rangle,|4\rangle,|8\rangle,|11\rangle,|16\rangle)$$

一旦被测量,R2 将随机坍塌为六种状态中的一种,坍塌的概率在所有情况下都是相等的。由于 R1 和 R2 相互纠缠,所以测量输出寄存器 R2 也会导致输入寄存器 R1 坍塌成 0 和 511 之间的各个状态的等权叠加,这样才能使输出寄存器的输出为 c。假设 R2 坍塌为 $|4\rangle$,那么 R1 将是所有 85 项的等权叠加:

$$\frac{1}{\sqrt{85}}(|2\rangle + |8\rangle + |14\rangle + \cdots + |506\rangle)|4\rangle \tag{5-158}$$

注意式(5-136)中,状态是周期性的。这个周期性可以通过对 R1 应用傅里叶变换确定,结果为:

$$|\psi_1\rangle = \frac{1}{512}\sum_{a=0}^{511}\sum_{c=0}^{511} e^{2\pi iac/512}|4\rangle|11^a \bmod 21\rangle \tag{5-159}$$

傅里叶变换在 q/r 的倍数处达到概率振幅的峰值,其中 $r=6$ 是周期,

$$|1\rangle, |2\rangle, |4\rangle, |8\rangle, |11\rangle, |16\rangle$$

由于 $r=6$ 是偶数,且 $x^{r/2}$ 模 $N\neq-1$,即 $11^3 \bmod 21 \neq -1$,因此 $N=21$ 可因式分解为:

$$x^{r/2} \bmod N + 1 = (11^{6/2} \bmod 21) + 1 = 9 \tag{5-160}$$

$$x^{r/2} \bmod N - 1 = (11^{6/2} \bmod 21) - 1 = 7 \tag{5-161}$$

两个因子为:

$$\text{GCD}(9,21)=3, \quad \text{GCD}(7,21)=7 \tag{5-162}$$

5.4　量子计算的物理实现

　　量子计算的优越性可以从 Shor 算法和 Grover 搜索算法中得到充分体现。要实现这样的算法,必须要建立基于量子力学原理的计算机。什么样的系统才能够用来实现量子计算的功能? DiVincenzo 在 2000 年提出了以他的名字命名的判据,主要包括以下要求。

　　(1) 系统由可扩展的量子比特组成。

　　(2) 量子比特的状态可以被有效初始化(例如制备到 $|0\rangle$ 态)。

　　(3) 可以可靠地实现一组普适逻辑门(例如两比特 CNOT 加上任意单比特旋转)。

　　(4) 相对于逻辑门操作时间,系统有长的相干时间。一般而言,要求在相干时间内能完成 10^4 个门操作,才能完成编码和纠错的过程。

　　(5) 可以对每个比特实施有效的测量。

　　(6) 可以在静止比特(即做计算的比特)和飞行比特(即用于信息传输的比特,一般是光子)之间进行转换。

最后一条并不包含在 Divincenzo 最初的判据中,这主要是为了将量子计算和量子通信相结合,或者是为了实施分布式的量子计算而加入的要求。

按照这一判据,哪些系统适合作为量子计算的载体? 到目前为止,人们已经在各种系统上进行了探索和尝试,包括离子阱系统、超导系统、冷原子系统、量子点系统、光学系统、核磁共振 NMR 系统、稀土系统和里德堡原子系统等。不少系统可以满足其中的某些要求,但还没有哪个系统能很好地满足所有要求。不同的系统都有自身的优缺点,如果可以把不同系统的优点组合在一起,就有可能实现真正的量子计算机。

就目前的实验技术发展水平而言,离子阱系统和超导系统是最领先的,以这两个系统为例来说明量子计算的发展现状。

5.4.1 离子阱量子计算系统

离子阱量子计算系统是最早用于量子计算的物理系统,以囚禁在射频电场中离子的超精细或塞曼能级作为量子比特载体,通过激光或微波进行相干操控。离子量子比特的频率只由离子种类、外界磁场决定,因而相比超导、量子点等人造量子比特具有完美的全同性。囚禁在一个势阱中的多个离子在库仑斥力作用下会形成稳定的晶格结构,整个晶格的简谐振动可作为阱中不同离子之间产生量子纠缠的媒介。离子阱系统具有全连接性,即系统中任意量子比特间都存在直接相互作用;处于不同阱中的离子还能以各自辐射的光子作为媒介来实现远程纠缠。

一般的离子阱是将一串离子囚禁在线性阱中。每个离子的 2 个内能级形成一个量子比特。单比特操作可以通过激光作用在相应的离子上来实现。2 个离子之间的受控非门(CNOT)可以通过 2 束激光作用在相应的 2 个离子上,在声子的协助下完成。

DiVincenzo 条件在离子阱中都可以在一定程度上实现,很多条件也已经在实验上得到了验证,具体如下。

(1) 人们已经在一维离子阱中实现了 7 比特的量子算法,10 多个比特的量子态制备和约 300 个离子的量子模。原则上,离子阱的可扩展性可以通过与芯片技术相结合来实现。这方面的实验还在继续,可扩展性问题是基于离子阱系统的量子计算的主要障碍。

(2) 离子阱中的离子可以通过激光冷却来实现初态制备,单比特的初态制备实验误差已经可以小于 10^{-3}。

(3) 单比特操作的误差已可以低于 10^{-6},两比特的操作误差已低于 10^{-3}。这已经超过了实现普适容错量子计算的阈值（如果采用合适的编码，比如表面码，那么阈值约为10^{-2}）。超快的单量子门操作时间已经可以达到 50 ps，这一技术极大地提高了相干时间内能操作的量子门个数（已超过 10^4 的阈值）。这一技术正被用于两比特的量子门。

（4）离子阱中状态读出误差已可以低于10^{-4}。

（5）离子阱中的静止比特与光子（飞行比特）之间的量子态转化已在实验中实现。

由此可以看出，除了可扩展性之外，离子阱系统已经对 DiVincenzo 其他条件进行了实验验证，而且都展现出了良好的特性。

离子阱系统的早期发展得益于成熟的原子/分子光学实验技术，并无明显的技术瓶颈。当规模较小时，离子阱系统具有小时级的相干时间、极高的量子门保真度。然而，离子阱系统在规模化、系统稳定性方面尚存困难，如随着同一势阱中离子数目的增多，离子晶格会愈发不稳定，离子晶格的振动频谱也趋于密集而难以利用。目前，解决这一问题的主流方案是"量子电荷耦合器件（QCCD）架构"，即利用电极在芯片上定义多个囚禁区域，每个区域包含少量离子；通过调制各电极的电压，驱动离子在不同区域之间移动和交换。

QCCD 架构的未来发展方向是，在片上集成控制电路、光波导、光探测器，实现系统的集成化和小型化；由于涉及芯片制备、芯片封装、光波导制备、表面处理等多项技术集成，发展难度较大。目前，构建包含数十至上百个离子的中小规模系统没有原理性障碍，但需要解决以下技术性问题。

（1）光波导、电路、探测器等多器件集成型芯片阱的设计与制备。

（2）因离子的反常加热率较高限制了门操作的保真度，需要发展低温阱、芯片表面处理等技术来降低加热率。

（3）系统的真空、光学、信号控制等部分的耦合度较高，不利于保持整体稳定性，需将各子系统进行模块化和小型化处理。

5.4.2　超导量子计算系统

超导量子计算系统是另一个非常有希望实现量子计算的系统，它与现有的微加工技术相结合可以很好地解决系统的可扩展问题。对应于 DiVincenzo 的判据，超导线路系统的表现如下。

（1）9 个比特的量子处理器已经获得了实验演示，可扩展性在此系统中没有原则性困难，且已部分获得实验支持。

（2）利用反馈控制的比特初始化可以获得很好的效果。

（3）单比特操作的保真度已超过 99.9%，2 比特操作的保真度也已超过 99.5%。

（4）相干时间在二维芯片上可达到约 80 ms，在三维芯片中可达约 150 ms。

（5）利用参数放大技术实现了保真度超过 99% 的量子状态读出。

（6）超导比特与飞行比特之间的转换还处于非常初期的阶段，仅演示了微波与光波之间的转换。

由此可以看出超导系统也是一个非常有潜力的实现量子计算的系统。

超导量子计算路线的优势在于：超导量子芯片的制备工艺与微纳加工技术兼容，具有较好的可扩展性；超导量子比特及相关器件的参数具有良好的设计自由度；超导量子线路的操控使用成熟的微波电子学技术，速度快、可操控性好。超导量子计算的实现方案主要是基于量子门的量子线路方案、量子退火方案。

超导量子比特是由约瑟夫森结和其他超导元器件构成的非线性量子谐振电路，分为以电荷、相位、磁通等自由度编码量子信息的基本类型以及为数众多的复合类型。当前的主流类型之一是 Transmon 及其变种，对环境电荷的涨落不敏感，具有较长的退相干时间；其他常见类型有磁通量子比特、Fluxonium、0-π 比特等。

超导量子比特可通过多种方式与外部电路耦合，由此实现操控和测量。以 Transmon 为例，相应操控由外部驱动电路通过电容耦合到比特来实现；关于测量，一般将比特与谐振腔耦合，在大失谐条件下谐振腔的本征频率依赖于比特的状态。对于与谐振腔耦合的共面波导传输线，利用色散读取方法测量谐振腔的频率，进而确定比特的状态。构建多比特量子线路，需要可控的比特间耦合；平面结构的超导量子线路较为常见，比特之间一般通过电容或者电感方式耦合；近年的重要进展之一是提出并实现了可调耦合方案。此外，利用三维谐振腔来编码量子信息的超导量子线路，在实现灵活可调的比特耦合方面存在较大困难，这就给相关路线的可扩展性构成了挑战。

除了集成度方面的进展外，超导系统的其他关键性指标也有显著提升。采用钽替代当前主流的铝作为超导电路材料，将平面 Transmon 比特的退相干时间提升到 $300\,\mu s$；随后北京量子科学研究院进一步优化到 $500\,\mu s$。麻省理工学院、IBM 的研究团队将两比特门保真度提升到接近 99.9%。作为通往可容错量子计算的最关键步骤，量子纠错实现方面取得了一定进展，如表面纠错码的可行性得到初步演示。

超导量子计算路线面临的挑战主要有三方面。

（1）主流的平面结构限制了比特之间的连接性，由于只能实现近邻耦合而导致运行量子算法时的极大额外开销，需要改进连接性来精简量子线路的深度。

（2）超导量子芯片的控制线的数量随着比特数线性增加，但其平面属性导致只能从芯片四周将控制线引入到芯片中央，这在扩展时使得控制线密度不断增大，而串扰将更难抑制。多层芯片三维集成技术可以一定程度上缓解该问题，但在更高集成度情形下解决布线和串扰问题极具挑战性。

（3）超导量子比特的退相干时间需要进一步提升，涉及从微观机理出发，对材料、设计、工艺、测试环境进行全方位优化。

5.4.3　光学量子计算系统

光量子系统具有抗退相干、单比特操纵简单精确、提供分布式接口等优点，可以利用光子的多个自由度进行编码，是重要的量子信息处理系统之一。光量子计算可分为专用和通用的量子计算模型；根据编码方式的不同也可分为离散变量和连续变量模型（或二者的结合）。这些不同的路径都有望实现通用量子计算。

光量子计算的核心硬件包括量子光源、光量子线路、单光子探测器。量子光源用于制备特定初始态，常见类型有确定性的单光子源、压缩真空态光源、纠缠光子对光源等。半导体量子点在激光的激发下会像原子一样辐射单个光子，是实现确定性的可扩展单光子源的重要途径。中国科学技术大学研究团队 2013 年首创量子点脉冲共振激发技术，研制出了确定性偏振、高纯度、高效率的单光子源；2018 年实现了高全同性、高受激效率的参量下转换纠缠光子对；2019 年实现了高保真度、高效率、高全同性的双光子纠缠源；2020 年，研究者首次实现了片上高纯度、高全同性、预报效率大于 90% 的光源。

早期的光量子计算主要基于自由空间的线性光学，实验技术成熟，光子在晶体和自由空间中的损耗都很低，但此方案的可扩展性较差。大规模扩展的可行路径是将光学元件集成到光芯片上，如将量子光源、线路、探测器全部集成在一个波导芯片。这类光芯片方案稳定性和可扩展性良好，但目前的效率还需提升。相关研究整体上处于起步阶段。

关于光量子比特的测量，目前超导单光子探测器正在获得越来越广泛的应用。美国国家标准与技术研究院、代尔夫特大学、中国科学院上海微系统与信息技术研究所等机构可以生产兼具高探测效率（>90%）、高重复频率（>150 MHz）的超导纳米线单光子探测器。

光学量子计算的基本操作（如概率性的控制逻辑门）、各种量子算法的简单演示验证均已实现。中国科学技术大学研究团队构建了光量子计算原型机"九章"以及升级版的"九章 2.0"，据此实现了量子优越性这一里程碑。2022 年，Xanadu 量子技术有限公司在时间编码玻色采样上实现了量子优越性验证。

光量子计算路线当前最大的挑战是如何实现确定性的两比特纠缠门,大规模的纠缠态制备和线路操纵、高效率探测器的研制等也是亟待研究的难题。两比特纠缠门的实现思路有两种:基于线性光学,在线性光学的基础上引入非线性。在大规模、可扩展的纠缠态制备方面,有望以量子点自旋为媒介,将辐射单光子制备到大规模纠缠态上。在近期,光量子计算的发展趋势表现为:实现含噪声、中等规模的量子计算应用;实现确定性两比特纠缠门,解决通用光量子计算的瓶颈问题;制备大规模纠缠态;实现基于 GKP 态的容错量子计算。

5.4.4　硅基量子计算系统

硅基量子计算使用量子点中囚禁的单电子或空穴作为量子比特,通过电脉冲实现对比特的驱动和耦合。这一技术路线的优势表现在:大部分工艺与传统的金属-氧化物-半导体(MOS)工艺兼容,具有大规模扩展的潜力,在商业化阶段将易于和半导体行业对接;比特相干时间长,门操作精度高;可进行全电学操控。硅基量子点的实现方式分为两种。

(1) 通过在门电极上加载电压来囚禁单个电子或空穴,利用电极对其量子态进行操控。这种方式可实现比特间耦合的灵活调节,但集成的门电极密度高,需要采用公共和悬浮电极等才能大规模生产。

(2) 通过扫描隧道显微镜(STM)或离子束注入方式在硅衬底中掺杂原子并作为比特载体,然后利用 MOS 电极或 STM 直写电极对掺杂原子的电子自旋进行操控;具有比特全同性高、易于扩展、电极密度低、相干时间长等优点,但加工难度大。

近年来,硅基量子计算研究进展迅速,多个研究团队分别独立实现了 3~6 个比特的集成;将量子门保真度提升到了容错阈值之上,实现了电子自旋与超导微波腔的强耦合、基于微波光子的长程自旋耦合。最近发展的低温集成－互补金属氧化物半导体(Cryo-CMOS)量子测控技术,在与硅基比特结合后有望解决中大规模的读取及控制问题;通过融合硅基量子芯片和经典 CMOS 低温芯片,多个研究团队实现了在 1.1~4 K 温区运行良好的硅基热比特。因此硅基平台是目前唯一可在 4 K 温度条件下利用大规模集成半导体工艺实现经典-量子混合的体系。

硅基量子计算的发展挑战有:单比特门所需元件占据较大空间,应优化比特驱动方案;多量子比特的集成需在方案和技术层面需取得突破;在单原子量子计算方面进一步提升原子放置的精度和成功率以实现单原子阵列;在工艺水平进一步提升后,改善硅基衬底质量和介电层电噪声以提高芯片成品率。

5.4.5 中性原子量子计算系统

中性原子量子计算使用激光冷却和囚禁技术,实现光阱中的中性原子阵列;利用单个原子的内态能级编码量子信息,后通过微波或光学跃迁实现单比特操控;基于里德堡阻塞效应或自旋交换碰撞,实现多比特操控并最终实现量子计算。中性原子体系的优点为:与环境耦合弱,相干时间长;相邻原子间的距离在微米量级,易于实现对单比特的独立操控,串扰低;量子比特连接灵活可变,可以任意操控和改变原子间距离、原子构型等,可扩展性良好。

在碱金属元素体系相关的研究中,2010 年利用里德堡阻塞效应首次实现了两比特纠缠和受控非门;2016 年实现了约 50 个单原子阵列的制备,将单比特门保真度提高到了 99.6%(达到容错量子计算阈值);2020 年以来实现了可编程、包含至少 200 个量子比特的量子处理器及其量子算法与量子模拟演示。在碱土金属元素体系相关的研究中,目前两比特纠缠保真度已提升至 99.5%。

该领域的关键技术包括:量子寄存器的制备和扩展,任意量子比特的操控和寻址,多量子比特的高保真度操控。预计短期内可实现:包含数千个量子比特的量子寄存器,保真度超过容错量子计算阈值的多比特操控,基于数百个量子比特的复杂量子模拟,量子优越性演示。

5.4.6 金刚石氮空位色心量子计算系统

金刚石氮空位(NV)色心量子计算指利用 NV 色心的电子自旋及金刚石中的碳 13 核自旋作为固态量子比特,可在室温条件下实现量子信息处理的一类技术路线。NV 电子自旋作为量子比特,可由激光脉冲实现初始化和测量、基于微波脉冲的量子态翻转,在室温下具有长达毫秒量级的相干时间。

经过 20 多年发展,NV 色心量子计算的技术体系(从金刚石样品器件设计及加工到核自旋探测、多比特操控)均较为成熟。然而,在这一体系中实现可扩展的量子计算还有很多技术难题:实现集成化功能器件和阵列依赖高效可控的 NV 色心制备,还需有效抑制微纳加工过程中引入的噪声;随着量子比特的增多,需发展精准的多比特操控技术以抑制彼此之间的串扰以及各种因素引起的误差,才能不断提升量子逻辑门保真度。这些都是实现基于固态体系多节点纠缠网络的重要环节。

5.4.7　核磁共振量子计算系统

核磁共振波谱学发展至今约有 80 年,在生命科学、物理、化学等领域催生了诸多应用,7 个诺贝尔奖获得者的研究与此相关。基于核磁共振的量子计算利用了半自旋的原子核作为量子比特,是最早实现 Shor 分解算法、Grover 搜索算法的实验体系;目前达到了操控 12 个量子比特的能力。

在学术研究方面,滑铁卢大学、斯图加特大学、清华大学、中国科学技术大学、南方科技大学等高校均有活跃的研究团队,在量子计算、量子模拟、量子机器学习等多方面取得了极具影响力的成果,如量子人脸识别、量子手写体识别、量子多体局域化、12 比特量子随机线路模拟等。在产业化方面,清华大学、南方科技大学联合团队 2017 年推出了国际首个核磁共振 4 比特量子计算云平台;深圳量旋科技有限公司 2019 年推出了两比特小型化核磁共振量子计算机。

核磁共振具有系综特征,尽管在可扩展方面具有困难,但依然是目前为数不多的能够操控 10 个以上量子比特的实验体系之一,因此被视为发展量子控制技术、探索量子机器学习前沿领域、深化量子产业的良好实验平台。另一个富有潜力的发展方向是核电共振,即将原子核注入到硅基材料中并利用电场进行操控,有望解决比特频率拥挤、比特串扰等问题。

5.4.8　自旋波量子计算系统

基于自旋波的量子计算是富有潜力的新型量子计算方案之一。自旋波是磁性材料中电子自旋的集体进动模式,其量子化准粒子称为磁子,每个磁子携带 1 个约化普朗克常数的自旋角动量。磁子拥有较长的弛豫时间和良好的可操控性,可用于编码量子信息。

磁子学与量子信息科学交叉形成了新的量子磁子学,涵盖传统自旋电子学、磁子学、量子光学、量子计算、量子信息科学。基于磁子的量子比特在理论上得到证实,而利用磁子进行量子信息处理还需实现与其他量子计算平台的融合。磁子的输运不涉及电荷移动,可通过磁性绝缘体进行长距离传播,可显著降低量子器件的能量耗散。

当前,有关自旋波量子计算的研究仍处于起步阶段,实现思路主要有两种:将自旋波和其他量子计算体系相结合,发展出新型的杂化量子信息处理技术;直接利用磁子实现量子计算。其中第一种思路是当前研究的主流,尤其是将磁子与超导量子线路结合。通过结构设计来增强微波腔光子-磁子-超导量子比特之间的耦合作用，是极具挑战性的问题。

5.5 量子机器学习

机器学习源于人工智能和统计学，其应用极其广泛。从数据挖掘到人脸识别，从自然语言处理到生物特征识别，从垃圾邮件分类到医学诊断，社会生活的各个方面都被机器学习技术所影响。随着信息技术不断发展，信息化将各行业紧密联系起来，产业数据呈爆炸式增长。众所周知，机器学习的崛起，一方面依赖于处理海量数据的算法、软件的发展；另一方面依赖于硬件的崛起，实现海量数据的处理。目前，经典机器学习面临的挑战之一在于数据量、计算量逐渐逼近经典计算模式的极限，而量子体系或量子算法具有完全不同于经典计算的学习范式，因而传统机器学习在量子体系中的实现为突破经典极限提供了可能性。

量子机器学习利用量子计算优越的计算能力，将其与经典机器学习算法相结合，产生基于量子计算的新型机器学习模型。相关研究成果包括量子主成分分析、量子卷积神经网络、量子光学系统中深度学习网络的实现、量子生成对抗网络等。目前，量子机器学习大致可被分为三类：

（1）与经典学习算法的优化目标相似，将复杂的计算子步骤替换为高效的量子算法，实现优化和提速；

（2）结合量子系统的动力学特性，将经典机器学习问题赋予物理含义，并借助相关技术进行求解，提出新型机器学习算法；

（3）将经典机器学习算法融入传统量子物理领域，开发出辅助解决物理问题的新工具。

量子机器学习算法一般需要经过以下步骤。

步骤 1　将经典信息转换成量子信息。为了发挥量子计算机的高并行特性，必须对经典信息进行编码，将其转换成量子信息，这就好比将一门语言翻译为另外一门语言。合适、巧妙的编码将更加有效地利用量子计算的潜力。

步骤 2　传统机器学习算法的量子版转换。由于量子计算机和经典电子计算机的操作单元不同，无法将所有的经典计算机的方法都移植到量子计算机上，并且不是所有在量子计算机上的操作都会有指数性的加速。所以设计出适用于量子计算机的算法将十分重要。量子机器学习算法的设计，既要结合经典算法的数据结构、数据库等技术，又要不断设计出更多适合量子理论的算法模型。这个建模的过程，也是步骤 2 的重点和难点。

步骤 3 提取最终计算结果.由于计算结果为量子态无法直接使用,需要经过量子测量操作,使量子叠加态波包塌缩至经典态,将经典信息提取出来。

已有的量子机器学习主要可以分为以下 3 类。

(1)第一类量子机器学习。该类算法将机器学习中复杂度较高的部分替换为量子版本进行计算,从而提高其整体运算效率。该类量子机器学习算法整体框架沿用原有机器学习的框架。其主体思想不变,不同点在于将复杂计算转换成量子版本运行在量子计算机上,从而得到提速。该类研究的代表性成果有:量子主成分分析(Quantum Principle Component Analysis,QPCA)、量子支持向量机(Quantum Support Vector Machine,QSVM)等。

(2)第二类量子机器学习。该类算法的特点是寻找量子系统的力学效应、动力学特性与传统机器学习处理步骤的相似点,将物理过程应用于传统机器学习问题的求解,产生出新的机器学习算法。该类算法与第一类不同,其全部过程均可在经典计算机上进行实现。在其他领域也有不少类似思路的研究,如退火算法、蚁群算法等。该类量子机器学习算法的代表性研究有基于量子力学的聚类算法。

(3)第三类量子机器学习。该类算法主要借助传统机器学习强大的数据分析能力,帮助物理学家更好地研究量子系统,更加有效地分析量子效应,作为物理学家对量子世界研究的有效辅助。该类算法的提出将促进对微观世界进一步的了解,并解释量子世界的奇特现象。该类算法的代表性研究有:基于压缩感知的量子断层分析等。

5.5.1 量子主成分分析

量子主成分分析算法,使用未知密度矩阵的多个副本来构造最大特征值(主成分)对应的特征向量,可应用于量子态的判别和分配问题。对于密度矩阵 ρ,在特征空间上对其分解可以表示为:

$$\rho = \sum_j \lambda_j |u_j\rangle\langle u_j| \qquad (5\text{-}163)$$

其中,λ_j 为特征值,u_j 为其对应的特征向量。QPCA 最关键的部分是构造受控 $e^{-i\rho t}$。构造 $e^{-i\rho t}$ 的方法表示为:

$$\mathrm{tr}_P e^{-iS\Delta t}\rho\otimes\delta e^{iS\Delta t} = (\cos^2\Delta t)\delta + (\sin^2\Delta t)\rho - i\sin\Delta t [\rho,\delta]$$
$$= \delta - i\Delta t [\rho,\delta] + 0(\Delta t^2) \qquad (5\text{-}164)$$

其中,tr_P 是对第一个变量取偏迹,矩阵 S 是交换算子,$\delta = |u\rangle\langle u|$ 为特征向量。因此

借助密度算子 ρ 的几个副本和一个稀疏的交换矩阵 S，通过偏迹运算可以实现 $e^{-i\rho t}$。

将幺正算子 $\sum_n |n\Delta t\rangle\langle n\Delta t| \otimes \prod_{j=1}^{n} e^{-iS_j\Delta t}$ 作用于 $|n\Delta t\rangle\langle n\Delta t| \otimes\delta\otimes\rho\otimes\cdots\otimes\rho$，再对 n 个子系统做偏迹运算，即可实现受控 $e^{-i\rho t}$，即：

$$\mathrm{tr}_P\left(\begin{array}{c}\left(\sum_n |n\Delta t\rangle\langle n\Delta t| \otimes \prod_{j=1}^{n} e^{-iS_j\Delta t}\right) \\ |n\Delta t\rangle\langle n\Delta t| \otimes \delta \otimes \rho \otimes \cdots \otimes \rho\end{array}\right) \tag{5-165}$$

最后，通过借助相位估计便可分解出密度算子 ρ 的特征值和特征向量。

5.5.2 量子支持向量机

量子计算与支持向量机的结合最早是利用 Grover 搜索算法的二次加速效果处理支持向量机模型的优化计算问题。量子支持向量机算法，利用量子计算的高并行性来改进传统支持向量机算法，进而有效提高计算效率，降低计算复杂度。量子支持向量机算法首先将每一个数据样本点 $x_i = (x_{i1}, x_{i2}, \cdots, x_{in})$，$j = 1, 2, \cdots, m$ 的 j 个特征向量通过概率幅编码方式编码到量子态上，即：

$$|x_i\rangle = |x_i|^{-1} \cdot \sum_{j=1}^{m} x_{ij} |j\rangle \tag{5-166}$$

其中，$|x_i|^{-1}$ 是归一化向量，m 为特征维度。训练集的量子态制备为：

$$|\chi\rangle = |\sqrt{N_\chi}|^{-1} \cdot \sum_{i=1}^{n} |x_i| |i\rangle |x_i\rangle \tag{5-167}$$

其中，$\sqrt{N_\chi} = \sum_{i=1}^{n} |x_i|^2$，$x_i$ 为第 i 个训练样本。训练数据集的内积运算 $K_{ij} = x_i \cdot x_j$ 可以通过求解密度矩阵 $|\chi\rangle\langle\chi|$ 的偏迹得到

$$\mathrm{tr}_2(|\chi\rangle\langle\chi|) = \frac{1}{N_\chi} \sum_{i,j=1}^{n} |x_i| |x_j| \langle x_i|x_j\rangle |i\rangle |j\rangle = \frac{K}{\mathrm{tr}K} \tag{5-168}$$

其中，$x_i \cdot x_j = |x_i| |x_j| \langle x_i|x_j\rangle$。另外，还可以利用量子 HHL 算法实现对二乘支持向量计算法中的线性方程组加速求解。最小二乘支持向量机算法可以转化为求解如下的线性方程组：

$$\begin{pmatrix} 0 & 1^{\mathrm{T}} \\ 1 & K+\gamma^{-1}I \end{pmatrix} \begin{pmatrix} b \\ \alpha \end{pmatrix} = \begin{pmatrix} 0 \\ y \end{pmatrix} \tag{5-169}$$

其中：$K_{ij} = x_i \cdot x_j$ 为核矩阵；γ 为正则化参数，用于平衡经验风险和置信范围，已达到结构风险最小化。$\begin{pmatrix} b \\ \alpha \end{pmatrix}$ 可以利用量子 HHL 算法求解得到：

$$|b,a\rangle = \frac{1}{N_{b,a}}\left(b|0\rangle + \sum_{k=1}^{M}\alpha_k|k\rangle\right) \qquad (5\text{-}170)$$

其中，$N_{b,a} = b^2 + \sum_{k=1}^{M}\alpha_k^2$。

最后构造量子态 $|\tilde{u}\rangle$ 和待分类的量 $|\tilde{x}\rangle$，通过利用控制交换门计算两个量子态的相似度就可以得到 $|\tilde{x}\rangle$ 所属类别。

$$|\tilde{u}\rangle = \frac{1}{N_{\tilde{u}}}\left(b|0\rangle|0\rangle + \sum_{k=1}^{M}\alpha_k|x_k||k\rangle|x_k\rangle\right) \qquad (5\text{-}171)$$

$$|\tilde{x}\rangle = \frac{1}{N_{\tilde{x}}}\left(|0\rangle|0\rangle + \sum_{k=1}^{M}|x||k\rangle|x\rangle\right) \qquad (5\text{-}172)$$

其中：$N_{\tilde{u}} = b^2 + \sum_{k=1}^{M}\alpha_k^2|x_k|^2$；$N_{\tilde{x}} = M|x|^2 + 1$。

5.5.3　量子近邻算法

量子最近邻算法（Quantum Nearest Neighbor，QNN）通过计算量子态的内积或者欧氏距离来判别量子态的分类。该算法首先将训练样本集 $v_j(j=1,2,\cdots,M)$ 和待分类的样本 $v_0=u$ 通过概率幅编码的方式加载到量子态上，即：

$$|v\rangle = d^{-1/2}\sum_{i:v_i\neq0}|i\rangle\left(\sqrt{1-\frac{r_{ji}^2}{r_{\max}^2}}\,\mathrm{e}^{-i\phi_i}|0\rangle + \frac{v_{ji}}{r_{\max}}|1\rangle\right)|1\rangle \qquad (5\text{-}173)$$

$$|u\rangle = d^{-1/2}\sum_{i:v_{0i}\neq0}|i\rangle|1\rangle\left(\sqrt{1-\frac{r_{0i}^2}{r_{\max}^2}}\,\mathrm{e}^{-i\phi_i}|0\rangle + \frac{v_{0i}}{r_{\max}}|1\rangle\right) \qquad (5\text{-}174)$$

其中，$v_{ji}=r_{ji}\,\mathrm{e}^{i\varphi_{ji}}$，$r_{\max}$ 为特征值的上界，r_{ji} 是大于 0 的数。通过利用控制交换门计算两个量子态的内积就可以确定两个量子态的距离。如果对 $|v\rangle$ 和 $|u\rangle$ 执行 swap test 操作，可以得到 $|v\rangle$ 和 $|u\rangle$ 的内积的平方

$$|\langle u|v\rangle|^2 = (2P(0)-1)d^2r_{\max}^4 \qquad (5\text{-}175)$$

实验结果表明采用欧氏距离计算的方法比内积方法需要更多的迭代次数。

5.5.4　变分量子算法

变分量子算法（Variational Quantum Algorithm，VQA）是使用一个经典优化器（Classical Optimizer）训练一个含参量子线路（Quantum Circuit）的方法，是机器学习在量子计算中的自然类比。变分量子算法提供了一个通用的框架，可用于解决各种各样的问题。对于一个优化问题，由一个参数化量子电路产生的可观测状态的期望

值来定义损失函数;然后将参数优化外包给经典优化器,经典计算机通过优化电路参数的期望值来训练量子电路。如图 5-24 所示,变分量子算法的步骤如下所示:

(1) 定义损失函数 C,对问题的解进行编码;

(2) 提出 ansatz,即依赖于一组可以优化的连续或离散参数 θ 的量子操作;

(3) 使用来自训练集的数据在混合量子经典循环中训练该 ansatz 以解决优化任务:

$$\theta^* = \underset{\theta}{\mathrm{argmin}}\, C(\theta) \tag{5-176}$$

对于经典机器学习算法,模型通常是一个在经典计算机上运行的神经网络;对于变分量子算法,模型是一个在量子计算机上运行的量子电路。二者的对比如图 5-24 所示。

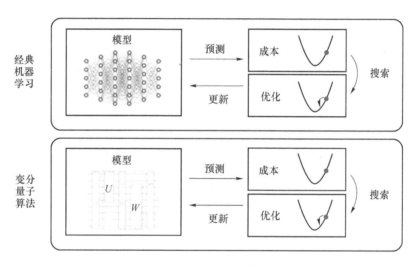

图 5-24　机器学习算法和 VQA 算法的对比图

5.5.5　量子化学模拟

量子化学模拟是量子计算重要的潜在应用之一。当前的计算化学方法所需资源随着待研究系统的规模增大而呈指数增长。针对这一问题,研究者尝试设计更高效的量子化学模拟算法,如利用量子相位估计、变分量子本征求解器(Variational Quantum Eigensolver,VQE)来计算分子基态及其能量。

VQE 的主要思想是利用量子计算机的优势,将化学问题的求解转化为求解量子哈密顿量的基态能量和波函数的问题。该算法的核心思想是使用量子计算机找到能量最低的波函数,以此预测分子的性质和行为。

VQE 算法的一般步骤如下。

（1）初始化一个量子比特的状态，并将其作为波函数的初态。

（2）选择一个包含分子所有原子的哈密顿量，并将其分解为量子比特基础门的线性组合。

（3）利用量子比特对该哈密顿量进行编码，并使用量子逻辑门操作对其进行演化，得到哈密顿量的基态波函数和能量。

（4）对该基态波函数进行优化，使其能量更趋近于分子的真实基态能量。

（5）重复第（3）步和第（4）步，直到得到哈密顿量的最低能量。

VQE 算法所需的资源相对较少，具有一定的抗噪声能力，将在含噪声中等规模量子（Noisy Intermediate Scale Quantum，NISQ）时代发挥重要作用。

当前的量子化学模拟研究聚焦于在实际量子硬件上模拟更大的分子体系，实现对氢化铍、水等分子的模拟，在经典模拟器上对乙烯、氰化氢等分子的模拟是主要的成果。虽然这些成果展示了 VQE 算法的普适性和可行性，但距离体现量子计算优越性尚有距离。后续，在提升量子计算硬件性能的同时，不断改进算法，设计更好的变分拟设、使用更合适的参数化和优化方法等，以发展出具有实用价值的量子化学模拟算法。

第 6 章

量 子 通 信

　　量子通信是近几十年发展起来的新兴学科,它以量子态为信息载体,利用量子力学的基本原理进行信息编码与传输。与经典通信的安全依赖于计算的复杂度不同,量子通信的安全性建立在物理原理上,被证明是绝对安全的保密通信方法。第一个量子通信方案是 1984 年 Bennett 和 Brassard 提出的量子密钥分配方案,简称 BB84 协议。随后的几十年,量子通信在理论和实验上都有了长足发展。根据量子通信的任务性质,量子通信可以划分为:量子密钥分配、量子密集编码、量子隐形传态、量子秘密共享、量子直接通信、量子认证等模式。BB84 协议就是量子密钥分配的一个代表性协议。其中量子密钥分配、量子直接通信、量子秘密共享等以信息安全为主要目的,统称为量子密码学。

　　除了点对点的量子通信外,人们还讨论了利用服务器来完成制备和测量等操作的量子通信网络方案。实验上,量子通信的距离不断刷新记录,2013 年纠缠分发距离达到 300 km,2014 年远程量子密钥分配的安全距离已扩展至 200 km。2021 年中国科技大学潘建伟教授团队与济南量子技术研究院合作,实现最长 511 km 的双场量子密钥分发。2022 年北京量子信息科学研究院、清华大学龙桂鲁教授团队和陆建华教授团队合作,设计和实现了一种相位量子态与时间戳量子态混合编码的量子直接通信新系统,通信距离达 100 km。

6.1　量子通信安全

6.1.1　在不可克隆原理保证下的安全性

　　经典密码学的安全性依赖于数学的复杂度,而量子密码学的安全性依赖于物理学中量子力学的基本原理,具有原理上的"绝对安全性"。随着物理学与信息论的融合发展,量子信息论诞生了,使得信息论的研究对象不再局限于经典比特数据,而是包括了量子比特。在量子信息论中,信息的一种基本单元是量子比特,可以是一个二能级量子系统中的任意量子态。量子信息也同样面临着如何保密存储、传输的问题,相对应的就是量子密码学。由于量子信息的存储、传输等均要受到物理学规律的限制,因此量子密码在原理设计上是从量子力学的原理出发,以物理原理来保证信息安全,既可以保护比特数据的安全,也可以保护量子比特数据的安全。

经典一次性便签(One-Time Pad,OTP)加密体系是唯一被证明安全的经典通信模式。它要求密码是完全随机的 0、1 组合,密码的长度与明文一致,且密码只能使用一次。这种加密通信的安全性完全建立在密码的安全性上,因此在通信之前双方需要共享大量的安全密钥用于后续的加密通信,而这在经典物理的环境下是很难做到的。如果密钥被截获复制,那么机密信息将暴露无遗。"一次一密"加密系统的安全性依赖于其所使用的密钥是否符合协议的要求,即:生成密钥在理论上的真随机性,以及足够长(理论上要求无穷长)密钥的安全分发。虽然使用基于算法的传统密钥分发方法无法做到以上两点,但借助于量子物理原理,人们设计出了在理论上可以满足"一次一密"加密系统要求的密钥分发方法——量子密钥分发(Quantum Key Distribution,QKD)协议,其安全性依赖于量子物理原理,而非求解数学问题的复杂性。因此,理论上再多的计算资源也无法有效地帮助窃听者来破解密钥,故 QKD 具有理论上的无条件安全性。

简而言之,QKD 的安全性来自于量子力学的两个特性:一是量子世界在本质上的真随机性,这是产生真随机密钥的关键;二是承载有非正交信息的单量子态不可以被完美复制。第二个特性最先于 1982 年被 W. K. Wooters 等人证明,该特性被称为量子不可克隆定理,随后又发展出若干等价表述,这里列举三种。

量子不可克隆定理的三种等价表述如下。

表述一:不存在能完美克隆任意未知量子态的量子克隆机。

表述二:不存在能完美克隆两个非正交量子态的量子克隆机。

表述三:不可能从非正交量子态中获取编码信息同时不扰动量子态。

量子不可克隆定理表明,如果用于编码的量子态中包含非正交态,那么当窃听者通过量子操作来获取关于编码的信息时,接收方所收到的量子态和发送方原始制备的量子态就会有所不同。这就会导致其统计特性发生变化,从而使窃听行为被通信双方所察觉。

复制经典比特的任务可以用经典受控非门完成,如图 6-1 所示。受控非门对说明量子信息的不可克隆性也非常有用。在经典中将待复制的比特(处于未知状态

X)和初始化为 0 的中间缓存器比特输入该门,输出结果是两个比特,都处在相同的状态 X。

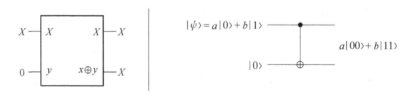

图 6-1 复制未知比特和量子比特的经典与量子线路

设想采用相同的办法,以受控非门来复制未知状态 $|\psi\rangle = a|0\rangle + b|1\rangle$。两个输入量子比特可写作:

$$[a|0\rangle + b|1\rangle]|0\rangle = a|00\rangle + b|10\rangle \tag{6-1}$$

受控非门的作用是当第一量子比特为 1 时,把第二量子比特取反,结果就是 $a|00\rangle + b|11\rangle$。复制 $|\psi\rangle$ 成功了吗?也即产生状态 $|\psi\rangle|\psi\rangle$ 了吗?对于 $|\psi\rangle = |0\rangle$ 或 $|\psi\rangle = |1\rangle$ 的情形,该线路确实做到了,因为用量子线路来复制编码为 $|0\rangle$ 和 $|1\rangle$ 的经典信息是可能的。然而,对一般状态 $|\psi\rangle$,

$$|\psi\rangle|\psi\rangle = a^2|00\rangle + ab|01\rangle + ab|10\rangle + b^2|11\rangle \tag{6-2}$$

与 $a|00\rangle + b|11\rangle$ 比较,可以看到除非 $ab = 0$,复制线路不能复制输入的量子状态。实际上,要制作未知量子状态的复件是不可能的。

基于量子比特以某种方式包含不能直接从测量得到的"隐含"信息的直观概念,还可以从另外的角度看图 6-1 线路的失败。考虑测量 $a|00\rangle + b|11\rangle$ 的一个量子比特会发生什么。如前所述,以概率 $|a|^2$ 和 $|b|^2$ 得到 0 或 1,如果有一个量子比特被测量,那么另一个量子比特的状态就完全确定了,再也不会得到关于 a 和 b 的更多信息了。从这个意义上来说,原始量子比特 $|\psi\rangle$ 承载的额外信息在第一次测量中就丢失了,且无法恢复。但假如量子比特被复制了,那么另外一个量子比特的状态应该仍保留着部分隐含信息。因此,不可能建立复制。具体证明如下。

定理 6.1(量子不可克隆定理) 不可能建造这样的一台机器,它执行幺正操作并且可以克隆一个量子比特的一般状态。

考虑一个系统,它由第 1 个要被克隆的量子比特、第 2 个量子比特以及一台可克隆机器所组成。第 1 个量子比特被制备为一个一般的态

$$|\phi\rangle = \alpha|0\rangle + \beta|1\rangle \tag{6-3}$$

其中,振幅 α 和 β 是复数,服从归一化条件 $|\alpha|^2 + |\beta|^2 = 1$。初始时,第 2 个量子比特与克隆机器被准备于某个参照态,如分别为 $|\phi\rangle$ 和 $|A_i\rangle$。克隆机器应该能够执行以下幺正变换:

$$U(|\psi\rangle|\phi\rangle|A_i\rangle) = |\psi\rangle|\psi\rangle|A_{f\psi}\rangle = (\alpha|0\rangle + \beta|1\rangle)(\alpha|0\rangle + \beta|1\rangle)|A_{f\psi}\rangle \quad (6\text{-}4)$$

其中机器的末态一般依赖于被克隆的态 $|\psi\rangle$。现证明,这样的幺正变换不可能存在。如果第 1 个量子比特存在于态 $|0\rangle$,那么克隆机器的运行结果必须是:

$$U(|0\rangle|\phi\rangle|A_i\rangle) = |0\rangle|0\rangle|A_{f0}\rangle \quad (6\text{-}5)$$

类似地,如果第 1 个量子比特存在于态 $|1\rangle$,那么克隆机器的运行结果必须是:

$$U(|1\rangle|\phi\rangle|A_i\rangle) = |1\rangle|1\rangle|A_{f1}\rangle \quad (6\text{-}6)$$

因此,由量子力学的线性性质,克隆机器对一个一般态 $|\psi\rangle = \alpha|0\rangle + \beta|1\rangle$ 的运行结果是:

$$U(\alpha|0\rangle + \beta|1\rangle)|\phi\rangle|A_i\rangle) = \alpha U(|0\rangle|\phi\rangle|A_i\rangle) + \beta U(|1\rangle|\phi\rangle|A_i\rangle)$$
$$= \alpha|0\rangle|0\rangle|A_{f0}\rangle + \beta|1\rangle|1\rangle|A_{f1}\rangle \quad (6\text{-}7)$$

最终的结果 $\alpha|0\rangle|0\rangle|A_{f0}\rangle + \beta|1\rangle|1\rangle|A_{f1}\rangle$ 显然不是克隆之后所需要出现的态 $(\alpha|0\rangle + \beta|1\rangle)(\alpha|0\rangle + \beta|1\rangle)|A_{f\psi}\rangle$。

一般状态不可克隆是量子信息和经典信息的主要差别之一。需要注意的是,如果在开始制备第一个量子比特态的时候,已经知道这个态将为某两个正交态中的一个,如 $|0\rangle$ 或 $|1\rangle$,那么就可以确定地测量该量子比特的态,然后制备任意数目的备份。在这种情况下,量子比特的行为和经典比特的一样。

6.1.2 量子通信中的安全性检测

量子通信相较于经典通信的最大优势是可以实现绝对安全的通信过程。这里的"绝对安全"并不是指没有窃听者监听信道,而是一旦有窃听就会被发现。方案的安全性由量子力学的不可克隆定理和测不准原理保障,通过统计抽样分析来判断,即安全性检测。具体来说,安全性检测一般指合法的通信各方随机选取一定数量的量子态样本公布制备基、初始态和测量结果用于计算实际出错率,随后将实际出错率与一个根据传输环境预测的出错率进行比对。若实际出错率不在安全范围内,则表明信道被监听;若实际出错率在安全范围内,则表明传输安全。在量子密钥分配方案中,安全性检测一般在通信结束后进行。若发现信道被监听,则抛弃已经建立的随机密钥;否则,密钥可作为裸码,经机密放大等处理后用于加密信息。然而,在量子直接通信过程中,由于传输的是机密信息而不是随机密钥,一旦泄露无法挽回。因此安全性检测需要在传输秘密信息之前进行,确保信道安全后才能进行通信。

(1)信道问题

量子密码协议通常都用到两个信道。一个是量子信道,用来传输量子载体,例如可以用光纤或自由空间做信道来传输光子。另一个是双向经典信道,用来传输经典消息,如上述协议中的测量基信息和窃听检测时声明的测量结果等。对于经典信道,量子密码中假设它是公开的、抗干扰的、认证的,即窃听者只能窃听而不能篡改传输的消息。这也是量子密码协议的一个基本要求。常见的经典信道如广播、报纸等能满足这种条件。而对于量子信道没有任何要求,窃听者可以对传输的量子消息进行任意窃听和篡改,即允许窃听者实施一切不违背量子力学原理的操作,如测量、替换、纠缠附加光子等。

(2)窃听检测

量子密码之所以能在理论上达到无条件安全,是因为它能发现潜在的窃听。因此,所有的量子密码协议都包括一个窃听检测过程。这个过程通常是随机选择一部分量子载体来进行测量,根据测量结果来判断是否存在窃听者干扰了其量子态。一个设计完美的量子密码协议,窃听者的窃听操作必然会对量子态带来干扰,进而引入错误。若通信者在窃听检测过程中发现错误率过高,则认为有窃听者存在,于是丢弃这次通信所得的数据(此时传输的数据指的是密钥,即随机数,而不是秘密消息,因此可以丢弃它们而不会因此泄露秘密。然而如果要传输秘密消息,那么必须首先确认信道安全,然后才能编码消息)。

(3)噪声问题

在理想情况下,不用考虑量子信道中噪声对量子态的影响。此时只要在窃听检测时发现错误,就可以认为有窃听存在。但实际应用中并不是这样,信道噪声的影响是不能忽略的。即便完全没有窃听存在,噪声也会影响量子态并带来一定的错误率。因此,Alice 和 Bob 会设定一个阈值(可容忍的错误率的上界),把它作为判断有无窃听的标准。当错误率高于这个阈值时,丢弃通信数据,反之保留。

在安全性检测过程中,一般需要选取两组或两组以上的相互无偏基,最常用的为 X 基和 Z 基。对于二维系统,Z 基由相互正交的 $|0\rangle$ 和 $|1\rangle$ 构成,X 基表示为 $|\pm\rangle = \frac{1}{\sqrt{2}}(|0\rangle \pm |1\rangle)$。两组基相互平分:

$$|\langle 0|+\rangle|^2 = |\langle 1|+\rangle|^2 = |\langle 0|-\rangle|^2 = |\langle 1|-\rangle|^2 = \frac{1}{2} \tag{6-8}$$

两组基的这种关系保证了,若信道被窃听,则会引起最大的出错率。对于 d 维系统,Z 基由 d 个相互正交的基构成 $\{|0\rangle, |1\rangle, \cdots, |d-1\rangle\}$。$X$ 基可表示为:

$$|k\rangle_x = \frac{1}{\sqrt{d}}(|0\rangle + e^{\frac{2\pi i(d-1)}{d}}|1\rangle + e^{\frac{2 \times 2\pi i(d-1)}{d}}|2\rangle + \cdots + e^{\frac{(d-1) \times 2\pi i(d-1)}{d}}|d-1\rangle) \tag{6-9}$$

这里用下标的"X"指示 X 基($k=0,1,\cdots,d-1$)。d 维系统的这两组基同样相互平分,

$$|\langle j|k\rangle_x|^2 = \frac{1}{d} \quad (j,k=0,1,\cdots,d-1) \tag{6-10}$$

若窃听者选错测量基进行截获重发窃听,将引起 $e=(d-1)/d$ 的出错率。由此可见,高维系统比二维系统具有更好的安全保证。

在量子通信中,最常见的信息载体为单粒子态和两粒子最大纠缠态(Bell 态)。一般来说,在基于单粒子态的量子通信方案中,量子态都会随机地处于 X 基或 Z 基,因此安全性检测只需选取随机位置的样本用相应的基测量即可。而基于 Bell 态的通信方案中,当双方各执纠缠系统的两部分时,通信双方对随机挑选的纠缠粒子对选取相同的基做单粒子测量。由于最大纠缠态的粒子在两组基下都有完美的对应关系:

$$|\phi^+\rangle_{AB} = \frac{1}{\sqrt{2}}(|0\rangle_A|0\rangle_B + |1\rangle_A|1\rangle_B) = \frac{1}{\sqrt{2}}(|+\rangle_A|+\rangle_B + |-\rangle_A|-\rangle_B)$$

$$\tag{6-11}$$

通信双方可由此计算出错率从而判断传输是否安全。除了两粒子二维纠缠态以外,两粒子高维最大纠缠态在 X 基和 Z 基上也都有完美的对应关系,多粒子最大纠缠态各个粒子之间以及任意两个部分之间同样存在类似的在不同基上的对应关系,均可用于安全性检测。

此外,还有基于非最大纠缠信道的量子通信方案。处于非最大纠缠态的粒子只在一个基上有对应关系,在另一个基上没有,

$$|\phi\rangle_{AB} = \alpha|0\rangle_A|0\rangle_B + \beta|1\rangle_A|1\rangle_B$$

$$= \frac{1}{2}[(\alpha+\beta)(|+\rangle_A|+\rangle_B + |-\rangle_A|-\rangle_B) +$$

$$(\alpha-\beta)(|+\rangle_A|-\rangle_B + |-\rangle_A|+\rangle_B)] \tag{6-12}$$

其中,$|\alpha|^2 + |\beta|^2 = 1$。因此,需要在传输的量子态序列中事先插入足够数量的用于安全性检测的诱骗光子。这些光子随机地选取 X 基或 Z 基制备,并被插入粒子序列中的随机位置。传输完成后,发送者告知接收者诱骗光子的位置和量子态,接收者选择相应基进行单粒子测量即可检测传输安全。采取诱骗光子的安全性检测方法是一种相对普适的做法,适用于不同的量子系统。特别地,如果携带信息的量子态是高维系统,仍可以用二维的诱骗光子做安全性检测。目前,诱骗光子技术已经成为量子通信中一种广泛使用的实用安全检测方式。

除了传统的纠缠量子态外,量子通信中还可能用到在两个或两个以上自由度同时纠缠的超纠缠态。若使用最大超纠缠态作为量子信道,安全性检测时需要对各个自由度上的量子态选取两组相互平分的基进行测量,也可以选择插入诱骗光子的方

法进行安全性检测,不过,此时诱骗光子需包含各个自由度的信息:一方面可以制备单光子多自由度的量子态;另一方面可以随机选择自由度制备诱骗光子,每个诱骗光子用于检测特定自由度的安全。

这里介绍的安全性检测方法适用于量子通信的各个分支,虽然每一个方案中安全性检测过程的具体操作可能不同,但都需要从大量的量子态中随机选取一定量的样本测量,用统计分析的方法来判断信道是否安全。

6.2 量子密钥分发

所谓通信,指的是双方或多方之间交换有意义的信息。机密通信的首要任务是保障信息安全。量子密钥分发(QKD)是一种通信双方通过传输量子态来建立密钥的协议,其目的是使通信双方获得一串只有他们两个知道的密钥(由经典的随机比特构成,但由于是用量子方式建立的,因此也被称为“量子密钥”)。由于 QKD 和一次一密(OTP)加密算法均具有信息论安全性,将两者结合使用就可以实现完美安全的保密通信。

量子密钥分配就是为了解决远距离通信各方共享安全密钥的问题而提出的,密钥的安全性由量子力学的基本原理保证。这里的安全不是指密钥分配过程不会被截获或者窃听,而是指一旦窃听者采取行动扰动密钥,该行动就会被合法的通信者发现。这时通信者抛弃已经传输的数据,在检查信道安全之后重新开始密钥分发过程,直到确保安全为止。随后他们用安全的密钥利用一次性便签加密的方式进行机密通信。从严格意义上来说,量子密钥分配只是用于建立安全密钥的方法,并不能用于传递机密信息。不过由于其最终目的是服务于通信,量子密钥分配被归类为量子通信的一个重要分支,代表基于量子密钥分配和经典一次性便签加密相结合的安全通信模式。

虽然 QKD 系统的种类繁多,不同协议对系统结构的要求不尽相同,但仍具有一定的共通性。一般来说,QKD 系统包含:量子随机数发生器、光源、调制、信道传输、系统运行辅助模块、解调、探测、后处理八个主要部分(如图 6-2 所示)。其中,量子随机数发生器产生随机密钥等随机编码信息,该信息被调制到光源产生的光信号上;随后将光信号通过信道传输给接收方;接收方在解调信号前需要通过系统运行辅助模块将信道对光信号的影响进行补偿,解调后的信号则通过对应的探测器进行探测;测量结果通过后处理系统加以处理,使得通信双方最终得到的密钥是完全一致且安全的。

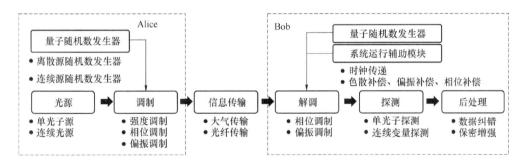

图 6-2　QKD 系统的结构分解示意图

　　量子力学的随机性有许多现象可以体现,广为人知的一个现象是将单光子信号通过一个 50:50 分束器的方案(如图 6-3 所示)。由于光子是光场的最小能量单位,无法再被分割。因此,一个单光子经过分束器后,要么透射,代表比特"0"的探测器响应;要么反射,代表比特"1"的探测器响应。当选用的分束器透射反射概率之比是精确的 50:50 时,以此产生的随机序列就是无偏置、不可预测的二进制真随机数序列。

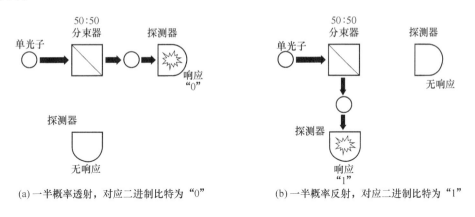

(a) 一半概率透射,对应二进制比特为 "0"　　　(b) 一半概率反射,对应二进制比特为 "1"

图 6-3　单光子通过 50:50 分束器的理想量子随机数发生器方案示意图

6.2.1　量子密钥分发安全的基本假设

　　量子密钥分发的核心思想是利用非正交单量子态的不可克隆性来完成密钥的安全分发。自 1984 年第一个 QKD 协议提出至今,已经提出了许多具体可执行的 QKD 协议,且针对同种协议也有许多不同的改进版。在常见的 QKD 协议中,按照信源端编码空间的维度可以分为离散变量类协议和连续变量类协议;按照光源是否存在纠缠,还可以分为制备类协议和基于纠缠的协议。QKD 协议中的无条件安全性不仅包括经典密码中的定义,还包括对窃听者在信道中对量子态的一切可能操作不做任何限制。一个设计良好的 QKD 协议,其无条件安全性应当是可严格证明的。需指出的是,在任意条件下都严格安全的系统是不存在的,因此要想完成这个"证明",是需要额外的前提假设的。

QKD 协议的四个基本假设。

(1)窃听者无法侵入通信双方的设备中,且通信双方的设备不会主动泄露与经典随机数据相关的各种信息。即窃听者不能从通信双方的设备中直接或间接地获得经典密钥信息或是协议运行所需要的随机选择信息。

(2)通信双方所拥有的仪器设备均严格按照协议要求方式工作。即光源、调制、解调、探测等仪器均是按照协议描述符合理想模型的,且使用真随机数发生器来产生随机数。

(3)用于经典通信的信道是经过无条件安全认证的。

(4)窃听者需遵守基本科学原理,包括数学、物理学等;在此前提下,对窃听者的物理操作能力与计算能力不做限制。

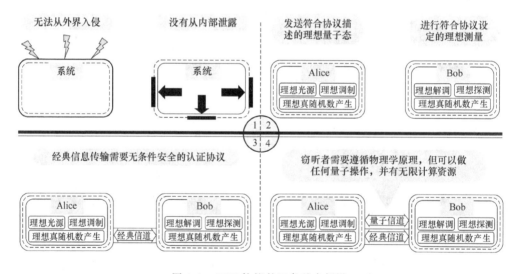

图 6-4　QKD 协议的四条基本假设

第一条假设是要求窃听者不可以侵入到通信双方的设备中以获取系统的经典随机数据,包括随机密钥与随机的基选择信息。比如暴力进入 Alice 或 Bob 的实验室对系统进行直接的测量或更改,或者通过计算机病毒控制 Alice 或 Bob 的控制系统输出或更改经典随机数据。同时,也假定通信双方的系统不会主动泄露系统的经典随机数据。

第二条假设首先要求系统使用的是真随机数,同时,要求系统中每一个器件均按照协议要求的理论理想状态进行工作,以保证所产生的量子态和所进行的测量是符合协议假设的。比如,在最初的 BB84 协议中,协议要求使用单光子源、理想单光子探测器等。其中特别强调需要使用真随机数发生器,是由于随机数不仅用于产生随机密钥,还用于系统中可能进行的随机基选择等操作。因此,具有分布均匀、不可预测等理想特性的真随机数假设确保所使用的随机数不会提供给窃听者以先验信息或是进行算法攻击的可能。比如,如果随机数并非均匀分布,这本身就带给了窃听者一定的信息,而如果使用算法产生的伪随机数,那么窃听者就有通过部分数据攻破该算法的可能,从而影响到后续发送量子信号的安全性。

第三条假设是要求通信双方进行与后处理相关的经典信息交换的通信是经过无条件安全认证的,即窃听者无法冒名顶替通信双方中的任何一方,以杜绝传递虚假的经典信息所造成的安全漏洞。由于与后处理相关的经典信息本身是公开的,不需要保密,故只需要确认是否确实是通信双方所要发送的信息即可。因此,本条假设中无条件安全认证就是指具有无条件安全性的消息认证方法。

第四条假设是要求窃听者必须遵守物理学原理,其所能进行的操作是可被物理学等学科规律所允许的。本假设并不要求窃听者被现有技术所束缚,其可进行任何超越现有技术但仍是物理学原理允许的操作,比如,其可以使用具有无限长存储时间、100%保真度的量子存储技术,可以拥有任意长度均完全无损耗的光纤,可以进行非破坏性光子数测量等。此外,对窃听者可拥有的计算资源也是没有限制的,即认为其可在任意短时间内解决任意复杂度的数学问题。

在上述四个前提假设中,虽然对窃听者可实施的窃听行为做出了限定,比如第一条和第二条假设限定窃听者不能从通信双方的系统上直接或间接地获取任何和随机密钥以及随机基选择相关的信息,将窃听者所有可能获取信息的途径限制在了对信道中量子态的操作和测量上,而第四条假设限定了窃听者在信道中对量子态的操作必须是可由科学原理所允许的,但对于窃听者的计算能力并没有任何限制。因此,在上述假设框架下具有安全性的 QKD 协议,是具有经典密码学中所定义的无条件安全性。

6.2.2　BB84 协议

第一个 QKD 协议是美国 IBM 公司的研究员 Charles H. Bennett 和加拿大蒙特利尔大学的教授 Gilles Brassard 共同提出,正式发表于 1984 年的一个会议上,故简称 BB84 协议。BB84 协议利用单光子的 4 种偏振态来编码随机密钥信息,偏振态对应的 Hilbert 空间为一个二维空间。利用 Dirac 记号,可以将这 4 种量子态表示为:

$$|H\rangle=|0\rangle,|V\rangle=|1\rangle,|+\rangle=\frac{1}{2}(|0\rangle+|1\rangle),|-\rangle=\frac{1}{2}(|0\rangle-|1\rangle) \qquad (6\text{-}13)$$

式(6-13)中：$|H\rangle$为光子的水平偏振态；$|V\rangle$为垂直偏振态；$|+\rangle$为45°偏振态；$|-\rangle$为135°偏振态。BB84 协议的 4 种偏振态示意图如图 6-5 所示。对这 4 个偏振量子态，$|H\rangle$和$|V\rangle$是一组正交归一完备基，称为水平垂直基，简称 Z 基；$|+\rangle$和$|-\rangle$是另一组正交归一完备基，称为对交基，简称 X 基。易知，Z 基中的任一量子态和 X 基中的任一量子态之间都是非正交的，且投影概率均为 50%。

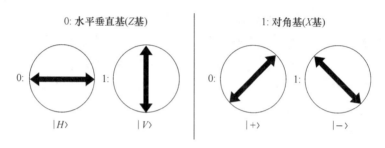

图 6-5　BB84 协议的 4 种偏振态示意图

在 BB84 协议中，发送方 Alice 利用这 4 个量子态进行编码，以承载待传输的密钥，即在编码步骤中，Alice 随机制备$|H\rangle$、$|V\rangle$、$|+\rangle$、$|-\rangle$之一。由于单光子是单量子态，且不同基之间的偏振态非正交，这就满足了量子不可克隆定理的要求，使得窃听行为可被发现。

为了随机选取 4 个量子态中的一个，Alice 共需要 2 比特的随机数，其中第一个比特表示测量基，即决定从哪组基中挑选量子态，比如 0 代表 Z 基而 1 代表 X 基；而第二个比特则决定使用该组基下的哪个量子态，比如 0 代表$|H\rangle$或$|+\rangle$而 1 代表$|V\rangle$或$|-\rangle$。

BB84 协议的具体步骤如下。

(1) Alice 选取长度为 $2n$ 的两组随机序列$\{x_n\}$和$\{a_n\}$，并根据其制备 $2n$ 个单光子偏振态发送给 Bob。其中，$\{x_n\}$决定选取哪组基，而$\{a_n\}$是随机密钥序列。

(2) Bob 收到 $2n$ 个量子态后公布此事实，并选取长度为 $2n$ 的一组随机序列$\{y_n\}$用以决定测量基：0 选择 Z 基，1 选取 X 基，测量结果记为$\{b_n\}$。

(3) Alice 公布其制备时的基选择$\{x_n\}$。Bob 将其与自己的测量基$\{y_n\}$进行比对，将两者相同的位置告知 Alice，并将两者不同的数据舍去。当 n 足够大时，平均应剩下 n 个数据。

(4) Alice 随机选取并公开部分保留数据（如 $n/2$ 的数据），用于窃听检测，Bob 根据测量数据计算相应的误码率。若误码率高于事先约定的阈值，则终止本轮协议重新开始。

（5）Alice 和 Bob 进行数据后处理，包括数据协调和保密增强等步骤，最终得到 m 比特相同的安全密钥。

在 BB84 协议中，制备基和测量基 $\{x_n\}$ 和 $\{y_n\}$ 并不包含密钥信息，Alice 的决定某组基内量子态选取的 $\{a_n\}$ 和 Bob 的最终测量结果 $\{b_n\}$ 才包含密钥信息。由两组基之间量子态的投影关系可知，当基选择不同时，Bob 的测量结果有 50％的可能性与 Alice 的数据不同，相当于两者完全无关，因此必须要舍去这部分数据。

保证 BB84 协议安全性的关键在于协议采用了两组非正交基进行编解码，因此按照量子不可克隆定理，窃听者 Eve 无法完美克隆这两组彼此非正交的量子态而不引起扰动。这个"扰动"在此处就指 Alice 和 Bob 经过基比对后所保留数据的误码率。当误码率大到超过某阈值时，就可判断 Eve 拿到了随机密钥的全部信息。此时 Alice 和 Bob 将终止本轮协议，舍去此段密钥，重新从第（1）步开始运行下一轮协议以分发新的随机密钥。

下面具体分析一种简单但直观的窃听方式：截听-重发窃听，以给读者一个初步的关于如何通过"扰动"判断存在窃听现象的印象。

在 BB84 协议中进行截听—重发窃听易被发现。假设 Eve 在信道中截取 Alice 发送的量子态，并随机选取一组基对量子态进行测量，将测量结果记为 $\{E_n\}$。而后再根据测量结果在该测量基下制备对应的偏振量子态发送给 Bob。这一窃听方法将使 Bob 端的数据与 Alice 端的数据在基选择相同时也存在不一致的可能，从而会被通信双方所察觉。这是因为 Eve 事先并不知道 Alice 发送量子态时的制备基选择，她只能随机地选择测量基。对于选对基的一半量子态，Eve 可以得到正确的测量结果，从而其制备发送给 Bob 的量子态也是正确的，Bob 的最终检测的结果也是正确的。而对于选错基的一半量子态，不论 Eve 得到哪个测量结果，其都要在错误的基组下去制备发送给 Bob 的量子态，因此即使 Bob 的测量基与 Alice 的制备基是一致的，其也有 50％的可能性得到错误的结果。总体来看，Bob 端收到的数据中，将有的 50％×50％＝25％的数据与 Alice 端不同，即 Bob 和 Alice 的数据在基选择正确的情况下也有 25％的误码率。相比于没有窃听者时接近于 0 的误码，这样高的误码率是十分容易识别的。因此采用截听-重发的窃听方式可以轻易地通过观察误码率这一"扰动"来发现。

6.2.3　设备无关量子密钥分发

量子密钥分发（QKD）相比于传统通信协议，可以确保原理上无条件安全通信。然而在现实条件下，设备可能存在着某些不完美的特性。这些特性往往会为攻击者提供威胁系统安全的侧信道，造成现实条件下的潜在安全隐患。目前的主要解决方案是对设备进行检测并制定相关标准，从而确保其在现实条件下的安全性。经过近四十年的发展历程，人们基于不同量子力学特性提出了多种 QKD 协议，一些典型 QKD 协议的安全性也得到了严格证明，但实际上 QKD 系统中因为器件的不完美仍然存在一些安全性漏洞。

设备无关量子密钥分发（DI-QKD）基于无漏洞量子力学基础检验，提供了一套全新的不依赖于设备具体功能和特性的安全成码方案。该类协议不需要假设 QKD 设备是完美的，它们甚至可以是不可信的。DI-QKD 的安全性基于如下事实：量子过程和经典过程对贝尔不等式的违背程度是不同的。通信双方通过观测输入和输出的经典比特信息间的关联关系，计算贝尔不等式的违背值，即可判断设备的可信程度，并估计出窃听者所能获取的最大信息量。如果实验中观测到的违背值足够大，那么设备足够可信，通信双方进而可以获得信息论安全的密钥。DI-QKD 协议过程相当于对其设备的可信性进行了一次"自测试"，只有可信的设备才能通过测试，进而让通信双方成功建立密钥。

为了实现这一目标，中国科学技术大学潘建伟团队分别从理论和实验两个方面进行探索。在理论方面，他们提出原创的随机后选择 DI-QKD 理论方案。在实验方面，他们利用自发参量下转换的原理，通过优化空间光路的参数搭建了高效率的光学纠缠源，并结合高效率的单光子探测器，使系统效率达到 87.5%，超过了以往所有报道的相关光学实验。在此基础上，潘建伟团队首次实现了基于全光学系统的 DI-QKD 原理演示，成码率达到 466 bit/s，并且验证了该系统在光纤长度达到 220 m 时仍然可以产生安全的量子密钥。

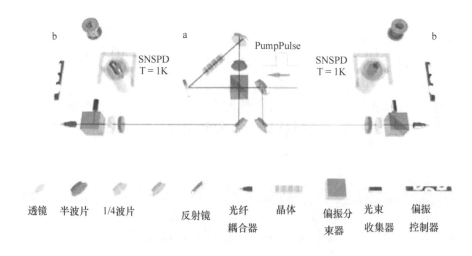

图 6-6　随机后选择 DI-QKD 方案图

虽然 DI-QKD 一直受到国内外学术界的高度重视和广泛关注,然而 DI-QKD 的实现相对困难。此后,人们又提出了测量设备无关(MDI)QKD 协议,它可以在测量设备不可信的情况下实现安全的密钥分配,且实现难度较 DI-QKD 更低。

6.2.4 测量设备无关量子密钥分发

测量设备无关类 QKD,最早于 2012 年由加拿大多伦多大学 Hoi-Kwong Lo 实验小组提出。基于纠缠交换技术和时间反演 EPR 纠缠态方案的测量设备无关量子密钥分发(Measurement Device Independent QKD,MDI-QKD)协议,可消除所有的探测器端侧信道,成码率比 DI-QKD 高很多量级,可与基于纠缠对的标准安全证明实现得相当。

MDI-QKD 协议基于时间反演的纠缠协议,Alice 和 Bob 都作为发送端,他们将信号态传输给不可信的测量端进行贝尔测量,因为贝尔测量只用于后选择纠缠,测量端可完全看作是一个暗箱,对所有探测端侧信道攻击免疫。值得注意的是,MDI-QKD 协议要求源端是可信的。当使用相干光源实现基于单光子源的 MDIQKD 方案时,需要估算测量端单光子的贡献,同时为了确保系统安全性,需要采用诱骗态技术。下面以 Hoi-Kwong Lo 给出的方案为例介绍该协议的流程和实现,如图 6-7 所示。

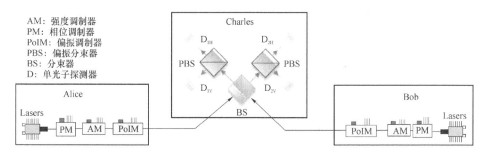

图 6-7 MDI-QKD 协议方案结构图

(1)态制备:Alice 和 Bob 分别对相位随机的弱相干脉冲进行编码,随机制备出不同强度的诱骗态,以及随机制备 2 个基矢下的 4 种量子态,然后同步发送给不可信接收端 Charles。

(2)Bell 态测量和后选择:Alice 和 Bob 的光脉冲到达 Charles 端发生干涉,引起探测器响应。若探测器 D_{1H} 和 D_{2V}(或 D_{1V} 和 D_{2H})同时响应,说明制备出了 Bell 态 $|\psi^-\rangle$,若探测器 D_{1H} 和 D_{1V}(或 D_{2V} 和 D_{2H})同时响应,说明制备出了 Bell 态 $|\psi^+\rangle$。Charles 将后选择的 Bell 态 $|\psi^-\rangle$ 和 $|\psi^+\rangle$ 信息发给 Alice 和 Bob,Alice 和 Bob 将对应

的制备信息保留,用于后续的基矢比对,其余丢弃。

(3) 基矢比对、纠错和保密增强:类似于诱骗态 BB84 的方式,对密钥进行基矢比对(保留直角基矢的密钥,对角基矢用于估计)、纠错和保密增强压缩,获得最终安全密钥。

MDI-QKD 实验的主要技术难点在于如何实现两个独立的激光源的高对比度干涉。基于相位编码的标准 BB84 方案因干涉的光子的两个分量来源于同一个激光器,光源对偏振和相位改变的影响相同,因此不需要进行光源的稳定。但是在 MDI-QKD 中,干涉的光子来源于不同的激光器,需要对光源进行相关参数特别是波长的稳定。2013 年,中国科学技术大学潘建伟团队首次进行了 MDI-QKD 实验验证,在 50 km 光纤上进行了基于时间编码的实验演示。加拿大卡尔加里大学团队基于时间编码实现了 80 km 的 MDI-QKD 实验演示[19]。接着,巴西研究团队、加拿大 Hoi-Kwong Lo 在实验室使用弱相干态和偏振编码实现了 MDIQKD。

MDI-QKD 不仅有着抗探测端攻击的安全性,还可实现远距离传输。2014 年,中国科学技术大学潘建伟团队利用 75 MHz 高速系统和高效低噪的超导纳米线单光子探测器,以及优化的诱骗态理论和更严格的有限密钥分析,将 MDI-QKD 的传输距离扩展到 200 km,成码率约为 60 bit/s,较之前提高 3 个数量级,极大地推动了 MDI-QKD 的实用化。在此基础上,该研究组于 2016 年又进一步结合最优化的四强度诱骗态方案,将 MDI-QKD 的传输距离拓展至超低损耗光纤 404 km 的距离,在 100 km 处成码率可达到 3 kbit/s,足够支持一次一密加密语音通信;同年,英国剑桥大学和东芝欧洲研究团队利用脉冲激光播种技术实现了高可见度干涉,传输距离突破 100 km,有限码长的成码率达到 1 Mbit/s。2019 年,中国科学技术大学潘建伟团队联合科大国盾量子技术股份有限公司、中科院上海微系统与信息技术研究所等团队演示了一套基于集成光芯片实现的 1.25 GHz 重复频率的高速 MDI-QKD 系统和量子接入网组网结构。在该网络结构中,每个用户只需要一个小型化和低成本的发射端芯片即可大大降低组网成本,其速率和成码率也超过此前文献报道的所有 MDI-QKD 实验。

6.2.5 双场量子密钥分发

经过近几年的研究,MDI-QKD 在传输距离、成码率、组网、集成等方面都取得了巨大突破。但是因为光纤的固有损耗,信道的传输效率随距离增加呈指数衰减,在距离确定的情况下,点对点的 QKD 系统成码率存在限制,称为量子信道的密钥容量 SKC。这个限制由英国约克大学的 Stefano Pirandola、Riccardo Laurenza 取名

PLOB 界,即 QKD 的最大成码率 R 与信道传输率 η 的理论上限为 $R \leqslant \ln(1-\eta) \sim O(\eta)$。在无中继情况下,成码率与信道的传输效率线性相关。虽然量子中继器可突破距离对成码率的限制,但到目前为止,现有技术还无法实现实用的量子中继。如何在无中继情况下突破成码率限制成为一个待研究热点问题。

2018 年,东芝欧洲研究中心 Andrew. J. Shields 研究团队提出一种基于相位编码的 MDI-QKD 方案,称为双场量子密钥分发(Twin-Field Quantum QKD,TFQKD)。TF-QKD 继承了 MDI-QKD 的测量设备无关的安全性,更重要的是将成码率提高到与信道传输效率的平方根相关 $R \sim O(\eta)$,可突破 PLOB 界约束,具有超远距离实用化 QKD 的巨大潜力。

和前述 MDI-QKD 非常相似,TF-QKD 也由两个发送端、一个不可信中继的接收端组成,但与传统 MDIQKD 协议不同的是,TF-QKD 协议本质是基于单光子干涉,其基本系统实现结构如图 6-8 所示。

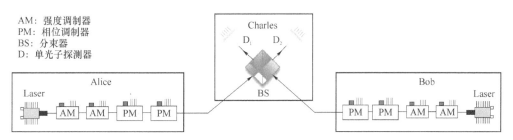

图 6-8 TF-QKD 协议系统方案

(1)态制备:Alice 和 Bob 分别对具有频率锁定的光源采用类似 MDI-QKD 的方式,随机制备 2 个基矢的 4 种相位态,并随机制备出不同强度诱骗态,并在 2π 范围内进行离散均匀的相位随机化调制,然后同步发送给不可信接收端 Charles。

(2)贝尔测量:Alice 和 Bob 的光脉冲到达 Charles 端发生干涉,引起探测器响应。Charles 根据探测器响应情况,公布每一探测位置的 D_1、D_2 响应情况。Alice 和 Bob 根据公布信息,仅保留其中一个探测器响应的位置的制备信息,用于后续的基矢比对,其余丢弃。

(3)相位选择:Alice 和 Bob 公布保留位置使用的随机相位,对相位差为 0 或 π 的数据保留,其余丢弃。

(4)基矢比对、纠错和保密增强:类似诱骗态 BB84 的方式,对密钥进行基矢比对、纠错和保密增强压缩,获得最终安全密钥。

TF-QKD 实验的主要技术难点在于如何实现两个独立的激光源的高对比度干涉,同时还需要对全局相位进行快速监测,NPP-QKD(no phase post-selection)则进一步需要进行快速相位反馈补偿。这里的全局相位差对应光程差的控制要求在亚波长量级,而相位差包括 Alice、Bob 的光源本身频率和波长差异、独立信道的相位扰动两部分,其中信道扰动造成的相位变化已经在 10 rad/ms 量级,变化非常剧烈,实验难度非常大。

中国科学技术大学潘建伟团队和济南量子技术研究院相关团队等基于 SNS-QKD 协议进行实验验证,使用光源时频传输方案,通过超稳腔锁定 Alice 和 Bob 各自的光源,并通过干涉拍频和反馈进行 Alice 和 Bob 之间光源的锁频。该实验最终实现了 509 km 最远距离,衰减达到 82 dB,成码率 0.36 bit/s 的实验结果。基于时频传输技术的 NPP-QKD 实验装置如图 6-9 所示。

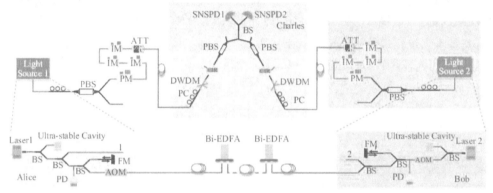

Ultra-stable Cavity(超稳腔); FM(法拉第旋转镜); EDFA(光纤放大器); AOM(声光调制器); PBS(偏振分束器); BS(分束器); IM(强度调制器); PM(相位调制器); ATT(衰减器); PD(光电探测); CIR(环形器); PC(偏振控制器); DWDM(密级波分复用); SNSPD(超导纳米线单光子探测器)

图 6-9　基于时频传输技术的 NPP-QKD 实验装置

随着 TF-QKD 各种关键技术的逐步突破,包括各类型光锁频技术、光纤相位扰动快速监测技术的不断发展,目前 TF-QKD 类协议实验中最远距离已突破 600 km,相比 MDI-QKD 和 BB84 协议的 400 km 进一步拓宽了非中继 QKD 系统的最远距离,而此时的成码率 1 bit/s 仍然具有一定的实用性。

6.3　密集编码

密集编码是初等量子力学的一个简单而惊人的应用。密集编码涉及习惯上称为 Alice 和 Bob 的双方,他们彼此相距很远。Alice 通过只发一个单量子比特给 Bob 的方式,发给 Bob 两个经典比特的信息。通过把所拥有的单量子比特发给 Bob,事实上 Alice 可以传两个经典比特的信息给 Bob。

图 6-10 是密集编码的示意图,设 Alice 和 Bob 开始共享一对处于纠缠态

$$|\phi^+\rangle = \frac{|00\rangle + |11\rangle}{\sqrt{2}} \tag{6-14}$$

的量子比特,最初 Alice 拥有第一量子比特,而 Bob 拥有第二量子比特,如图 6-8 所示。注意 $|\psi\rangle$ 是一个固定的状态,为制备这个状态,Alice 不需要发给 Bob 任何量子比特。实际上,某个第三方可能事先制备了该纠缠态,把其中一个量子比特发送给 Alice,另一个发给 Bob。

图 6-10 密集编码的起始配置,其中 Alice 和 Bob 各持有纠缠量子比特对的一半。Alice 可以用密集编码传送给 Bob 两个经典比特信息,而只用到一个单量子比特的通信和这个提前共享的纠缠态。

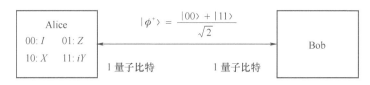

图 6-10 密集编码示意图

密集编码的具体步骤如下。

(1) Alice 根据自己想要送递给 Bob 的两个经典比特确定需要操作的 U 算子,如图 6-9 所示。

如果 Alice 想传递 00,她就在自己一方的 Bell 态上执行恒等运算,得到

$$I \otimes I |\phi^+\rangle = |\phi^+\rangle \tag{6-15}$$

如果想传递 01,她就在她那一方的 Bell 态上执行 σ_x 运算,得到

$$\sigma_x \otimes I |\phi^+\rangle = |\psi^+\rangle \tag{6-16}$$

如果想传送 10,她就执行 σ_z 运算,得到

$$\sigma_z \otimes I |\phi^+\rangle = |\phi^-\rangle \tag{6-17}$$

如果想传送 11,她就执行 $i\sigma_y$ 运算,得到

$$i\sigma_y \otimes I |\phi^+\rangle = |\psi^-\rangle \tag{6-18}$$

因此,图 6-11 中的线路能够构造 4 个 Bell 态: $|\phi^+\rangle$、$|\psi^+\rangle$、$|\phi^-\rangle$ 和 $|\psi^-\rangle$,注意 Bell 态构成一个标准正交基,故可以通过适当的量子测量来区分它们。

$$00: |\phi^+\rangle \rightarrow \frac{|00\rangle + |11\rangle}{\sqrt{2}}, \quad 01: |\psi^+\rangle \rightarrow \frac{|10\rangle + |01\rangle}{\sqrt{2}} \tag{6-19}$$

$$10: |\phi^-\rangle \rightarrow \frac{|00\rangle - |11\rangle}{\sqrt{2}}, \quad 11: |\psi^-\rangle \rightarrow \frac{|01\rangle - |10\rangle}{\sqrt{2}} \tag{6-20}$$

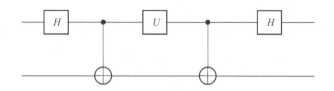

图 6-11 密集编码方案的量子线路

（2）Alice 把她那一半 Bell 态传给 Bob，Bob 拥有全部两个量子比特，则通过在 Bell 基态中的一次测量，Bob 可以确定 Alice 要送给他的是四个可能比特串中的哪一个。首先 Bob 将 Bell 态变换成计算基态，也是图 6-9 中的一部分。由于 Hadamard 门和受控非门是可逆的，Bob 运行的是：

$$B=(\text{CNOT}(H\otimes I))^{-1}=(H\otimes I)\text{CNOT} \tag{6-21}$$

容易验证：

$$B|\phi^+\rangle=|00\rangle, \quad B|\psi^+\rangle=|01\rangle \tag{6-22}$$

$$B|\phi^-\rangle=|10\rangle, \quad B|\psi^-\rangle=|11\rangle \tag{6-23}$$

（3）Bob 测量在计算基态上的两个量子比特，从而以 100% 的概率得到所要的两个经典比特。

总之，仅与一个单量子比特打交道，Alice 就可以把两个比特的信息传给 Bob。当然，密集编码协议涉及两个量子比特，但 Alice 永远也不需要和第二量子比特打交道。从经典角度看，Alice 不可能只传送一个经典比特而完成任务。密集编码协议目前已经在实验室中得到部分证实。

6.4 量子秘密共享

秘密共享的基本思想是将秘密以适当的方式拆分，拆分后的每一个份额由不同的参与者管理，使得单个参与者无法恢复秘密信息，而只有若干个参与者相互协作才能恢复。秘密共享的目的是防止秘密过于集中以实现分散风险。最常见的秘密共享协议为 (k,n) 门限方案，即分发者把秘密消息加密成 n 份，分别发送给 n 个接收者，要求接收者中任意 k 个人合作都可以重构出这条消息，而任何少于 k 个人的组合都得不到这条消息的任何信息。在经典密码中，常见的秘密共享协议有基于多项式拉格朗日插值公式的 Shamir 门限方案、基于中国剩余定理的门限方案等。随着量子密码学的不断发展，量子秘密共享（QSS）协议也引起了学者们的广泛研究。

1999 年，Hillery、Buzek 和 Berthiaume 三人利用 GHZ 态的纠缠特性提出了第

一个 QSS 协议。后续学者又利用不同的量子特性提出了多种 QSS 协议。

在实验实现方面,2014 年,Bell 等人在线性光学装置中利用光子实现了基于图态的经典信息和量子信息的秘密共享;2018 年,周瑶瑶等人实现了一种利用光场的多体束缚纠缠的 QSS 协议,可实现四个参与者之间的秘密共享。2021 年,Liao 等人提出一种基于离散调制相干态的 CV-QSS 协议,该方案最大传输距离达到 100 km 以上。

从理论上看,QSS 具有广阔的研究前景,如对 (k,n) 门限方案的研究、对多方秘密共享方案的研究、对理性秘密共享方案的研究等。然而,目前 QSS 协议仍不具有实际应用价值。一是由于对 QSS 协议的研究大多着重于研究 (n,n) 门限方案,很难做到 (k,n) 门限秘密共享,使得 QSS 的应用场景受限;二是 QSS 协议中纠错与隐私放大方案匮乏,难以真正实现信息论安全。实际上,将 QKD 协议与经典门限方案相结合就可实现信息论安全的秘密共享,更具有实际应用价值。因此,QSS 可以看作是 QKD 的一个直接应用。

秘密共享是一类特殊的密码协议,目的是让多个参与者共同管理密钥、降低密钥泄漏的风险。量子秘密共享主要是利用量子物理方法来弥补经典秘密共享存在的安全问题,实现经典秘密共享的功能。目前量子秘密共享广泛应用于密钥管理协议、门限或分布式签名协议、群体间的保密通信协议、多方安全计算协议及访问控制、电子拍卖协议、最优公平交换、分布式系统等中。它的基本思想是将秘密以适当的方式拆分,拆分后的每一个秘密份额由不同的参与者管理,只有一些特定的子集称为合格子集或授权子集才能有效地恢复秘密,而其他子集非合格子集不能有效地恢复秘密,甚至得不到关于秘密的任何有用信息。即:给定一个门限值 $t(t<n)$,只须 t 个分享者就能恢复原始秘密,而任何一个含元素个数比 t 少的子集都不能得出有关秘密的任何信息,此时得出的方案就是 (t,n) 门限方案。

6.4.1 经典消息的秘密共享

经典消息的秘密共享方案实现了 Alice 和自己的两个代理 Bob 和 Charles 共建经典密钥,任何单独一个人不能获得 Alice 的密钥,只有 Bob 和 Charles 合作才能够恢复出密钥。下面分别介绍两种经典消息的秘密共享协议的过程。

1. 基于单光子的经典消息的量子秘密共享

(1) Alice 首先准备两个单光子 B 和 C,每个光子随机地处于 $\{|0\rangle, |1\rangle, |+x\rangle, |-x\rangle\}$ 四个态之一,其中 $|+x\rangle = (|0\rangle + |1\rangle)/\sqrt{2}$,$|-x\rangle = (|0\rangle - |1\rangle)/\sqrt{2}$。然后

她把光子 B 送给 Bob,光子 C 送给 Charles。

(2) Bob 和 Charles 随机地选择幺正变换 U 或 I 作用于各自的光子,其中

$$U=i\sigma_y=|0\rangle\langle1|-|1\rangle\langle0|, \quad I=|0\rangle\langle0|+|1\rangle\langle1| \quad (6\text{-}24)$$

假定他们事先商定:U 对应着经典二进制数"1",而 I 对应着"0"。在把各自秘密编码于幺正变换并作用于相应光子后,Bob 和 Charles 分别把各自的光子送回给 Alice。

(3) Alice 选用与初始态相同的测量基对每个光子进行测量。根据各自初始态及测量结果,Alice 能精确推断出 Bob 和 Charles 共享的经典随机秘密,即作用于光子的幺正变换编码的异或结果 $k_A=k_B\oplus k_C$。因为有 $U|0\rangle=-|1\rangle,U|1\rangle=|0\rangle$,$U|+x\rangle=|-x\rangle,U|-x\rangle=-|+x\rangle$。

在这个方案中,需要在承载秘密的光子序列中随机插入诱导光子用于检测光子在传输时是否被窃听或修改。其中诱导(或样品)光子随机地处于 $\{|0\rangle,|1\rangle,|+x\rangle,|-x\rangle\}$ 四态之一。当收方收到光子序列后,需要 Alice 公开诱导光子的位置及其测量基。然后根据 Alice 的公开信息测量诱导光子,并把测量结果告诉 Alice。从而 Alice 可以根据诱导光子的初始态及接收方的测量结果判断此次通信是否安全。其中诱导光子数只占光子总数的一少部分,在计算效率时可以忽略。其原理可参考图 6-12。

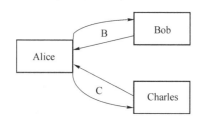

图 6-12　基于单光子的经典消息的量子秘密共享

2. 基于 GHZ 态的量子秘密共享

(1) Alice 产生一列 GHZ 态

$$|\psi\rangle_{ABC}=\frac{1}{\sqrt{2}}(|000\rangle+|111\rangle)_{ABC} \quad (6\text{-}25)$$

然后将其中两个粒子分别发送给 Bob 和 Charles。下标 A,B,C 分别表示将要属于 Alice,Bob 和 Charles 的粒子。

(2) 三方均对自己的每个粒子进行测量,测量基随机选取 $X=\{|+x\rangle,|-x\rangle\}$ 和 $Y=\{|+y\rangle,|-y\rangle\}$ 两者之一。其中,

$$|+x\rangle=\frac{1}{\sqrt{2}}(|0\rangle+|1\rangle), \quad |-x\rangle=\frac{1}{\sqrt{2}}(|0\rangle-|1\rangle) \tag{6-26}$$

$$|+y\rangle=\frac{1}{\sqrt{2}}(|0\rangle+i|1\rangle), \quad |-y\rangle=\frac{1}{\sqrt{2}}(|0\rangle-i|1\rangle) \tag{6-27}$$

将 GHZ 态用 X 和 Y 的本征态展开,即:

$$\begin{aligned}|\psi\rangle=&\frac{1}{2}[(|+x\rangle_A|+x\rangle_B+|-x\rangle_A|-x\rangle_B)|+x\rangle_C+\\&(|+x\rangle_A|-x\rangle_B+|-x\rangle_A|+x\rangle_B)|-x\rangle_C]\\=&\frac{1}{2}[(|+y\rangle_A|-y\rangle_B+|-y\rangle_A|+y\rangle_B)|+x\rangle_C+\\&(|+y\rangle_A|+y\rangle_B+|-y\rangle_A|-y\rangle_B)|-x\rangle_C]\end{aligned} \tag{6-28}$$

由式(6-27)可知,如果三方都采用 X 基测量,或有一方采用 X 基而另两方采用 Y 基测量,那么他们的测量结果是有关系的(见表 6-1)。相反,如果三方选择的测量基为其他组合,那么测量结果没有关联性。

表 6-1 中第一行四项表示 Alice 的测量结果,第一列四项表示 Bob 的测量结果,内部 16 项表示 Charles 粒子的相应状态。

表 6-1 测量结果的关联性

	$|+x\rangle$	$|-x\rangle$	$|+y\rangle$	$|-y\rangle$
$|+x\rangle$	$|+x\rangle$	$|-x\rangle$	$|-y\rangle$	$|+y\rangle$
$|-x\rangle$	$|-x\rangle$	$|+x\rangle$	$|+y\rangle$	$|-y\rangle$
$|+y\rangle$	$|-y\rangle$	$|+y\rangle$	$|-x\rangle$	$|+x\rangle$
$|-y\rangle$	$|+y\rangle$	$|-y\rangle$	$|+x\rangle$	$|-x\rangle$

(3) Alice 要求 Bob 和 Charles 公开其每个粒子的测量基。(注意这里只声明测量基,不公开测量结果,测量结果将作为子秘密)。为了加强安全性,对每一个粒子,Alice 随机地要求 Bob 或是 Charles 先做出声明。通过比较三方的测量基,Alice 判断哪些数据是有效的(2 个或 0 个 Y 基),并告诉 Bob 和 Charles,他们将其余粒子丢弃。

(4) 为了保证安全性,三方随机选取部分数据用于检测窃听。对每个检测窃听的粒子,Alice 要求 Bob 和 Charles 公开他们的测量结果。这里测量结果指测得 $|+\rangle$ 或 $|-\rangle$。Alice 根据 Bob 和 Charles 的声明以及自己的测量结果来判断它们是否满足表 6-1 中的关联性。若非如此,则认为有错误发生。最后,Alice 可以计算出错误率,如果错误率高于某个阈值,那么放弃这次通信;否则,协议继续。

(5) Alice、Bob 和 Charles 将自己保留的测量结果进行编码,每人可以得到一个二进制密钥串。

编码规则如下：对 Bob 和 Charles 的测量结果来说，$\{|+x\rangle,|+y\rangle\}$ 代表 0，$\{|-x\rangle,|-y\rangle\}$ 代表 1。对 Alice 来说，当 Alice、Bob 和 Charles 三方选择的测量基组合为 $\{X,X,X\}$ 时，$|+x\rangle$ 代表 0，$|-x\rangle$ 代表 1；当三方选择的测量基为其他三种有效组合时，$\{|+x\rangle,|+y\rangle\}$ 代表 1，$\{|+x\rangle,|-y\rangle\}$ 代表 0。这样 Alice、Bob 和 Charles 均可得到一串生密钥，分别记为 k_A^r, k_B^r, k_C^r。上面的编码方法可以保证三个密钥满足 $k_A^r = k_B^r \oplus k_C^r$。Alice、Bob 和 Charles 对得到的生密钥进行纠错和保密放大，得到最终密钥，分别记为 k_A, k_B, k_C，满足关系 $k_A = k_B \oplus k_C$。量子秘密共享工作完成。

6.4.2　量子消息的秘密共享

假设 Alice、Bob 和 Charles 共享式(6-25)表示的 GHZ 最大纠缠态，Alice 要将其量子秘密 $|m\rangle = \alpha|0\rangle + \beta|1\rangle$ 分配给 Bob 和 Charles，使得单独任何一个不能恢复其秘密，只有双方合作才可以实现该目标。类似于量子隐形传态，Alice 对 A 粒子和 M 粒子执行 Bell 基测量，整个系统的量子态可以表示为：

$$|\psi\rangle = \frac{1}{2}\big[\,|\psi^*\rangle_{AM}(\alpha|00\rangle + \beta|11\rangle)_{BC} + |\psi^-\rangle_{AM}(\alpha|00\rangle - \beta|11\rangle)_{BC} +$$

$$|\phi^+\rangle_{AM}(\beta|00\rangle + \alpha|11\rangle)_{BC} + |\phi^-\rangle_{AM}(-\beta|00\rangle + \alpha|11\rangle)_{BC}\big] \qquad (6\text{-}29)$$

Alice 随机决定 Bob 或 Charles 执行 X 基测量，另外一个将拥有最后的消息粒子。不妨假设 Bob 采用 X 基测量其粒子，那么整个系统的状态可以表示为：

$$|\psi\rangle = \frac{1}{2\sqrt{2}}\{\langle\psi^+\rangle_{AM}[\,|+x\rangle_B(\alpha|0\rangle + \beta|1\rangle)_C + |-x\rangle_B(\alpha|0\rangle - \beta|1\rangle)_C] +$$

$$|\psi^-\rangle_{AM}[\,|+x\rangle_B(\alpha|0\rangle - \beta|1\rangle)_C + |-x\rangle_B(\alpha|0\rangle + \beta|1\rangle)_C] +$$

$$|\phi^+\rangle_{AM}[\,|+x\rangle_B(\alpha|1\rangle + \beta|0\rangle)_C - |-x\rangle_B(\alpha|1\rangle - \beta|0\rangle)_C] +$$

$$|\phi^-\rangle_{AM}[\,|+x\rangle_B(\alpha|1\rangle - \beta|0\rangle)_C - |-x\rangle_B(\alpha|1\rangle + \beta|0\rangle)_C]\} \qquad (6\text{-}30)$$

然后 Alice 公开其测量结果，这样 Bob 拥有秘密量子态的相位信息，Charles 拥有其振幅信息，只有 Bob 和 Charles 合作才可以恢复秘密量子态。

6.5　量子安全直接通信

安全的直接通信(QSDC)无论在理论上还是实际应用上都是非常重要的。研究基于量子系统的直接通信首先是科学探索的需要，这可以帮助人们认识量子通信的能力极限;其次,直接通信是一些密码任务的需求,例如在投票、竞标等方面,需要传输确定的信息,在量子通信中完成这些任务需要使用量子直接通信;再次,在某些紧急情况下,如电网攻击中,不仅需要安全而且时间迫切,直接通信十分适合于这一类通信的需求。随着量子技术的发展和普及,直接通信的需求会越来越多,它的应用也会越来越广泛。值得注意的是,早期曾经将量子直接通信和确定的量子密钥分配相混淆。确定的量子密钥分配有时候也被称为确定安全量子通信,为了避免混淆,最近人们更多地将其称为确定的量子密钥分配。

最早的安全的量子安全直接通信方案可追溯到 2000 年清华大学的龙桂鲁和刘晓曙提出的高效量子通信方案,他们针对量子通信不能直接传输机密信息的问题,将大数中心分布定理推广到量子体系,发明了量子数据块传输与分步传输方法,解决了信息前泄露难题,为量子直接通信的发展扫除了物理原理上的障碍。他们明确提及到传输所有用户在传输前就已生成的共同密钥,即确定信息的直接传输,是第一个量子直接通信协议,由于其具有效率高的优点,称之为高效 QSDC 协议。

近年来,人们在 QSDC 的实现方面也取得了可喜的进展。2016 年,山西大学肖连团队和清华大学龙桂鲁团队联合实验演示了基于单光子的 QSDC。2021 年,上海交通大学陈险峰、江西师范大学李渊华等利用 QSDC 原理,首次实现了网络中 15 个用户之间的安全通信,传输距离达 40 km。从目前的研究现状来看,QSDC 在技术上已经接近实用化的程度。

6.5.1 高效 QSDC 方案

2000 年,龙桂鲁和刘晓曙提出了一个基于 EPR 对的高效量子直接通信方案。一个 EPR 对可以是 4 个 Bell 态之一,

$$| \phi^{\pm} \rangle_{AB} = \frac{1}{\sqrt{2}} (| 00 \rangle \pm | 11 \rangle)_{AB}$$

$$| \psi^{\pm} \rangle_{AB} = \frac{1}{\sqrt{2}} (| 00 \rangle \pm | 10 \rangle)_{AB} \tag{6-31}$$

基于 EPR 对的高效量子直接通信方案的具体步骤如下。

(1) 通信双方 Alice 和 Bob 事先约定这四个态分别编码为 00,01,10,11。发送者 Alice 首先制备 N 个 EPR 对组成的序列

$$[(P_{A_1}, P_{B_1}), (P_{A_2}, P_{B_2}), \cdots, (P_{A_i}, P_{B_i}), \cdots, (P_{A_N}, P_{B_N})]$$

每一个 EPR 对根据不同的确定信息编码为 4 个 Bell 态之一。这里的下标 A、B 代表处于同一个 Bell 态的两个粒子,数字代表不同的纠缠粒子对。Alice 将每个 EPR 对

中的 B 粒子取出构成粒子序列 $S_B([P_{B_1}, P_{B_2}, P_{B_3}, \cdots, P_{B_N}])$,并将其传输给远距离的接收方 Bob,她自己手中保留粒子序列 $S_A([P_{A_1}, P_{A_2}, P_{A_3}, \cdots, P_{A_N}])$。

(2) Bob 接收到粒子序列 S_B 后,从中随机选取足够数量的样本进行测量并告诉 Alice 粒子的位置、测量基及结果。Alice 随后对相应的粒子采用相同的基进行测量并记录结果。

(3) Alice 和 Bob 通过经典信道比对测量结果从而判断信道是否被窃听,即进行本方案的第一次安全性检测。当通信双方确认信道安全时,Alice 将手中余下的粒子序列 S_A 发送给 Bob。Bob 收到后对对应的粒子对进行 Bell 态分析并记录测量结果。

(4) Alice 和 Bob 选择足够多的样本进行第二次安全性检测,若出错率低于某一确定的阈值,Bob 将剩下的测量结果作为裸码保存下来。随后经过机密放大等一系列处理,通信双方可建立一组用于机密通信的安全密钥。

在高效 QSDC 方案中,除用于检测的样本外,每一个 EPR 对可携带两比特的信息,信道容量高,是其他利用 EPR 对的量子密钥分配方案的两倍(如 Ekert91 协议和 BBM92 协议)。除检测外,每一个粒子都可以用于传输信息,通信效率比 BB84 协议高 1 倍。此外,方案中载有信息的纠缠粒子对是分两步传输的,窃听者每次只能窃取纠缠粒子对的一部分,得不到纠缠体系的全部信息,从而保障了共同密钥的安全。此方案虽然是为共同密钥分发设计的,但其块状传输与分步传输的特点正好满足了量子直接通信的必要条件,且明确提到传输所有用户在传输前就已生成的共同密码(a common key),即确定信息的直接传输,是第一个 QSDC 方案。它解决了信息前泄露难题,为量子直接通信的发展扫除了物理原理上的障碍。

6.5.2 两步 QSDC 方案

2003 年,邓富国等人基于量子密集编码提出了一个安全的量子直接通信方案,由于方案由两个主要的步骤构成,一般称为"两步方案",其原理如图 6-13 所示。该方案同样基于 EPR 纠缠粒子对,理论上每一个光子可以携带一个比特的信息,具有高的信道容量。方案中即使窃听者截获量子态也不能获取任何有用的信息。

两步量子直接通信方案的具体步骤如下。

(1) 信息发送者 Alice 制备 N 个相同的 EPR 对 $|\phi^{\pm}\rangle_{AB}$。Alice 将每一个纠缠对中的 A 粒子挑出,构成信息序列 S_A,用于编码信息;剩下的粒子构成检测序列 S_B,Alice 首先将检测序列 S_B 发送给 Bob,两人检测传输的安全性。若出错率高于某一

阈值,则表明 S_B 序列的传输是不安全的,Alice 和 Bob 放弃已有的传输结果。由于 S_B 序列并未编码信息,因此即便 S_B 序列的传输不安全也不会泄露机密信息。如果 Alice 确认信道安全,她将根据自己要传输的机密信息"00""01""10"和"11"对应地对 S_A 序列进行四个单粒子幺正操作 $U_i(i=0,1,2,3)$ 中的一个。

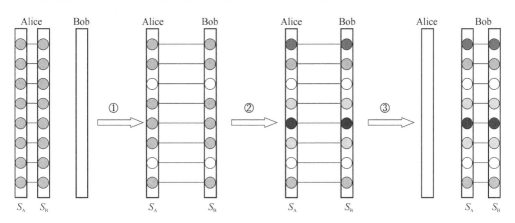

图 6-13　两步 QSDC 方案

$$U_1 = I = |0\rangle\langle 0| + |1\rangle\langle 1| \tag{6-32}$$

$$U_2 = \sigma_z = |0\rangle\langle 0| - |1\rangle\langle 1| \tag{6-33}$$

$$U_3 = \sigma_x = |0\rangle\langle 1| + |1\rangle\langle 0| \tag{6-34}$$

$$U_4 = -\sigma_y = |0\rangle\langle 1| - |1\rangle\langle 0| \tag{6-35}$$

（2）Alice 完成信息序列的编码后将该序列发送给 Bob。Bob 对对应的纠缠对进行联合贝尔基测量读取 Alice 加载的机密信息。Bob 通过比对 Alice 的随机编码分析出错率,判断第二次传输的安全性以确定是否需要进行纠错等后续处理。

在两步方案的编码过程中,Alice 随机选取一些位置的粒子加载用于下一次安全检测的随机编码,这相当于在携带信息的量子态序列中插入用于安全性检测的诱骗光子。安全性检测的过程需要对粒子序列进行存储,这对实验技术的要求较高。正如两步方案描述那样,在实际应用过程中可以采取光学延迟的办法来替代存储,降低实验成本。在两步方案中,信道是否被窃听由两次安全性检测判断,每一次传输需要一次安全性检测。机密信息的安全由分步传输来保障,检测序列的安全传输保证了机密信息传输的安全,窃听者不能同时拥有携带信息的两个部分,因而即使窃听也不能获得任何有意义的信息。两步方案还明确指出了量子数据块传输的好处:可以检查检测序列的安全,一旦它安全了,机密信息就不可能泄露给窃听者.在有噪声的环境下,两步方案可以利用纠缠纯化与冗余编码的方式完成机密信息的直接传输,因此从理论上讲,这是一个完美的 QSDC 方案。

6.5.3 量子一次一密 QSDC 方案

前述的两个方案都基于纠缠系统,它们利用分步传输和块传输的方式使窃听者无法同时获得完整的纠缠态,从而保证了机密信息的安全。2003 年,邓富国和龙桂鲁首次将非正交量子态块传输和经典一次一密这一著名加密体系的思想结合起来,提出了一个基于单光子量子态序列的一次一密量子直接通信方案,原理如图 6-14 所示。与基于纠缠粒子对的方案相比,单光子态在实验上更容易获得且更容易测量,这使得方案具有更好的实用价值。2006 年,意大利实验组对它的原理进行了实验验证。2015 年,山西大学在实验上进一步验证了基于量子数据块传输的量子一次一密 QSDC 方案。

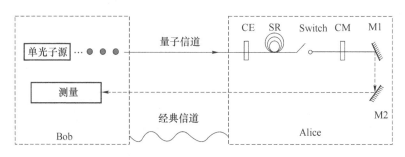

图 6-14 量子一次一密 QSDC 方案原理图

量子一次一密 QSDC 方案的具体步骤如下。

(1)信息的接收方 Bob 首先制备 N 个单光子态构成序列 S。这些量子态随机地处于四个量子态之一 $\{|0\rangle, |1\rangle, |+\rangle, |-\rangle\}$。Bob 将 S 序列发送给 Alice 之后,通信双方随机抽取一定数量的样本进行安全性检测。

(2)检验传输安全后,Alice 根据自己所需传送的机密信息"0""1"分别选取 U_0,U_3 对量子态进行操作。U_0 为恒等操作,量子态保持不变。U_3 操作只会在一组正交基内部翻转量子态,即:

$$U_3|0\rangle = -|1\rangle, \quad U_3|1\rangle = |0\rangle \tag{6-36}$$

$$U_3|+\rangle = |-\rangle, \quad U_3|-\rangle = |+\rangle \tag{6-37}$$

Alice 在编码机密信息的过程中也随机选取一些位置的光子加载用于安全性检测的随机编码。随后 Alice 将编码操作后的序列发回给 Bob。

(3)Bob 可根据制备时的信息选择正确的基进行单粒子测量从而读取 Alice 传输的机密信息。Alice 随后公布随机编码的位置和信息,Bob 通过比对分析出错率以判断第二次传输是否安全。

在量子一次一密方案中,虽然窃听者可以在第二次传输中截获携带信息的量子态,但由于缺乏量子态初始状态的信息,窃听者即使测量也只能得到无意义的随机结果。这一方案同样使用了块状传输数据的方法便于安全性检测,同时分步传输先确保信道安全后再传输携带机密信息的量子态。量子一次一密 QSDC 方案还明确给出了基于单光子的 QSDC 的要求:①信息加载传输前必须进行窃听检测;②窃听检测基于抽样的概率统计,要求进行块状的量子态传输。

量子一次一密方案给出了基于光学延迟的实验方案。在实际噪声下,邓富国和龙桂鲁还首次给出了对单光子量子态进行量子秘密放大的处理方法,使得基于单光子量子态的量子直接通信在理论上可以做得非常完美。

6.5.4 高维 QSDC 方案

在基于二维量子系统的量子通信方案中,每一个粒子可携带 $\ln 2 = 1$ bit 的经典信息。2005 年,王川等人利用量子超密集编码(Quantum Super-dense Coding)的思想提出了基于高维系统的量子直接通信方案,称为高维 QSDC 方案。由于方案以 d 维系统为信息载体,每个粒子可携带 $\ln d$ 比特的经典信息。高维两粒子 Bell 态表示为:

$$|\psi_{nm}\rangle_{AB} = \sum_j e^{2\pi ijn/d} |j\rangle \otimes \frac{|j+m \bmod d\rangle}{\sqrt{d}} \tag{6-38}$$

其中,d 为系统的维度,$n,m = 0,1,\cdots,d-1$。d 维系统的幺正操作可统一描述为:

$$U_{nm} = \sum_j e^{2\pi ijn/d} |j+m \bmod d\rangle\langle j| \tag{6-39}$$

此幺正操作可在这一组高维两粒子纠缠基中变换量子态

$$(U_{nm})_B |\psi_{00}\rangle_{AB} = |\psi_{nm}\rangle_{AB} \tag{6-40}$$

高维 QSDC 方案的具体步骤如下。

(1)信息接收方 Bob 制备高维纠缠粒子对序列,其中所有的纠缠对初态均为 $|\psi_{00}\rangle_{AB}$。Bob 将每一个纠缠对中的 A 粒子取出构成 S_A 序列,对应的粒子构成 S_B 序列。Bob 将 S_A 序列发送给信息的发送方 Alice,随后双方随机选取一定数量的样本用相同的测量基做单光子测量,从而判断传输是否安全。

(2)传输检测安全后,Alice 根据机密信息"nm"($n,m = 0,1,2,\cdots,d-1$)选择相应的幺正操作 U_{nm} 对手中粒子进行编码。在编码过程中 Alice 随机插入用于下一次安全性检测的随机编码。随后 Alice 将 S_A 发还给 Bob。

(3)Bob 对对应的粒子对进行高维 Bell 态分析,根据结果便能推测出 Alice 加载的信息。通信双方用插入的随机编码进行第二次安全性检测以判断传输的安全性。

与基于二维量子系统的 QSDC 方案相比,高维 QSDC 方案具有更高的安全性,且每一个纠缠粒子对可以携带 $\ln d^2$ 比特的信息,大大地提高了信道容量。

6.6 量 子 认 证

6.6.1 量子身份认证

身份认证(QIA)指在量子密码协议中对参与者的身份进行验证,以防止攻击者假冒参与者身份窃取信息。身份认证需要达到以下两个目的。

(1) 用户能够有效地证明自身身份,即 Alice 可以向 Bob 证明"她"确实是 Alice。

(2) 用户无法被模仿,即 Alice 完成认证后,Bob 无法利用 Alice 提供的信息向他人宣称自己是 Alice。

经典方法采用口令来实现身份认证,但其安全性不高,因为窃听者可能通过某些手段实现对口令的破译,从而冒充合法用户进行通信。量子身份认证则可以避免这一漏洞,因为在量子身份认证中,Alice 可以将自己的身份信息用量子比特而非经典比特进行表征,此时窃听会破坏原有的量子态而被 Bob 发现。这表明窃听者无法实现对合法用户的身份模仿。目前,人们已提出一些针对量子身份认证的具体方案。

为了在 QKD 过程中实现信息论安全的身份认证,人们提出了一系列的 QIA 协议。QIA 协议大致可以分为两类:共享经典密钥型、共享纠缠态型。

在共享经典密钥型 QIA 协议中,通信双方事先共享一个预定好的字符串,以此表明双方身份。1999 年,首次提出用经典的消息认证协议来认证 QKD 中所传递的经典信息。此后,也有方案利用该经典密钥来代表窃听检测粒子的位置和测量基,同样也可以达到认证双方身份的功能。

共享纠缠态型 QIA 协议指通信双方共享一组纠缠态粒子,双方各自拥有每对纠缠态粒子中的一个,对纠缠对进行相应的操作来互相表明身份。这种方法需要长时间存储大量纠缠态粒子,不易实现。

为了达到信息论安全,QIA 协议中用户事先共享的密钥或纠缠态要确保在使用过程中不会被窃听者所获得,而且一般不能重复使用。此外,身份认证一般应与 QKD 等协议同时进行,防止窃听者跳过认证阶段直接进行密钥分发。

不难看出,QIA 的实现思路与经典身份认证是类似的,都是在不泄露身份密钥的前提下向对方证明自己拥有该身份密钥。区别在于,前者的身份密钥既可以是经典的,也可以是量子的,而后者是经典的。然而从目前来看,QIA 协议的实际应用并不多。原因如下:QIA 一般与实现其他密码功能的量子密码协议(如 QKD)配套使用。而在绝大多数量子密码协议中,经典信道往往采用信息论安全的消息认证码(MAC)来确保消息的完整性。该技术不但可以保证经典消息不被篡改,同时也可实现相互认证身份的功能。因此,在量子密码协议中通常不需要额外做身份认证。

下面介绍其中较为典型的一种方案,在原理上与量子隐形传态基本一致。

该量子身份认证方案的具体步骤如下。

1. 初始化阶段

(1) Alice 与 Bob 共享一对由第三方制备的 Bell 态

$$|\phi_{AB}^+\rangle = \frac{1}{\sqrt{2}}(|0_A 0_B\rangle + |1_A 1_B\rangle) \tag{6-41}$$

其中,A 粒子由 Alice 保有,而 B 粒子由 Bob 保有。

(2) Alice 利用一个量子比特 $|m\rangle = \alpha|0_m\rangle + \beta|1_m\rangle$ 来表征自己的身份信息,其中 $|\alpha|^2 + |\beta|^2 = 1$。

2. 上传身份信息阶段

Alice 对手中的 m 粒子和 A 粒子进行联合 Bell 测量,测量的结果使三粒子系统中的 mA 粒子塌缩到某个 Bell 态上。这一步的操作与量子隐形传态一致,即使得三粒子系统的量子态

$$|\psi_{mAB}\rangle = \frac{1}{2}\big[|\phi_{mA}^+\rangle(\alpha|0_B\rangle + \beta|1_B\rangle) + |\phi_{mA}^-\rangle(\alpha|0_B\rangle - \beta|1_B\rangle) +$$
$$|\psi_{mA}^+\rangle(\alpha|1_B\rangle + \beta|0_B\rangle) + |\psi_{mA}^-\rangle(\beta|0_B\rangle - \alpha|1_B\rangle)\big] \tag{6-42}$$

塌缩到某个 Bell 态 $|\phi_{mA}^+\rangle$,$|\phi_{mA}^-\rangle$,$|\psi_{mA}^+\rangle$ 或 $|\psi_{mA}^-\rangle$ 上,将测量结果记为 ξ。这一过程导致 Bob 手中的粒子的量子态也发生了塌缩。

3. 验证身份信息阶段

Alice 将测量结果 ξ 发送给 Bob,Bob 通过考察表 6-2 所列的对应关系是否成立,来判断 Alice 的身份验证是否成功。上述量子身份认证方案与量子隐形传态的原理基本一致,可以通过实现量子态由 Alice 到 Bob 的传递完成身份信息的上传和验证,因而具有与量子隐形传态相同的安全性。

表 6-2　量子身份认证中 Alice 的测量结果与 Bob 手中量子态的对应关系

Alice 的测量结果 ξ	Bob 手中粒子的对应量子态
$\lvert \phi_{mA}^{+} \rangle$	$\alpha \lvert 0_B \rangle + \beta \lvert 1_B \rangle$
$\lvert \phi_{mA}^{-} \rangle$	$\alpha \lvert 0_B \rangle - \beta \lvert 1_B \rangle$
$\lvert \psi_{mA}^{+} \rangle$	$\alpha \lvert 1_B \rangle + \beta \lvert 0_B \rangle$
$\lvert \psi_{mA}^{-} \rangle$	$\beta \lvert 0_B \rangle - \alpha \lvert 1_B \rangle$

　　量子身份认证除了可以实现上述两个通信体之间的点对点身份认证外,还可以实现包括局域网、分布式网路等其他环境下的身份认证,在此不再详述。

6.6.2　量子消息认证

　　为了保证所传输消息不被窃听者所篡改,需要对消息进行认证。经典的消息认证方法通常使用算法对消息进行处理以得到相应的认证码,如 MD5 认证等。但这类方法存在与经典保密通信相似的缺陷,即可能由于算法被破解而导致消息认证失去效用。为此,人们开始研究利用量子方法来实现安全消息认证的方法。下面举例介绍一种实现量子消息认证的方法。该方法的具体步骤如下。

1. 初始化阶段

　　假设 Alice 准备发送给 Bob 一条经典消息,该消息可由一串二进制比特所描述。为实现量子认证,Alice 对每个经典比特 0,1 制备一个相应的量子态 $\lvert 0 \rangle$,$\lvert 1 \rangle$。其中,$\lvert 0 \rangle$ 和 $\lvert 1 \rangle$ 相互正交。此外,对于每个经典比特,Alice 还需与 Bob 共享一个 Bell 态:

$$\lvert \Psi_{mA}^{-} \rangle = \frac{1}{\sqrt{2}}(\lvert 0_A 1_B \rangle - \lvert 1_A 0_B \rangle) \tag{6-43}$$

以作为该经典比特的标记位。其中,A 粒子由 Alice 保留,而 B 粒子发送给 Bob。

2. 制备认证消息阶段

　　当 Alice 发送第 m 位经典比特时,对相应的量子比特 m 及标记位实行以下操作:

$$E_{Am} = \lvert 0 \rangle_A \langle 0 \rvert I_m + \lvert 1 \rangle_A \langle 1 \rvert U_m \tag{6-44}$$

其中:I_m 为恒等操作;U_m 为一个已经选定的幺正变换。在 Alice 完成操作后,整个系统的量子态可以写为:

$$|\psi_{ABm(i)}\rangle = \frac{1}{\sqrt{2}}(|0_A 1_B\rangle |i_m\rangle - |1_A 0_B\rangle) U_M |i_m\rangle \tag{6-45}$$

式(6-40)中 $i=0,1$ 对应经典比特位取值 $0,1$。

3. 验证阶段

Bob 在接收到 Alice 的消息后,对手中粒子 B 及消息粒子 m 实行以下操作:

$$D_{Bm} = |0\rangle_B \langle 0| U_m^\dagger + |1\rangle_B \langle 1| I_m \tag{6-46}$$

然后对 B,m 粒子实行正交测量。若最终测得粒子 m 结果为 $|0_m\rangle$ 或 $|1_m\rangle$,则认为消息是未经篡改的,认证成功;否则认为消息经过篡改,认证失败。这一过程可以简要理解如下:若消息粒子 m 在传输过程中受到篡改,量子态 $|\psi_{ABm(i)}\rangle$ 将变为:

$$|\psi'_{ABm(i)}\rangle = \frac{1}{\sqrt{2}}(|0_A 1_B\rangle O_m |i_m\rangle - |1_A 0_B\rangle O_m U_m |i_m\rangle) \tag{6-47}$$

经过 Bob 操作后,量子态为:

$$|\psi''_{ABm(i)}\rangle = \frac{1}{\sqrt{2}}(|0_A 1_B\rangle O_m |i_m\rangle - |1_A 0_B\rangle U_m^\dagger O_m U_m |i_m\rangle) \tag{6-48}$$

此时若 Bob 实行正交测量,则量子态塌缩为 $O_m |i_m\rangle$ 或 $U_m^\dagger O_m U_m |i_m\rangle$,而不再是 $|0_m\rangle$ 或 $|1_m\rangle$,导致认证失败。只有当未受篡改,即 $O_m = I_m$ 时,量子态塌缩为 $|i_m\rangle$,认证成功。

6.6.3 量子数字签名

数字签名是一种在数字时代替代传统物理签名的技术手段,主要用于保证通信中数据的完整性以及发送方的身份认证,是非对称密钥加密技术和数字摘要技术的综合应用。数字签名的安全性源于非对称密钥加密技术,因此,如果量子计算机获得成功,数字签名同样面临经典密码学的安全性问题。受到 QKD 思想的启发,人们提出利用量子签名来保证数字签名的安全性。量子签名也是量子认证中研究较为热门的方向,其研究成果较为丰富。下面将按照不同种类介绍三种具有代表意义的量子签名协议。

2001 年,Gottesman 和 Chuang 首次提出了量子数字签名(QDS)的概念,并基于量子单向函数给出了第一个量子数字签名协议。尽管该协议需要量子存储、量子态交换比较测试和安全量子信道等较难实现的技术,但是由于其具有信息论安全的优势,引起了人们对 QDS 研究的浓厚兴趣。不幸的是,Barnum 等人证明对量子消息进行数字签名不可行,即使计算安全也不可行。后续,人们尝试弱化对 QDS 的一些要求,提出了仲裁量子签名的概念。仲裁量子签名需要在仲裁的帮助下才能完成对数字签名的验证,这与实际应用的数字签名有差别,但是它不仅可以签名经典消息,还可以签名量子消息,引起了学者们的关注。

同其他量子密码协议一样,实际应用中攻击者也会利用物理设备的不完美性对QDS协议进行攻击。为克服实际安全问题,人们提出了设备无关QDS协议。最近,为了进一步提高QDS的实用性和安全性,人们提出了基于连续变量的QDS协议和基于诱骗态的QDS。同时,面向各种实际应用场景,学者们提出了多种QDS协议,如Qiu等人提出了一种面向敏感数据访问控制的QDS协议,Singh等人利用QDS设计了一种安全区块链交易协议。

目前,QDS主要集中在三方协议(即包括一个签名者、一个接收者和一个验证者)这种特殊情形,且验证者需要事先共享验证密钥,无法达到经典数字签名中任意用户都可验签的便利性需求。另外,QDS在实验和实用化方面的成果还很少。

2001年曾贵华等人在经典仲裁签名思想的启发下,基于GHZ态的独特性质提出了第一个量子签名协议,即ZMWZ协议。ZMWZ协议是基于对称密钥技术设计的,并在协议中引入了第三方仲裁者Charles来辅助验证最终的签名。ZMWZ协议的基本步骤如下:

1. 初始化步骤

(1) Alice与Bob分别和Charles通过理论上无条件安全的QKD生成两组安全密钥K_{AC}和K_{BC}。

(2) 当通信双方需要签名时,首先通知Charles,在Charles得到通知后,首先生成n对三量子比特GHZ序列,并将GHZ序列中每个态的三个粒子分别发送给Alice、Bob和自己保留。此时,Alice、Bob以及Charles共享了一组GHZ态。这里的GHZ态为如下形式:

$$|\mathrm{GHZ}\rangle = \frac{1}{\sqrt{2}}(|000\rangle + |111\rangle) \qquad (6\text{-}49)$$

Charles需要保证GHZ态的其余两个粒子发送到Alice和Bob手上,不会被窃听者窃取。

2. 签名阶段

(1) 对消息明文M,Alice生成对应的n量子比特序列$|A\rangle$,并另制作两份备份。其中,$|A\rangle = |a_0\rangle |a_2\rangle \cdots |a_n\rangle$,$|a_i\rangle = \alpha_i |0\rangle + \beta_i |1\rangle$,且$|\alpha_i|^2 + |\beta_i|^2 = 1 (i = 1, 2, \cdots, n)$。三个量子比特序列分别记作$|A\rangle_1$,$|A\rangle_2$,$|A\rangle_3$。

（2）Alice 对第一步生成的量子比特串 $|A\rangle_1$ 进行加密。Alice 根据自己手上的密钥 K_{AC} 通过特定的方法得到一组操作序列 $R_{K_{AC}} = \{R_{K_{AC}}^i\}$，其与密钥 K_{AC}^i 一一对应：

$$R_{K_{AC}}^i = \sigma_x^{K_{AC}^i} \sigma_z^{K_{AC}^{i+1}}$$

Alice 利用 $R_{K_{AC}}$ 对 $|A\rangle$ 进行加密，得到新的量子比特：

$$|RA\rangle = R_{K_{AC}} |A\rangle$$

（3）Alice 将序列 $|A\rangle_2$ 中的每个量子比特与手中对应的 GHZ 态的量子比特联合，此时量子比特表示为：

$$|\Psi_i\rangle = |a_i\rangle \otimes |GHZ\rangle = (2\sqrt{2})^{-1} [|\Psi_i^1\rangle + |\Psi_i^2\rangle + |\Psi_i^3\rangle - |\Psi_i^4\rangle]$$

$$|\Psi_i^1\rangle = |\varphi^+\rangle_A [|+\rangle_B (\alpha_i |0\rangle_C + \beta_i |1\rangle_C) + |-\rangle_B (\alpha_i |0\rangle_C - \beta_i |1\rangle_C)]$$

$$|\Psi_i^2\rangle = |\varphi^-\rangle_A [|+\rangle_B (\alpha_i |0\rangle_C - \beta_i |1\rangle_C) + |-\rangle_B (\alpha_i |0\rangle_C + \beta_i |1\rangle_C)]$$

$$|\Psi_i^3\rangle = |\psi^+\rangle_A [|+\rangle_B (\beta_i |0\rangle_C + \alpha_i |1\rangle_C) + |-\rangle_B (\beta_i |0\rangle_C - \alpha_i |1\rangle_C)]$$

$$|\Psi_i^4\rangle = |\psi^-\rangle_A [|+\rangle_B (\beta_i |0\rangle_C - \alpha_i |1\rangle_C) + |-\rangle_B (\beta_i |0\rangle_C + \alpha_i |1\rangle_C)]$$

其中，下标 A，B，C 分别表示 Alice，Bob 及 Charles。Alice 对手中每对 $|\Psi_i\rangle$ 进行贝尔基测量，并记录结果为：

$$M_A = \{M_A^1, M_A^2, \cdots, M_A^n\}$$

其中，每个 M_A^i 为 Bell 基所对应的两经典信息比特。

（4）Alice 利用密钥 K_{AC} 对 $|RA\rangle$ 和 M_A 加密，形成量子签名 $|S\rangle$，即：

$$|S\rangle = E_{K_{AC}} (|RA\rangle, M_A)$$

其中，对经典序列 M_A 的加密采用一次一密，对量子序列 $|RA\rangle$ 的加密采用量子一次一密的加密方法，

$$E_{K_{AC}} = \bigotimes_{i=1}^n \sigma_x^{K_{AC}^{2i-1}} \sigma_z^{K_{AC}^{2i}} \tag{6-50}$$

（5）Alice 将 $|S\rangle$ 以及量子比特序列 $|A\rangle_3$ 一同发送给 Bob。

3. 验证阶段

（1）Bob 用 X 方向上的测量基 $\{|+\rangle, |-\rangle\}$ 对他手上的 GHZ 态进行测量，得到测量结果：

$$M_B = \{M_B^1, M_B^2, \cdots, M_B^n\}$$

（2）Bob 用密钥 K_{BC} 对 M_B，$|S\rangle$ 以及 $|A\rangle_3$ 进行加密，得到

$$Y_B = E_{K_{AC}} (M_B, |S\rangle, |A\rangle_3) \tag{6-51}$$

Bob 将加密完成的 Y_B 发送给 Charles。

（3）Charles 用密钥 K_{BC} 对 Y_B 进行解密，可得到 $|S\rangle$，$|A\rangle$，M_B，再利用密钥 K_{AC}

对 $|S\rangle$ 进行解密,可以得到 M_A 和 $|RA'\rangle$。由于 Charles 同样可以从 K_{AC} 得到 $R_{K_{AC}}$,因此可以计算出 $|RA\rangle = R_{K_{AC}}|A\rangle$。理论上应有 $|RA\rangle = |RA'\rangle$。Charles 通过校验二者是否相等,生成一个校验参数 γ,这里 γ 定义为:

$$\gamma = \begin{cases} 1, & |RA\rangle = |RA'\rangle \\ 0, & |RA\rangle \neq |RA'\rangle \end{cases}$$

(4) Charles 用 X 基测量他手上的 GHZ 态,得到测量结果 M_C,然后将 M_A,M_B,M_C,γ 和 $|S\rangle$ 通过 K_{BC} 加密,得到

$$Y_C = K_{BC}(M_A, M_B, M_C, \gamma, |S\rangle) \tag{6-52}$$

Charles 将 Y_C 发回给 Bob。

(5) Bob 首先解密 Y_C,并对参数 γ 进行验证,当 $\gamma \neq 1$ 时,签名无效;当 $\gamma = 1$ 时,Bob 利用 M_A,M_B 以及 M_C 恢复出量子消息 $|A'\rangle$,对应关系如表 6-3 所列。Bob 对比 $|A'\rangle$ 与 $|A\rangle$ 是否一致,如果一致则认为签名有效,否则签名非法,协议终止。

表 6-3 M_A,M_B,M_C 的取值对应的 Bob 操作

M_A	M_B	Charles 的量子态	Bob 的操作
$|\phi^+\rangle$	$|+\rangle$	$\alpha_i|0\rangle + \beta_i|1\rangle$	I
$|\phi^+\rangle$	$|-\rangle$	$\alpha_i|0\rangle - \beta_i|1\rangle$	σ_z
$|\phi^-\rangle$	$|+\rangle$	$\alpha_i|0\rangle - \beta_i|1\rangle$	σ_z
$|\phi^-\rangle$	$|-\rangle$	$\alpha_i|0\rangle + \beta_i|1\rangle$	I
$|\psi^+\rangle$	$|+\rangle$	$\beta_i|0\rangle + \alpha_i|1\rangle$	σ_x
$|\psi^+\rangle$	$|-\rangle$	$\beta_i|0\rangle - \alpha_i|1\rangle$	σ_y
$|\psi^-\rangle$	$|+\rangle$	$\beta_i|0\rangle - \alpha_i|1\rangle$	σ_y
$|\psi^-\rangle$	$|-\rangle$	$\beta_i|0\rangle + \alpha_i|1\rangle$	σ_x

ZMWZ 协议利用量子技术完整地实现了量子签名的基本功能。该协议的提出也引发了许多基于仲裁的量子签名方案的研究,使得仲裁类方案成为量子签名技术中研究较为成熟的一类。

4. 安全性分析

ZMWZ 协议从三个方面简要对安全性进行了论述。

(1) 签名不可伪造:协议中,Bob 有可能试图伪造 Alice 的签名,但是 Bob 收到从 Alice 发送过来的签名是由 Alice 和 Charles 之间的密钥 K_{AC} 加密得到的,密钥是通过无条件安全的 QKD 获得的,所以 Bob 不可能伪造签名。

(2) 签名不可抵赖:Alice 无法抵赖自己的签名,因为对应的密钥 K_{AC} 只有 Alice 拥有。

（3）签名接收者不可否认：Bob 收到签名是由可信仲裁 Charles 发送的，因此 Bob 也无法否认自己收到了签名。

ZMWZ 协议作为第一个量子签名协议其影响深远，但该协议的安全性并没有得到严格证明，因而可能仍然存在一些安全性问题。例如，2011 年，高飞等人给出攻击方法，使得接收者在已知消息攻击模型下可以任意给出存在性伪造。当协议用于签经典消息时，Bob 甚至可以任意给出一般性伪造，而且发送者可以通过简单的攻击成功地对自己的签名进行抵赖。同年，J. W. Choi 也指出了类似的安全漏洞，通过泡利算符之间的对易关系，可以通过特定的幺正操作实现伪造签名，并且能够通过验证，这就表明 ZMWZ 协议不能满足不可伪造性，这个问题也得到了人们的进一步讨论，这里不再详述。

6.7　量子两方安全计算

两方安全计算是一类典型的密码任务。常见的两方安全计算中，参与者 Alice 协助另一个参与者 Bob 来计算一个约定的函数 $f(i,j)$，这里 i、j 分别是 Alice 和 Bob 的秘密输入，理想的单边两方安全计算保证在计算完成时实现：

（1）Bob 获得一个值 $f(i,j)$；

（2）Alice 不知道 j 和 $f(i,j)$；

（3）除了 $f(i,j)$ 中蕴涵 i 的信息（如 i 的长度）外，Bob 不能得到 i 的任何信息。

1997 年，Lo 和 Chau 构建了量子比特承诺协议的标准模型，并证明了无论在经典环境下还是量子计算环境下，标准模型下的比特承诺协议都不能达到信息论安全。同年，Mayers 也独立证明了该结论。这一结论被称为 no-go 定理，成为阻碍量子比特承诺甚至其他量子两方安全计算协议发展的一大障碍。

Mayers-Lo-Chau 不可能定理的整体思路是先假设协议满足保密性的条件，然后证明 Alice 可以利用量子纠缠以及延迟测量在揭示阶段改变承诺值而不被 Bob 发现。

首先将 Alice 在承诺阶段的态制备过程等价于如下过程：如果 Alice 承诺比特值 $b=0$，那么制备量子态

$$|0\rangle = \sum_i \alpha_i \, |e_i\rangle_A \otimes |\phi_i\rangle_B \tag{6-53}$$

其中，$\langle e_i|e_j\rangle_A = \delta_{ij}$，而归一化的态 $|\phi_i\rangle_B$ 不一定相互正交。Alice 将量子态 $|\phi_i\rangle_B$ 发送给 Bob 作为她承诺 0 的证据，Bob 将其存储起来。如果 $b=1$，那么 Alice 制备量

子态

$$|1\rangle = \sum_j \beta_j \, |e_j'\rangle_A \otimes |\phi_j'\rangle_B \tag{6-54}$$

其中，$\langle e_i'|e_j'\rangle_A = \delta_{ij}$，而归一化的态 $|\phi_j'\rangle_B$ 不一定相互正交；同理，这时 Alice 将 $|\phi_j'\rangle_B$ 发送给 Bob 作为她承诺 1 的证据。Alice 通过测量粒子 A 从而得到当 $b=0$ 时 i 的值或当 $b=1$ 时 j 的值。

在揭示阶段，Alice 向 Bob 公布承诺值 b 和相应的 i 或 j 值。Bob 据此测量他在承诺阶段存储的量子态，如果测量结果与 b 和 i（或 j）的关系正确，则认为 Alice 没有改变她的承诺值，否则认为 Alice 存在欺骗行为，从而放弃协议。

假设协议满足保密性的条件，即 Bob 不能根据收到的量子态区分出 Alice 的承诺值，那么根据量子力学原理，该条件对应式（6-55）：

$$\mathrm{Tr}_A \, |0\rangle\langle0| \equiv \rho_0^B = \rho_1^B \equiv \mathrm{Tr}_A \, |1\rangle\langle1| \tag{6-55}$$

即当 Alice 承诺 0 和 1 时，Bob 接收到的量子态密度矩阵相等，利用该条件，可以对量子态 $|0\rangle$ 和 $|1\rangle$ 进行如下所示的施密特分解：

$$|0\rangle = \sum_k \sqrt{\lambda_k} \, |\hat{e}_k\rangle_A \otimes |\hat{\phi}_k\rangle_B \tag{6-56}$$

$$|1\rangle = \sum_k \sqrt{\lambda_k} \, |\hat{e}_k'\rangle_A \otimes |\hat{\phi}_k\rangle_B \tag{6-57}$$

其中，$\{|\hat{e}_k\rangle_A\}$ 和 $\{|\hat{e}_k'\rangle_A\}$ 分别是 A 量子态空间与 $|0\rangle$ 和 $|1\rangle$ 相关的两组正交归一基，$|\hat{\phi}_k\rangle_B$ 是 B 量子态空间与 $|0\rangle$ 和 $|1\rangle$ 相关的两组正交归一基。λ_k 是本征值，因为 $\rho_0^B = \rho_1^B$，所以 $|0\rangle$ 和 $|1\rangle$ 的施密特分解中 λ_k 和 $|\hat{\phi}_k\rangle_B$ 相同，不同之处在于 A 粒子量子态所用的完备基，因此 Alice 不需要 Bob 参与，就可以通过一个局域幺正操作使得 $|\hat{e}_k\rangle_A$ 变为 $|\hat{e}_k'\rangle_A$，从而使承诺 0 时制备的量子态 $|0\rangle$ 变为承诺 1 时的量子态 $|1\rangle$，达到将承诺值由 0 变为 1 的目的，反之亦然。从上面的过程可以看出，Alice 能够欺骗成功的本质在于制备量子纠缠态，然后利用量子存储器进行延迟测量。当保密性非理想，即 ρ_0^B 与 ρ_1^B 不严格相等时，仍然可以证明只要保密性接近理想情况时，Alice 仍然能够以几乎为 1 的概率成功改变承诺值。

后续，人们不断尝试放松条件的量子比特承诺（QBC）以规避 no-go 定理，例如有噪量子存储模型和狭义相对论模型。在实验方面，2012 年，Ng 等人完成了有噪量子存储模型下的 QBC 实验。2013 年和 2014 年，Lunghi 等人和 Liu 等人分别完成了狭义相对论模型下的 QBC 实验。

目前 no-go 定理的正确性得到了绝大多数学者的认可，要想实现信息论安全的 QBC 还存在重要的理论障碍。而对于为了跨过 no-go 定理而提出的有噪量子存储模型和狭义相对论模型,前者不能达到信息论安全,后者缺乏实用潜力。

常见的量子两方安全计算协议包括:量子比特承诺、量子掷币、量子不经意传输和量子保密查询。

6.7.1　量子比特承诺

比特承诺最早由 1995 年图灵奖得主 Blum 提出,它可用于构建零知识证明、可验证秘密共享、掷币等协议,是安全多方计算中最重要的基础协议之一。人们期望通过量子途径,探索实现信息论安全比特承诺的可行性。

比特承诺的基本思想如下:发送者 Alice 向接收者 Bob 承诺一个比特 b(也可以是多个比特,即比特串 t),要求:在第一阶段即承诺阶段 Alice 向 Bob 承诺这个比特 b,但是 Bob 无法知道 b 的信息;在第二阶段即揭示阶段 Alice 向 Bob 证实她在第一阶段承诺的确实是 b,但是 Alice 无法欺骗 Bob(即在第二阶段篡改 b 的值)。

经典环境中关于比特承诺的一个形象的例子是:Alice 将待承诺的比特或秘密写在一张纸上,然后将这张纸锁进一个保险箱,该保险箱只有唯一的钥匙可以打开。在承诺阶段,Alice 将保险箱送给 Bob,但是保留钥匙;到了揭示阶段,Alice 将比特或秘密告诉 Bob,同时将钥匙传给 Bob 使其相信自己的承诺。简单的示意图如图 6-15 所示。

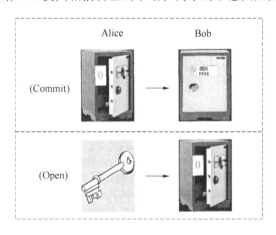

图 6-15　比特承诺方案

一个比特承诺方案必须具备下列性质。

(1) 正确性:如果 Alice 和 Bob 均诚实地执行协议,那么在揭示阶段 Bob 将正确获得 Alice 承诺的比特 b。

(2) 保密性:在承诺阶段 Bob 不能获知 b 的信息。

(3) 绑定性:在承诺阶段结束之后,Bob 只能在揭示阶段获得唯一的 b(即 Alice

无法将 b 反转,就好像 Alice 与 b"绑定"在一起一样)。

根据安全性依据原理的不同,可以将比特承诺协议分为三种类型。①经典比特承诺协议:其安全性一般基于未被证明的数学难题,如大数分解问题等。②量子比特承诺协议:其安全性基于量子力学原理。③相对论比特承诺协议:其安全性基于狭义相对论或者说不可超光速原理。这三类协议的安全性等级依次升高,其中基于大数分解等数学难题的经典比特承诺协议在未来的量子时代由于量子计算机和量子算法的出现而会变得完全不安全,量子比特承诺协议在未来的量子时代可以获得部分安全性,相对论比特承诺协议在未来的量子时代可以获得无条件安全性。

6.7.2　量子掷币

掷币是使互不信任、不在一起的双方共同产生一个随机比特,这个比特不能被某一方决定。

1984 年 Bennett 和 Brassard 首次提出了量子掷币协议。

在量子掷币协议中,如果 Alice 和 Bob 都是诚实的,那么掷币结果 $x \in \{0,1\}$ 的取值概率满足 $P(x=0)=P(x=1)=1/2$,协议满足正确性。

根据掷币协议的参与方对掷币结果是否有固定的喜好,可将掷币协议分为强掷币协议和弱掷币协议。若不诚实方的攻击不能使得任何一个掷币结果出现概率超过 $P=1/2+\varepsilon$,则称为强掷币。若两方的喜好结果不同,不诚实方的攻击不能使得他喜好的掷币结果出现概率超过 $P=1/2+\varepsilon$,则称为弱掷币。其中参数称为某一方(或协议)的偏。ε 度量了协议的安全性,其值越小,协议越安全。ε 应该严格小于 1/2 以保证欺骗方不能完全控制掷币结果。当且仅当双方的偏相等时,称掷币协议是公平的。当双方的偏均为 0 时,称掷币协议是完美的。

10 年后,Lo 和 Chau 证明了完美量子掷币协议是不存在的,此后人们一直致力于研究具有更小偏的掷币协议。Kitaev 证明任何强量子掷币协议的偏不可能小于0.207。2007 年 Mochon 证明量子弱掷币的偏可以任意小。2009 年,Berlin 等人提出并定义了容忍损失的量子掷币协议并证明任意一方通过作弊获得的偏为 0.4。2010 年 Chailloux 等人证明容忍损失的量子掷币协议的任意一方通过作弊获得的偏最少为 0.359。

在实验方面,2010 年 Chailloux 等人实验实现了偏为 0.207 的强量子掷币协议;2020 年 Bozzio 等人提出了一个只需要单光子和线性光学装置的实用弱掷币协议,其偏达到了 0.207。

目前,量子强掷币协议的偏不可能小于 0.207(即双方欺骗成功概率可达到

0.707），而且在有噪声和损失的情况下，偏至少为 0.35。此概率过大，导致量子掷币协议并不实用。

6.7.3 量子不经意传输

不经意传输（OT）协议作为一种保护隐私的通信协议，被广泛应用于安全多方计算、认证协议等诸多隐私敏感的领域。类似于对其他密码协议的研究，人们也希望利用量子技术来实现信息论安全的 OT 协议，即量子不经意传输（QOT）。

QOT 协议通常有通信双方，一个是发送方（用 Alice 表示），一个是接收方（用 Bob 表示）。QOT 协议要解决的问题描述如下：Alice 持有 n 条消息，Bob 从 Alice 发送的 n 条消息中秘密地获得 $k(k<n)$ 条消息。收发双方不仅关注在消息传输的过程中是否存在恶意窃听者，同时也关注通信的另一方有没有窃取多余的消息。为了各自的利益，Alice 不希望 Bob 得到他选择的 k 条消息之外的更多的消息甚至全部的消息，而 Bob 同样也不希望 Alice 知道自己选择获取的是哪 k 条消息。QOT 协议是一个特殊的安全多方计算问题，对量子密码协议研究起着很重要的作用。

1988 年 Crépeau 等人提出了第一个 QOT 协议，该协议假定 Bob 无法将量子测量过程延迟。后续，学者们基于 QBC 提出了多种 QOT 协议，但随着 QBCno-go 定理的提出，所有基于 QBC 的 QOT 协议不再安全。

此后，人们不断探索打破 no-go 定理的 QOT。2002 年 Shimizu 等人提出以 50% 概率成功传输秘密消息的方案（称为全或无 OT），协议中 Bob 无法以 100% 概率得到某个秘密消息，从而回避了 no-go 定理的限制。2005 年 Damgard 等人考虑三种特殊场景来尝试跨过 no-go 定理，实现了基于 BB84 的全或无 QOT 和 QBC 协议。2016 年 Pitalúa-García 利用时空约束提出了一种 2 取 1 QOT 协议，如图 6-16 所示，随后在 2018 年进行了实验验证。

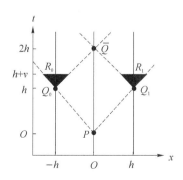

图 6-16　一种时空约束下的 2 取 1 QOT 协议

目前,2 取 1 QOT 协议最优欺骗概率在参与方半诚实条件下可以达到 2/3。2021 年,Amiri 等人提出了一种在参与方不诚实时达到欺骗概率 2/3 的 2 取 1 半随机 QOT 协议。半随机 QOT 协议的功能如下:Alice 有两个比特消息 x_0、x_1,协议结束时 Bob 随机得到消息 (b, x_b),且不能得到 $x_{\bar{b}}$,Alice 不能得到 Bob 的输出消息 (b, x_b)。

至今,2 取 1 QOT 协议始终无法逾越 no-go 定理这座大山。而为了跨过 no-go 定理的限制,人们基于用户技术条件受限的假设提出了多种协议,但它们往往不再是信息论安全的。此外,如何解决容忍量子信道噪声的问题,也是 QOT 走向实际应用所面临的一大挑战。因此 QOT 协议离真正投入使用还有很长的路要走。

6.7.4 量子保密查询

在很多场景下,人们不仅需要保护传递的信息不被外部攻击者窃取,还需要保护通信双方的隐私不被对方获取。对称私有信息检索(SPIR)就是这样一类密码任务。保密查询涉及两个参与者:用户 Alice 和数据库 $x_1 x_2 \cdots x_N$ 的拥有者 Bob。它主要实现在保密数据库信息检索中保护双方的隐私,具体满足以下两点。

(1) Alice 每次从数据库中检索(购买)一个条目,例如,希望任何人(包括 Bob)不知道自己获取了哪个条目,这一安全要求称为用户隐私。

(2) Bob 希望 Alice 仅能获得他检索(购买)的那一个数据库条目,而不能获得其他条目,这一安全要求称为数据库安全性。

保密查询本质上是"N 传 1"的不经意传输,即 Alice 传递 N 条消息 $x_1 x_2 \cdots x_N$ 给接收者 Bob,Bob 只能选择获取其中 1 条,而 Alice 不知道 Bob 获得了哪一条。

根据 no-go 定理,理想的 SPIR 在量子密码中不能实现。目前人们最为实际的做法是,将 SPIR 中的隐私要求放松到"欺骗敏感"的程度(即所有有效的欺骗行为都会有非零的概率被对方发现),这种协议通常被称作量子保密查询(QPQ)。

QPQ 对安全性要求如下。

(1) 数据库拥有者 Bob 试图获取用户 Alice 检索地址的欺骗行为以非零概率被 Alice 发现。

(2) 用户 Alice 除了获得检索的条目外,可以随机获得有限几个数据库条目。Alice 额外得到的条目是随机的,一般不是她需要的,而 Bob 通常不敢冒着被发现欺骗的危险去攻击,因为一旦被发现将损害自己的声誉,甚至可能会面临十分严厉的惩罚。因此,这种安全性虽不理想但可以满足应用需求。

2008 年意大利学者 Giovannetti 等人提出了第一个 QPQ 协议（GLM 协议）。该协议中，Bob 将数据库信息编码到幺正操作上，收到用户 Alice 的查询量子态后，他将该操作作用到查询态上然后返回给 Alice，Alice 通过测量获取想要的数据库条目。这类将数据库信息编码到幺正操作上的 QPQ 协议在理论上意义非凡，但实际上并不实用。一方面，将整个数据库（尤其是当数据库规模较大时）编码到幺正操作上，该幺正操作必然维数很大，在现有条件下难以实现。另一方面，这类协议不能容忍信道损失，即一旦存在信道损失的情形，将威胁到双方的隐私。此外，在实际应用中不完美的信号源，信道噪声等也影响着协议的成功概率。为了解决这些问题，后续人们对 QPQ 协议做了大量研究。

2011 年，瑞士日内瓦大学 Jacobi 等人基于 SARGQKD 提出了一个 QPQ 协议（J 协议）。基于 QKD 来实现 QPQ 可以分为如下三个步骤（如图 6-34 所示）。

步骤一：共享不经意生密钥。双方共享一个不经意（不对称）生密钥 K，它被 Bob 完全获得，但仅有部分比特被 Alice 获得，且 Bob 不知道这部分比特的位置；

步骤二：经典后处理。双方对生密钥 K 来进行经典后处理来得到一个最终密钥 K_f。这个过程主要是压缩 Alice 在不经意密钥中获得的比特，一般最终她在 K_f 中仅获得 1 个或几个比特。

步骤三：检索。Bob 将数据库用 K_f 加密后发送给 Alice，Alice 用她知道的最终密钥比特恢复出想要的数据库条目。

基于 QKD 技术的 QPQ 实现难度与数据库规模无关，且能够容忍信道损失，因此成为 QKD 之外实用潜力较为突出的一类密码协议。协议中用户可获得的数据条目不能灵活调整，要么过多不利于保护数据库安全性，要么过少导致失败概率增大。2015 年，基于环回差分相移 QKD 协议，刘斌等人设计了一种 QPQ 协议，实现诚实用户获得的数据库条目数始终是 1，这保证了理想的数据库安全性，并且方案失败概率为 0，意味着在忽略噪声的情况下，协议总能成功执行。

此后，学者们发现了 QPQ 在实用中面临的一些新问题，并逐一解决。魏春艳等人提出窄移位叠加的技术，使得不仅能够用于大数据库查询，而且在不完美光源下依然保持了理想的数据库安全性和零失败概率。在对抗信道噪声方面，Gao 等人和 Chan 等人分别提出利用纠错码和校验矩阵对 QPQ 原始密钥进行后处理。在应用研究方面，2019 年陈秀波等人提出了一种适用于量子无线网络的 QPQ 方案，通过让用户节点和服务器节点之间预先共享纠缠态和引入多个协助第三方的方法实现任意用户可向任意服务器进行检索的目标。

综上，由于 QPQ 协议只需要使用与 BB84 协议相同的光源和探测器就可以实现，纠错和隐私放大理论较完善，因而具有很好的实用化潜力。但是由于 QPQ 中两方可以互相欺骗，要兼顾两方利益，因此与 QKD 相比其具有更大的理论难度。一个具体表现就是，目前 QPQ 能容忍的错误率较低，典型参数下可容忍 4% 的错误率。

本书参考文献

[1] NIELSEN M A, CHUANG I L. 量子计算和量子信息[M]. 赵千川, 译. 北京: 清华大学出版社, 2004.

[2] 佐川弘幸, 吉田宣章. 量子信息论[M]. 宋鹤山, 宋天, 译. 大连: 大连理工大学出版社, 2007.

[3] BENENTI G, CASATI G, STRINI G. Principles of quantum computation and information-volume I: Basic concepts [M]. Singapore: World scientific, 2004.

[4] VEDRAL V. Introduction to quantum information science[M]. New York: Oxford University Press, 2006.

[5] SHOR, PETER W. Polynomial-Time Algorithms for Prime Factorization and Discrete Logarithms on a Quantum Computer [J]. SIAM Review, 1999, 26(5): 1484-1509.

[6] SCARANI V, BECHMANN-PASQUINUCCI H, CERF N J, et al. The security of practical quantum key distribution[J]. Review of Modern Physics, 2009, 81(3):1301.

[7] BRUZEWICZ C D, CHIAVERINI J, MCCONNELL R, et al. Trapped-Ion Quantum Computing: Progress and Challenges [J]. Applied Physics Reviews, 2019, 6(2):021314.

[8] PRESKILL J. Quantum computing and the entanglement frontier [J]. Physics, 2012,3:5813.

[9] KOLKOWITZ S, BROMLEY S L, BOTHWELL T, et al. Spin-orbit coupled fermions in an optical lattice clock[J]. Nature, 2017, 542:66-70.

[10] DEVORET M H, SCHOELKOPF R J. Superconducting Circuits for Quantum Information: An Outlook [J]. Science, 2013, 339 (6124): 1169-1174.

[11] GAMEL O. Entangled Bloch spheres: Bloch matrix and two-qubit state space[J]. Physical Review A, 2016, 93(6): 062320.

[12] BARENCO A, DEUTSCH D, EKERT A, et al. Conditional quantum dynamics and logic gates[J]. Physical Review Letters, 1995, 74(20): 4083.

[13] BENNETT C H, BRASSARD G, CLAUDE CRÉPEAU, et al. Teleporting an unknown quantum state via dual classical and Einstein-Podolsky-Rosen channels[J]. Physical Review Letters, 1993, 70(13): 1895-1899.

[14] DEUTSCH D. Quantum theory, the Church – Turing principle and the universal quantum computer [J]. Proceedings of the Royal Society of London. A. Mathematical and Physical Sciences, 1985, 400(1818): 97-117.

[15] 张蕊, 王健, 姜楠, 等. 量子内积及其模的计算方法综述[J]. Journal of Beijing University of Technology, 2023, 49(6):703-716.

[16] JAYAKUMAR A, ADEDOYIN A A, AMBROSIANO J J, et al. Quantum algorithm implementations for beginners [J]. ACM Transactions on Quantum Computing, 2022, 3:22353.

[17] ZENG G H, KEITEL C H. Arbitrated quantum-signature scheme[J]. Physical review A, 2002, 65(4): 042312.

[18] 冯志宏. 量子保密通信理论的若干问题研究[D]. 广州:暨南大学,2015.

[19] 谢磊, 翟季冬. 量子计算系统软件研究综述[J]. 软件学报, 2023, 33:1-18.

[20] GERRY C, KNIGHT P L. Introductory quantum optics[M]. London: Cambridge university press, 2005.

[21] HORWITZ L P. Hypercomplex quantum mechanics[J]. Foundations of Physics, 1996, 26(6): 851-862.

[22] 曾谨言. 量子力学[M]. 5 版. 北京:科学出版社,2013.

[23] 钱伯初. 量子力学[M]. 北京:高等教育出版社,2006.

[24] HORODECKI R, HORODECKI M, HORODECKI K. Quantum entanglement[J]. Review of Modern Physics, 2009, 81(2):865-942.

[25] WATROUS J. The theory of quantum information [M]. London:

Cambridge university press，2018.

[26] WOLF D R. Quantum computing：Lecture notes［J］. CoRR，2019，07：09415.

[27] 喀兴林. 高等量子力学[M]. 2 版. 北京：高等教育出版社，2001.

[28] DEUTSCH D，JOZSA R. Rapid solutions of problems by quantum computation[J]. Proc. Royal Society of London A，1992，439：553-558.

[29] RAUSSENDORF R，BRIEGEL H J. A One-Way Quantum Computer[J]. Physical Review Letters，2001，86(22)：5188-5191.

[30] AHARONOV Y，DAVIDOVICH L，ZAGURY N. Quantum random walks ［J］. Physical Review A，1993，48(2)：1687-1690.

[31] LAHTINEN V，PACHOS J. A short introduction to topological quantum computation[J]. SciPost Physics，2017，3(3)：021.

[32] LONG G L. General quantum interference principle and duality computer ［J］. Communications in Theoretical Physics，2006，45(5)：825.

[33] GROVER L K. A fast quantum mechanical algorithm for database search ［C］//Proceedings of the twenty-eighth annual ACM symposium on Theory of computing. 1996：212-219.

[34] DOMER U，DEMKOWICZ-DOBRZANSKI R，SMITH B J，et al. Optimal quantum phase estimation[J]. Physical review letters，2009，102(4)：040403.

[35] 张智明. 量子光学[M]. 北京：科学出版社，2015.

[36] SHOR P W. Algorithms for quantum computation：discrete logarithms and factoring ［C］//Proceedings 35th annual symposium on foundations of computer science. Ieee，1994：124-134.

[37] DIVINCENZO D P. The physical implementation of quantum computation ［J］. Fortschritte der Physik：Progress of Physics，2000，48(9-1)：771-783.

[38] CIRAC J I，ZOLLER P. Quantum computations with cold trapped ions[J]. Physical Review Letters，1995，74(20)：4091.

[39] MONROE C，KIM J. Scaling the ion trap quantum processor[J]. Science，2013，339(6124)：1164-1169.

[40] DEVORET M H，SCHOELKOPF R J. Superconducting circuits for quantum information：an outlook ［J］. Science，2013，339（6124）：

1169-1174.

[41] KOK P, MUNRO W J, NEMOTO K, et al. Linear optical quantum computing with photonic qubits[J]. Reviews of Modern Physics, 2007, 79(1): 135.

[42] ZWANENBURG F A, DZURAK A S, MORELLO A, et al. Silicon quantum electronics[J]. Reviews of Modern Physics, 2013, 85(3): 961.

[43] BLATT R, WINELAND D. Entangled states of trapped atomic ions[J]. Nature, 2008, 453(7198): 1008-1015.

[44] BIAMONTE J, WITTEK P, PANCOTTI N, et al. Quantum machine learning[J]. Nature, 2017, 549(7671): 195-202.

[45] SCHULD M, SINAYSKIY I, PETRUCCIONE F. An introduction to quantum machine learning [J]. Contemporary Physics, 2015, 56 (2): 172-185.

[46] REBENTROST P, MOHSENI M, LLOYD S. Quantum support vector machine for big data classification[J]. Physical Review Letters, 2014, 113(13): 130503.

[47] BENNETT C H, BRASSARD G. Quantum cryptography: Public key distribution and coin tossing[J]. arXiv preprint arXiv:2003.06557, 2020.

[48] GISIN N, RIBORDY G, TITTEL W, et al. Quantum cryptography[J]. Reviews of modern physics, 2002, 74(1): 145.

[49] LO H K, CURTY M, TAMAKI K. Secure quantum key distribution[J]. Nature Photonics, 2014, 8(8): 595-604.

[50] SCARANI V, BECHMANN-PASQUINUCCI H, CERF N J, et al. The security of practical quantum key distribution [J]. Reviews of Modern Physics, 2009, 81(3): 1301.

[51] BUŽEK V, HILLERY M. Quantum copying: Beyond the no-cloning theorem[J]. Physical Review A, 1996, 54(3): 1844.

[52] WOOTTERS W K, ZUREK W H. A single quantum cannot be cloned[J]. Nature, 1982, 299(5886): 802-803.

[53] SCARANI V, BECHMANN-PASQUINUCCI H, CERF N J, et al. The security of practical quantum key distribution [J]. Reviews of Modern

Physics，2009，81(3)：1301.

[54] RENNER R. Security of quantum key distribution[J]. International Journal of Quantum Information，2008，6(01)：1-127.

[55] GONZALES-URETA J R，PREDOJEVIĆ A，CABELLO A. Device-independent quantum key distribution based on Bell inequalities with more than two inputs and two outputs [J]. Physical Review A，2021，103(5)：052436.

[56] LO H K，CURTY M，QI B. Measurement-device-independent quantum key distribution[J]. Physical Review Letters，2012，108(13)：130503.

[57] LUCAMARINI M，YUAN Z L，DYNES J F，et al. Overcoming the rate-distance limit of quantum key distribution without quantum repeaters[J]. Nature，2018，557(7705)：400-403.

[58] BENNETT C H，WIESNER S J. Communication via one-and two-particle operators on Einstein-Podolsky-Rosen states[J]. Physical Review Letters，1992，69(20)：2881.

[59] HILLERY M，BUŽEK V，BERTHIAUME A. Quantum secret sharing[J]. Physical Review A，1999，59(3)：1829.

[60] LIAO S K，CAI W Q，LIU W Y，et al. Satellite-to-ground quantum key distribution[J]. Nature，2017，549(7670)：43-47.

[61] LONG G L，LIU X S. Theoretically efficient high-capacity quantum-key-distribution scheme[J]. Physical Review A，2002，65(3)：032302.

[62] WANG C，DENG F G，LI Y S，et al. Quantum secure direct communication with high-dimension quantum superdense coding [J]. Physical Review A，2005，71(4)：044305.

[63] HUANG D，LIN D，WANG C，et al. Continuous-variable quantum key distribution with 1 Mbps secure key rate[J]. Optics Express，2015，23(13)：17511-17519.

[64] DIFFIE W，HELLMAN M E. New directions in cryptography[M]. New York：Association for Computing Machinery，2022：365-390.

[65] GOTTESMAN D，CHUANG I. Quantum digital signatures [J]. arXiv preprint quant-ph/0105032，2001.

[66] CLARKE P J, COLLINS R J, DUNJKO V, et al. Experimental demonstration of quantum digital signatures using phase-encoded coherent states of light[J]. Nature Communications,2012,3(1):1174.

[67] QIU L, CAI F, XU G. Quantum digital signature for the access control of sensitive data in the big data era[J]. Future Generation Computer Systems,2018,86:372-379.

[68] RIVEST R L, SHAMIR A, ADLEMAN L. A method for obtaining digital signatures and public-key cryptosystems[J]. Communications of the ACM,1978,21(2):120-126.